职业教育“十四五”规划教材·无人机应用技术

无人机组装调试与检修

于坤林　主　编

孙翠华　王怀超　刘振华　刘　鑫　参　编

西北工業大學出版社

西　安

【内容简介】 本书分为9个项目共29个工作任务。项目1介绍无人机装调与检修常用的工具和材料，项目2介绍无人机装配与检修工艺和操作安全，项目3介绍多旋翼无人机组装与调试，项目4介绍固定翼无人机组装与调试，项目5介绍无人直升机组装与调试，项目6介绍无人机任务载荷组装与调试，项目7介绍无人机机械系统检修，项目8介绍无人机电子电气系统检修，项目9介绍无人机任务载荷检修。

本书内容全面，深入浅出，通俗易懂，注重理论基础和实践操作，适合作为高职院校无人机应用技术专业无人机组装调试与检修课程的教材，也可作为无人机装调工的培训用书，还可作为无人机爱好者的自学用书。

图书在版编目(CIP)数据

无人机组装调试与检修/于坤林主编.—西安：西北工业大学出版社，2021.8

ISBN 978-7-5612-7882-6

Ⅰ.①无… Ⅱ.①于… Ⅲ.①无人驾驶飞机-组装-高等职业教育-教材 ②无人驾驶飞机-调整试验-高等职业教育-教材 ③无人驾驶飞机-检修-高等职业教育-教材 Ⅳ.①V279

中国版本图书馆CIP数据核字(2021)第161521号

WURENJI ZUZHUANG TIAOSHI YU JIANXIU

无 人 机 组 装 调 试 与 检 修

责任编辑：朱辰浩 **策划编辑**：杨 军

责任校对：朱晓娟 董姗姗 **装帧设计**：李 飞

出版发行：西北工业大学出版社

通信地址：西安市友谊西路127号 **邮编**：710072

电 话：(029)88491757，88493844

网 址：www.nwpup.com

印 刷 者：兴平市博闻印务有限公司

开 本：787 mm×1 092 mm 1/16

印 张：15.75

字 数：393千字

版 次：2021年8月第1版 2021年8月第1次印刷

定 价：59.00元

前　言

本书是职业教育“十四五”无人机应用技术专业规划教材，其主要内容是遵循无人机应用技术专业国家教学标准的相关要求，以及人力资源和社会保障部所发布新职业“无人机装调检修工”和教育部1+X无人机组装与调试、无人机检测与维护等职业技能等级证书的技能要求而进行编写的。本书聚焦《国家职业教育改革实施方案》提出的新任务、新要求，探索岗课赛证相互融通，结合无人机装调检修岗位工作实际，将无人机装调检修岗位，无人机装调检修工职业资格证书，无人机组装与调试、无人机检测与维护等1+X职业技能等级证书以及全国行业职业技能竞赛——无人机装调检修工赛项的技能要求融入其中，动态调整内容，旨在培养适应行业企业需求的复合型、创新型高素质技术、技能人才。本书内容丰富全面，通俗易懂，依照无人机应用技术专业技术技能人才成长规律和学生认知规律设置内容，符合知识与技能教学规律，由浅入深，由易到难，将内容设计成9个项目共29个工作任务，在编写工作任务时又按照任务引入→任务分析→相关知识→任务实施→课程思政等环节进行编写，每个项目最后配有习题。本书是校企合作共同开发的新形态一体化教材，已在工大书苑上建有“无人机组装调试与检修”课程教学资源库，敬请读者登录工大书苑网页端 http://nwpup.iyuecloud.com/，搜索本书书名下载使用或者在线观看学习，另外本书以二维码的形式嵌入相关知识的微课视频，以方便读者使用。

本书介绍无人机装调检修工具材料的使用、无人机装调检修工艺以及无人机装调检修安全规范操作，突出实践能力、劳动教育、安全责任意识、规范操作意识、创新精神、工匠精神等职业素养的培养；以无人机应用技术相关企业的真实工作任务和案例作为载体，并融入国内无人机应用相关行业和企业的新知识、新技术、新工艺和新规范，详细介绍多旋翼无人机、固定翼无人机、无人直升机的组装、调试以及检修的实践操作，突出无人机组装、调试和检修等知识的运用和技能训练，在编写过程中力求体现“教、学、做一体化”的特色，在技能训练中讲述理论知识，将理论知识直接应用于技能训练当中。

本书由于坤林主编。具体编写分工如下：项目 1～5、项目 8～9 由长沙航空职业技术学院于坤林编写；项目 6 由苏州农业职业技术学院孙翠华、湖南斯凯航空科技股份有限公司刘鑫共同编写；项目 7 由长沙航空职业技术学院王怀超、刘振华共同编写。全书由长沙航空职业技术学院无人机应用技术教研室于坤林教授负责统稿。

在本书的编写过程中得到了无人机制造和应用相关企业的大力支持，江苏蓝鲸智慧空间研究院有限公司、湖南中电金骏科技集团有限公司为本书的编写提供了基础资料和有益帮助，江苏蓝鲸智慧空间研究院有限公司胡爱华高级工程师和湖南中电金骏科技集团有限公司刘桂钧高级工程师对本书的编写提出了宝贵的意见，在此表示衷心感谢。承蒙西北工业大学民航学院刘贞报教授审阅了全稿，并且提出了许多宝贵的意见，在此表示衷心感谢。在本书的编写过程中，笔者还参阅了国内外有关文献资料，在此对其作者一并表示衷心感谢。

由于笔者水平有限，书中不妥之处在所难免，恳请读者批评指正。

编　者

2021 年 5 月

目　录

项目1　无人机装调检修工具和材料的使用

【知识目标】

(1)熟悉无人机装调工具的功用；

(2)掌握无人机装调工具的使用方法；

(3)了解无人机装调工具的使用注意事项；

(4)掌握无人机装调常用材料的用途。

【能力目标】

(1)能够正确地选用无人机装调工具；

(2)掌握常用组装工具的使用技能；

(3)掌握常用组装材料的使用技能；

(4)能够熟练地使用无人机装调工具和材料对无人机进行装调。

【素质目标】

(1)树立航空产品质量第一的意识,培养安全文明生产的职业素养；

(2)培养吃苦耐劳的精神和严谨细致、规范操作的工作态度；

(3)具有环保意识、信息素养和工匠精神；

(4)具有耐心细致、精益求精的工作态度,养成科学务实的工作作风；

(5)具有团结协作、勇于创新的精神。

任务1.1　使用无人机装调与检修工具

【任务引入】

无人机在飞行时由于操作失误导致炸机,选择合适的工具并采用正确的使用方法来拆卸和检修无人机损坏部件。

【任务分析】

无人机装调与检修技能是无人机从业人员必须具备的基本技能,在从事无人机装调与检修工作之前,必须要学会选择工具并能够正确地使用这些工具。学习了解机械类常用工具、电气类常用工具的种类、作用及使用方法，才能掌握无人机装调与检修工具的使用技能，为后续的无人机组装调试与检修工作打下基础。

【相关知识】

机械类常用工具介绍

1.1.1 机械类常用工具

1. 夹持工具

(1)尖嘴钳。尖嘴钳如图 1-1 所示，尖嘴钳有不同长度的钳口，有直、斜尖嘴钳两种。它用于附件紧密处的操作和夹持小物体、拧紧保险丝等。

(2)卡簧钳。卡簧钳的钳头可采用内直、外直、内弯和外弯几种形式，不仅可以用于安装簧环，也能用于拆卸簧环，在维修无人机电机时经常会用到，如图 1-2 所示。卡簧钳分为外卡簧钳和内卡簧钳两大类，分别用来拆装轴外用卡簧和孔内用卡簧。

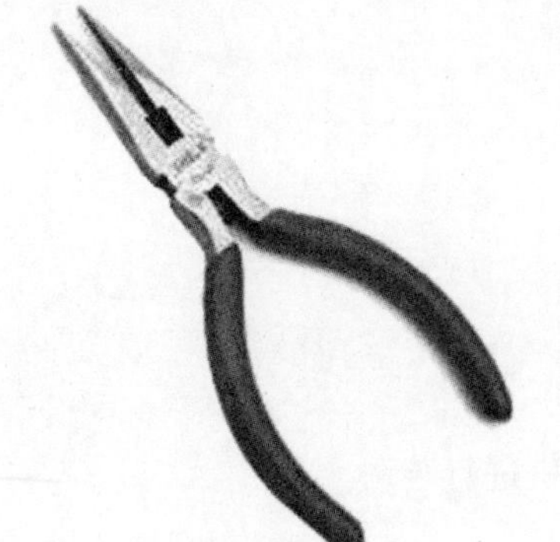

图 1-1 尖嘴钳

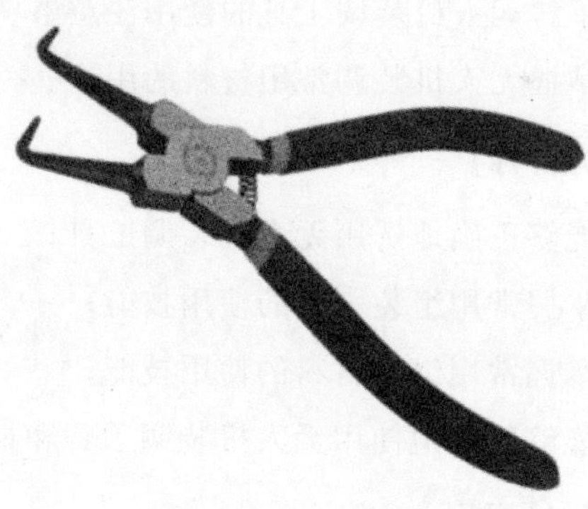

图 1-2 卡簧钳

(3)球头钳。球头钳可以用来夹持球形或有球形结构的工件，如图 1-3 所示。

弯嘴通用球头钳(只能用于 4.5 mm 规格球头)可用于拆除球头扣，适合拆除困难位置的球头，其具有实用、方便等优点。

(4)镊子。镊子可以用来夹持细小精密物件、导线、元件及集成电路引脚等。常用的有直头、平头和弯头镊子等，如图 1-4 所示。

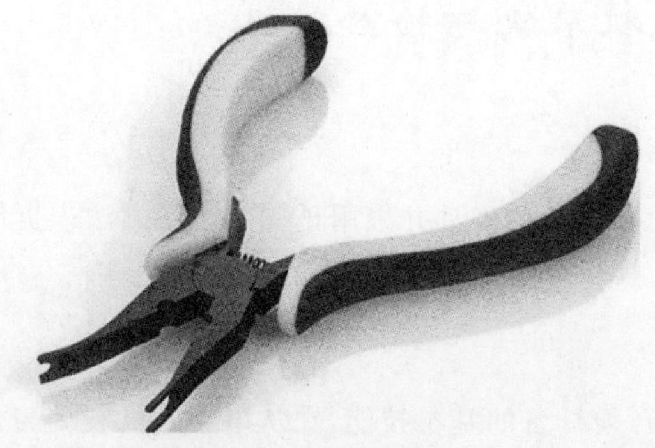

图 1-3 球头钳

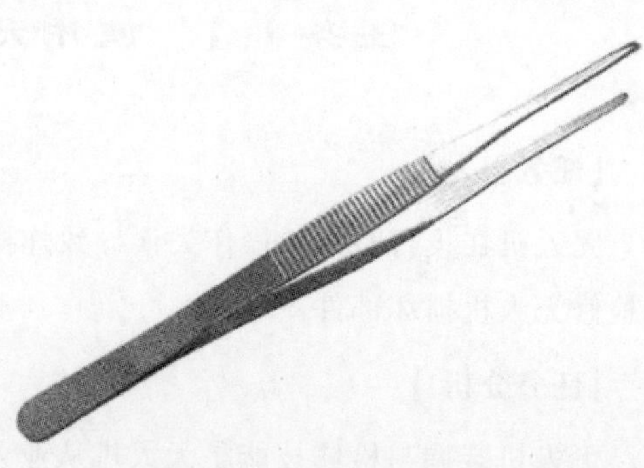

图 1-4 镊子

2.紧固工具

(1)螺丝刀。螺丝刀是一种用来拧转螺钉并迫使其就位的工具，它可以用来紧固或拧松螺钉。螺丝刀按它的形状、刀口类型和刀口宽度分类。螺丝刀的长度是以刀杆长度进行标示的，从十几毫米到几百毫米，有多种长度。刀柄一般采用木质和高强度塑料。常用的有“一”字螺丝刀和“十”字螺丝刀。

1)“一”字螺丝刀。“一”字螺丝刀又称普通型螺丝刀，如图1-5所示，用于带有“一”字形槽口的螺钉紧固件。选用“一”字螺丝刀时，应保证螺丝刀的刃宽不小于螺丝钉上槽口长度的75%。刃口应锋利，与槽口两侧平行，且能插到槽的底部，否则将会损坏螺钉槽口，以致损坏螺钉。在拧松螺钉时，要适当用力顶住螺丝刀的手柄慢慢拧动，等螺丝松动以后，才可较快地转动手柄，否则也会破坏螺钉槽口及螺钉。

2)“十”字螺丝刀。“十”字螺丝刀如图1-6所示，用于带有“十”字形槽口的螺钉紧固件。维修人员应注意区分螺钉紧固件上“十”字槽型的不同，从而选择与之相符的“十”字螺丝刀。用错螺丝刀会损坏螺丝刀头和螺钉。

3)气动螺丝刀。气动螺丝刀是用气源作动力的螺丝刀，在大量维修工作中采用。这种螺丝刀端头有固定螺钉的夹具，不论是拆、装螺钉都不会脱落。有些螺丝刀上还设有力矩预置装置，可防止安装时力矩过大。气动螺丝刀如图1-7所示。

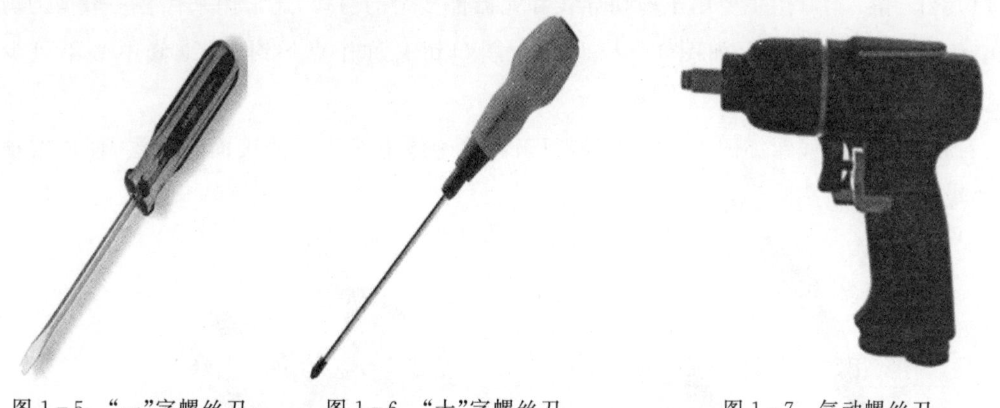

图1-5　“一”字螺丝刀　　图1-6　“十”字螺丝刀　　图1-7　气动螺丝刀

(2)扳手。扳手是维修中最常用的工具，可用来拆装有棱角的螺栓和螺母。常用的有呆扳手(见图1-8)、组合扳手(见图1-9)和内六角扳手(见图1-10)。

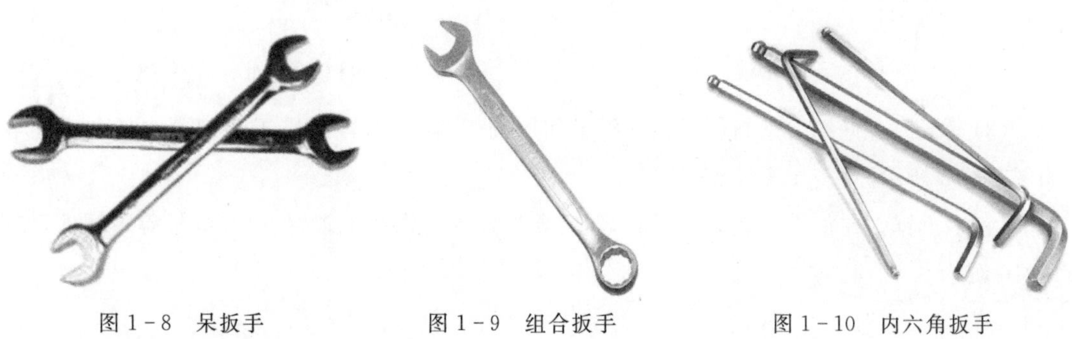

图1-8　呆扳手　　图1-9　组合扳手　　图1-10　内六角扳手

(3)小型台钳。小型台钳是夹持、固定工件以便进行加工的一种工具,使用十分广泛,如图1-11所示。

(4)拉玛。拉玛是机械维修中经常使用的工具,主要用于将损坏的轴承沿轴向拆卸下来,如图1-12所示。

图1-11　小型台钳

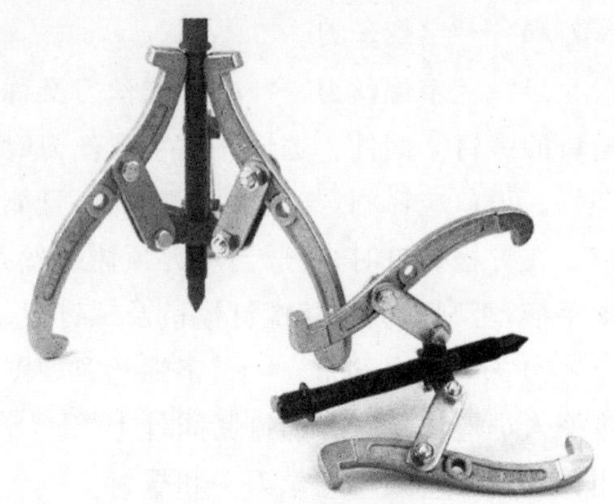

图1-12　拉玛

3.剪切工具

(1)斜口钳。斜口钳主要用于剪切导线和元器件多余的引线,还常用来代替一般剪刀剪切绝缘套管和尼龙扎线卡等,如图1-13所示。斜口钳又称作克丝钳,是维修中必不可少的工具。

(2)剥线钳。剥线钳如图1-14所示,用于剥除绝缘电线头部的表面绝缘层,使电线被切断的绝缘皮与线芯分开。

图1-13　斜口钳

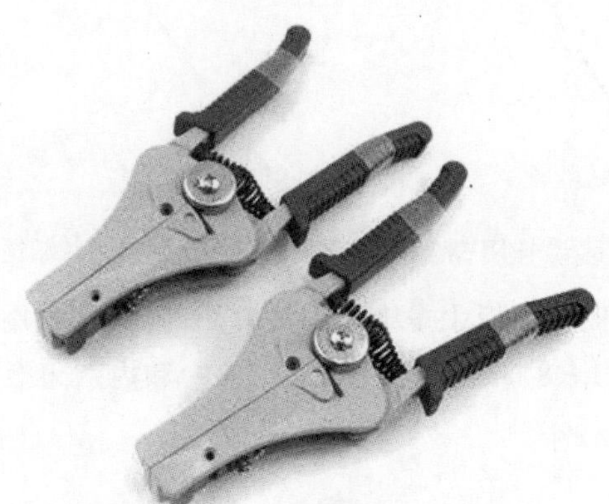

图1-14　剥线钳

(3)壁纸刀。壁纸刀是制作无人机经常使用的工具之一,可以用于切割薄木条和木片等,如图1-15所示。

(4)手工锯。在加工组装无人机时,经常要用到手工锯加工碳管、碳纤维板等零配件,如图1-16所示。

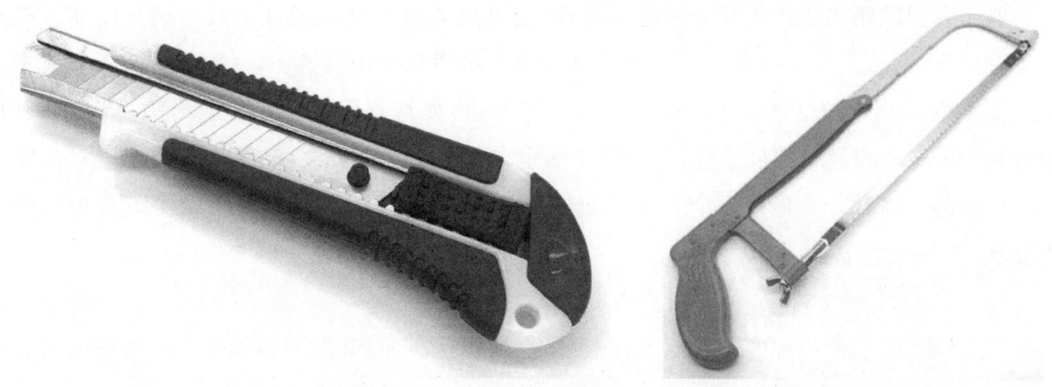

图1-15　壁纸刀　　　　图1-16　手工锯

(5)锉刀。锉刀主要用于修整零件的表面尺寸和形状，是一种切削刃具。在加工组装无人机时，经常要用锉刀对结构件进行打磨修整。锉刀如图1-17所示。

4.测量工具

(1)钢直尺。钢直尺如图1-18所示。长度为300 mm和1 m的钢直尺比较常用，主要用于测量，在裁剪木板等材料时也可以当靠尺使用。

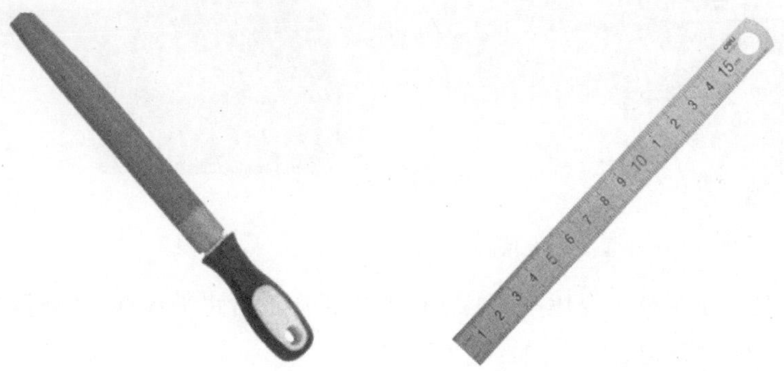

图1-17　锉刀　　　　图1-18　钢直尺

(2)游标卡尺。游标卡尺是精密测量工具，它是精密制造、精确标定的。它是一切制造、装配和检验的基准。所有维修人员都应熟悉如何使用、读值和保管游标卡尺。

游标卡尺是常用的内、外及深度的测量尺。游标卡尺的读数是由主尺和副尺两部分之和表示的，如图1-19所示。

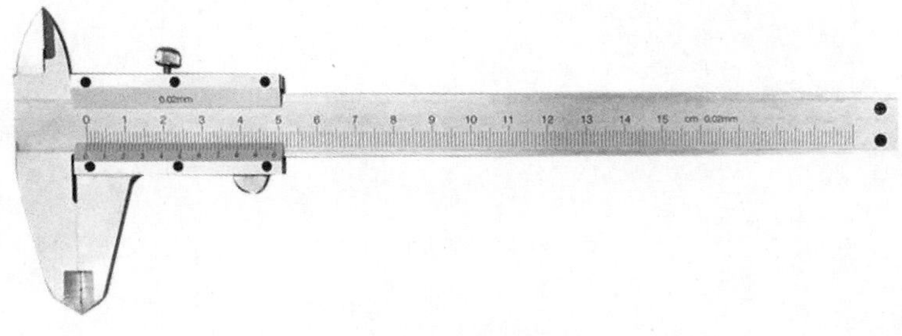

图1-19　游标卡尺

鉴于我国民用飞机绝大部分是进口飞机，这里以英制单位的游标卡尺为例来说明。游标卡尺采用十进制，主尺上每英寸分为10大格，每大格为0.1 in(1 in≈0.025 4 m)；每1大格又分为4小格，每小格为0.025 in；副尺刻线为25小格，即将主尺每一小格分为25份，因此其精度为0.001 in。测量工件尺寸时，工件置于固定卡脚与活动卡脚之间，从主尺上读出对应于副尺零刻度的大格数 a 及最后1个大格后面的小格数 b，再找到主尺与副尺刻度线对正的副尺读数 c。工件尺寸 d 为

$$d=0.1a+0.025b+0.001c$$

图1-20所示为一种电子数显游标卡尺，它是固定翼、直升机和多轴无人机常用的组装测量工具。

(3)螺距尺。螺距尺可以支持测量800 mm的主旋翼螺距，方便在90级直升机上使用。螺距尺如图1-21所示。

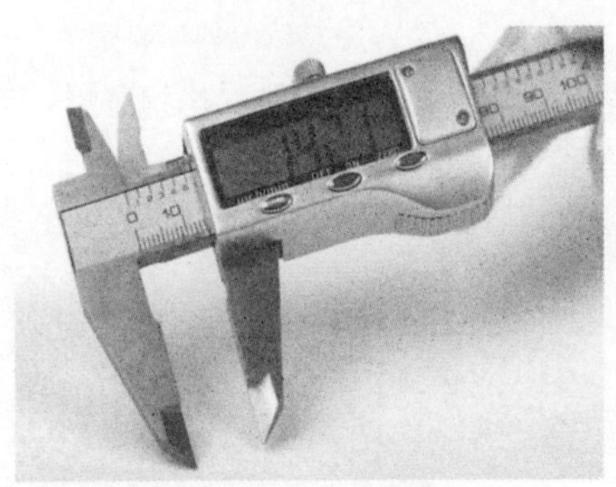

图1-20　电子数显游标卡尺

图1-21 螺距尺

(4) 水平仪。水平仪主要用来对马达座及电机座进行水平校准，用来检测机臂、电机和飞控等安装是否水平。水平仪如图1-22所示。

(5)桨静平衡测试仪。桨的平衡性能好坏将直接影响飞行的平稳性，若桨的平衡性能不好，则会在飞行过程中产生振动、噪声。桨静平衡测试仪可以用来检测桨叶的静平衡，如图1-23所示。

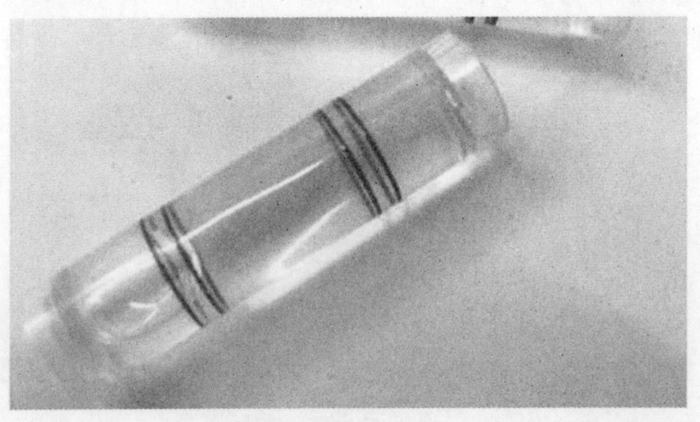

图1-22　水平仪

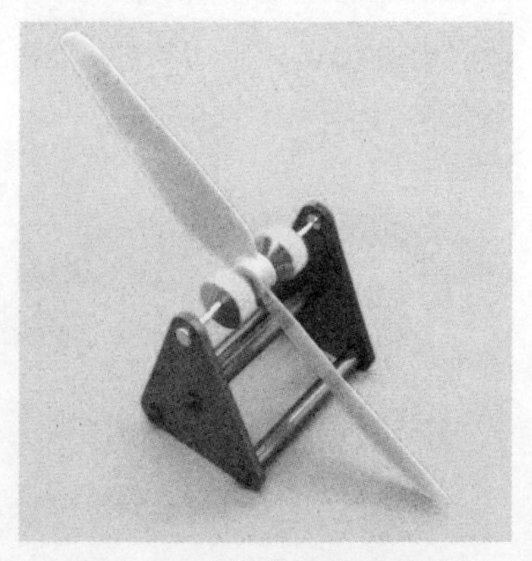

图1-23　桨静平衡测试仪

5.其他工具

(1)手持雕刻机。手持雕刻机是一种无人机常用的修理工具,主要用来对无人机的机架或机臂等部位进行打孔、扩孔和扫边操作。手持雕刻机如图1-24所示。

(2)气吹。气吹也是一种无人机常用的修理工具,主要作用是对电机、飞控和伺服舵机的电路板进行清尘去灰处理。气吹如图1-25所示。

图1-24　手持雕刻机

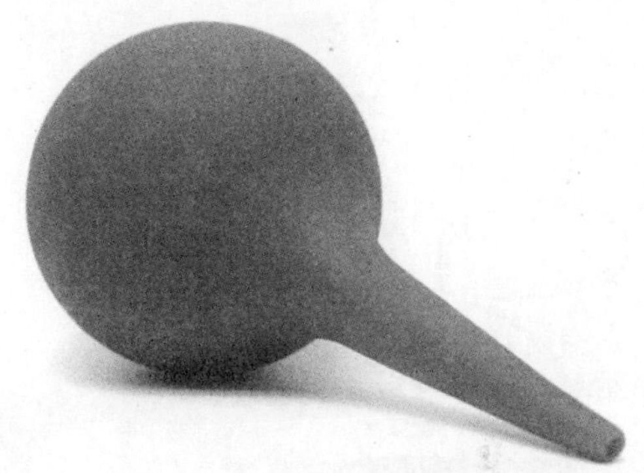

图1-25　气吹

1.1.2　电气类常用工具

电气类常用工具介绍

1.电动工具

(1)手电钻。手电钻如图1-26所示。手电钻可用来钻孔、攻螺纹和拧螺丝等。

(2)小电锯。小电锯在制作无人机时也会经常用到,如锯木条、锯前后缘开槽等。小电锯如图1-27所示。

图1-26　手电钻

图1-27　小电锯

2.检测工具

(1)万用表。在无人机检修时,万用表主要用来测量无人机电子设备中的电压和电流信号,也可以用来检测常用的电子元器件。万用表如图1-28所示。

(2)转速表。转速表可用来测量无人机螺旋桨的最高转速。通过无人机电机的 KV 值计算的转速和实际是有一定出入的，特别是直升机。因为转速是一个动态的值，其和旋翼尺寸、油门螺距曲线以及直升机的负载等因素息息相关，所以只有测量实际转速才知道。图 1－29 所示为测量遥控模型飞机螺旋桨的转速表。转速表可用于对遥控模型动力系统螺旋桨的最高转速数据进行测试。

图 1－28　万用表

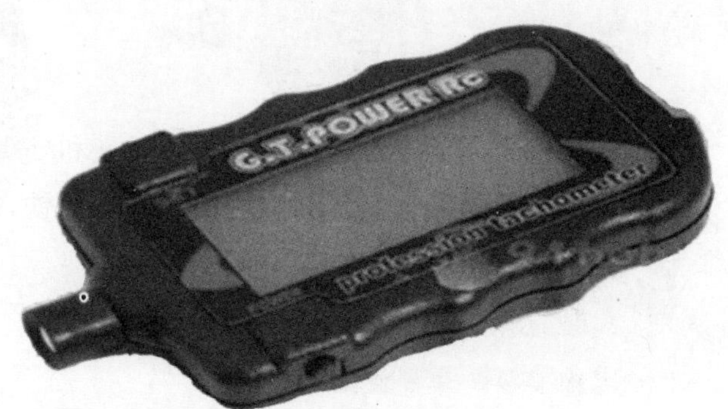

图 1－29　转速表

(3)舵机测试仪。舵机测试仪如图 1－30 所示。它可以用来测试舵机的正反转动，能够很方便地检测和设定舵机的虚位、抖动和中位。

(4)锂电池测电器。锂电池测电器具有电压显示和低压报警功能，能自动检测锂电池每个电芯的电压和总电压，能实时了解电池的工作电压，使电池不会因为过放而损害电池，当电压低于设定值时，蜂鸣器就会响起报警。锂电池测电器如图 1－31 所示。

图 1－30　舵机测试仪

图 1－31　锂电池测电器

(5)数字示波器。数字示波器如图 1－32 所示。数字示波器是电子工程师们经常使用的测量仪器。数字示波器的作用主要有以下几项：

1) 测量电信号的波形(电压与时间关系)；

2)测量幅度、周期、频率和相位等参数；

3）配合传感器，测量一切可以转化为电压的参量（如电流和电阻等）。

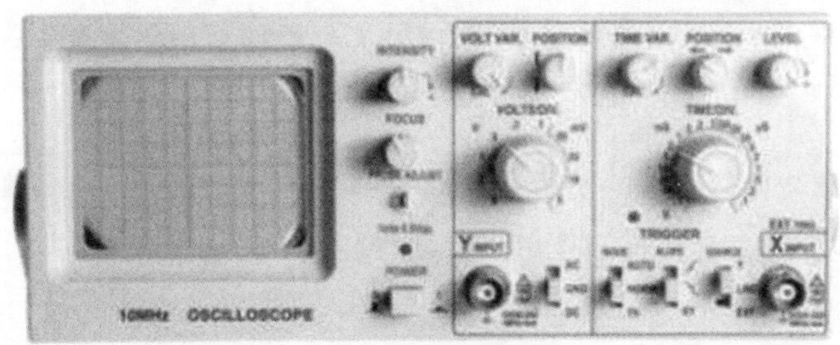

图1-32　数字示波器

3.焊接工具

（1）电烙铁。电烙铁可用来焊接电子元器件和导线，如图1-33所示。

使用电烙铁进行焊接的操作如下：右手持电烙铁，左手用尖嘴钳或镊子夹持元件或导线。焊接前，电烙铁要充分预热。烙铁头刃面上要吃锡，即带上一定量的焊锡。将烙铁头刃面紧贴在焊点处。电烙铁与水平面大约成60°，以便于熔化的锡从烙铁头上流到焊点上。烙铁头在焊点处停留的时间控制在2～3 s。抬开烙铁头，左手仍持元件不动，待焊点处的锡冷却凝固后，才可松开左手。用镊子转动引线，确认不松动，然后可用偏口钳剪去多余的引线。

（2）风枪焊台。风枪焊台如图1-34所示，又叫热风拆焊台。它主要是利用发热电阻丝的枪芯吹出的热风来对元器件进行焊接与摘取元器件的工具。

图1-33　电烙铁

图1-34　风枪焊台

（3）热熔胶枪。热熔胶枪如图1-35所示。热熔胶枪是一款非常方便快捷的粘胶工具。

热熔胶是一种固体胶，用于粘结固定物品，市场上现在主要是以EVA材质和聚胺脂热熔胶为主，其具有产品完全环保、固化时间快和适用范围广泛等特点，使用方法是通过热熔胶枪加温熔化后打在需要粘结固定的地方，快速固化后起固定作用。

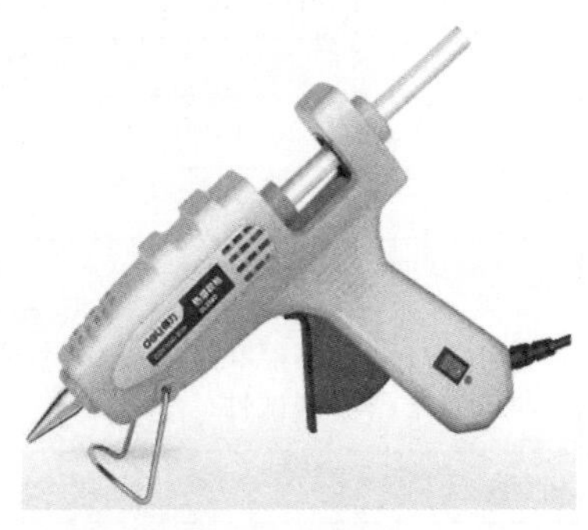

图1-35　热熔胶枪

【任务实施】

综合技能训练任务:使用无人机装调与检修工具

1.实训目的

通过无人机装调与检修工具的使用练习,掌握机械类常用工具、电气类常用工具的种类、功用及使用方法,能够独立地选择和使用工量具来装调或检修无人机,为后续的无人机组装调试与检修工作打下基础。

2.实训任务工单(见表1-1)

表1-1 使用无人机装调与检修工具实训任务工单

<table>
<tr><td>任务名称</td><td colspan="3">使用无人机装调与检修工具</td></tr>
<tr><td colspan="4">工具/设备/材料</td></tr>
<tr><td>类 别</td><td>名 称</td><td>单 位</td><td>数 量</td></tr>
<tr><td>设 备</td><td>多旋翼无人机</td><td>架</td><td>1</td></tr>
<tr><td rowspan="14">工 具</td><td>万用表</td><td>台</td><td>1</td></tr>
<tr><td>水平仪</td><td>个</td><td>1</td></tr>
<tr><td>锂电池测电器</td><td>个</td><td>1</td></tr>
<tr><td>卡簧钳</td><td>把</td><td>1</td></tr>
<tr><td>内六角扳手</td><td>把</td><td>1</td></tr>
<tr><td>小型台钳</td><td>台</td><td>1</td></tr>
<tr><td>拉玛</td><td>个</td><td>1</td></tr>
<tr><td>斜口钳</td><td>把</td><td>1</td></tr>
<tr><td>剥线钳</td><td>把</td><td>1</td></tr>
<tr><td>游标卡尺</td><td>把</td><td>1</td></tr>
<tr><td>手持雕刻机</td><td>个</td><td>1</td></tr>
<tr><td>气吹</td><td>个</td><td>1</td></tr>
<tr><td>电烙铁</td><td>把</td><td>1</td></tr>
<tr><td>导线</td><td>根</td><td>1</td></tr>
<tr><td rowspan="1">材 料</td><td>香蕉头</td><td>个</td><td>1</td></tr>
<tr><td colspan="4">1.工作任务</td></tr>
<tr><td colspan="4">使用无人机装调与检修工具</td></tr>
<tr><td colspan="4">2.工作准备</td></tr>
<tr><td colspan="4">(1)准备好仪器和工具,检查仪器和工具的有效性;
(2)准备好测试件</td></tr>
<tr><td colspan="4">3.工作步骤</td></tr>
</table>

续表

(1)用斜口钳剪去一根长约 20 cm 的导线,并用剥线钳在其一端剥去绝缘层; (2)用小型台钳夹紧香蕉头的一端,将剥去绝缘层的导线从香蕉头的另一端伸入; (3)用电烙铁焊接香蕉头,并用万用表测量焊接好的香蕉头的导通性; (4)用锂电池测电器测量无人机锂电池的单芯电压和总电压; (5)用游标卡尺测量电机的直径; (6)用卡簧钳拆除电机内部卡簧; (7)用拉玛拆除电机主轴; (8)用手持雕刻机对无人机机架进行扩孔; (9)用内六角扳手将电机安装在无人机机架上; (10)检测电机安装是否水平; (11)用气吹对电机或飞控电路板进行清尘去灰处理
4. 结束工作
(1)清点工具和设备; (2)清扫现场

3. 实训任务评价(请登录工大书苑网页端 http://nwpup.iyuecloud.com/,搜索本书书名下载相关表格)

任务 1.2　使用无人机装调与检修材料

【任务引入】

现有一套无人机组件,选择合适的材料并采用正确的方法来组装无人机。

【任务分析】

无人机组装是无人机从业人员必须具备的一项基本技能,在组装无人机之前,必须要学会选择材料和使用。学习了解插头、扎带、胶带、胶水、紧固件等常用材料的种类、作用及使用方法,才能掌握无人机组装材料的使用技能,为后续的无人机组装工作打下基础。

【相关知识】

1.2.1　插头

(1)T 形插头。T 形插头通常作为电源接头。T 形插头可以防止正、负极接反,成对使用,凸出的一头为公头,凹进去的一头为母头。T 形插头如图 1-36 所示。

(2)XT 插头。XT 插头通常作为电池、电调和充电器等的接头。XT 插头成对使用,凸出的一头为公头,凹进去的一头为母头,可以防止正、负极接反。XT 插头有 XT30、XT60 和 XT90 等不同型号,XT30 接头里面是 2.0 mm 香蕉头,XT60 接头里面是 3.5 mm 香蕉头,XT90 接头里面是 4.0 mm 香蕉头。XT 插头如图 1-37 所示。

图 1-36　T 形插头

图 1-37　XT 插头

(3)香蕉头。香蕉头是一种快速插拔的电源接头，通常作为电调和电机的接头。香蕉 T 形插头成对使用，凸出的一头为公头，凹进去的一头为母头。根据直径的大小有多种型号：2.0 mm、3.0 mm、3.5 mm、4.0 mm、5.5 mm、6.0 mm、8.0 mm。香蕉头如图 1-38 所示。

(4)JST 插头。JST 插头是一种小电流的电源插头，成对使用，正、反面形状不一样，具有防接反功能。JST 插头如图 1-39 所示。

图 1-38　香蕉头

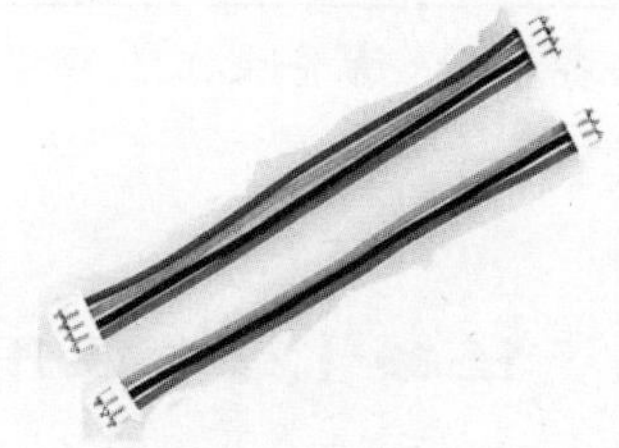

图 1-39　JST 插头

(5)平衡充插头。平衡充插头主要用于锂电池的平衡充电，主要型号有 2S、3S、4S、5S、6S，3S 表示 3 块电芯共 4 根线(其中包含 1 根地线)，其他的依次类推。平衡充插头如图 1-40 所示。

(6)杜邦线。杜邦线如图 1-41 所示。杜邦线有各种型号，其中 3P 杜邦线常用于飞控和电调的连接、飞控与接收机的连接等。

图 1-40　平衡充插头

图 1-41　杜邦线

1.2.2　AWG硅胶线

图1－42　AWG硅胶线

AWG硅胶线如图1－42所示。AWG硅胶线在无人机装配中常用作主电源线。其特点是线身柔软有弹性、能耐高温、绝缘性能好。其有多种不同的型号，型号是根据线径的大小来命名的，型号数越大线越细。

1.2.3　扎带

(1)尼龙扎带。尼龙扎带如图1－43所示，主要用于无人机装调时的导线捆扎和固定，尼龙扎带有止退功能，只能越扎越紧。

(2)魔术贴扎带。魔术贴扎带如图1－44所示，主要用于电池的固定。魔术贴扎带有公、母两面，两面可以牢固地黏合在一起，当受到一定拉力时，可以被打开，可以多次反复开合。

图1－43　尼龙扎带

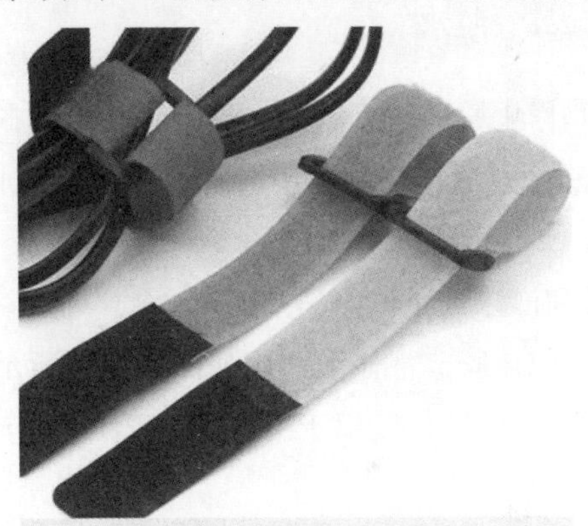
图1－44　魔术贴扎带

(3)魔术贴。魔术贴如图1－45所示，在无人机装调时主要用于粘贴电池、U－BOX等需要经常安装和拆卸的物品。

1.2.4　胶带

(1)纤维胶带。纤维胶带如图1－46所示。在无人机装调时，纤维胶带主要用于结构件之间的固定与加强。它是泡沫板固定翼无人机常用的胶带。

图1－45　魔术贴

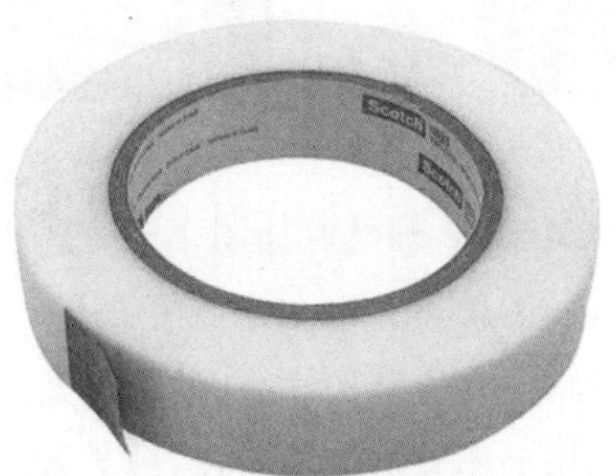

图1－46　纤维胶带

(2)纸胶带。纸胶带如图 1-47 所示。在无人机装调时,纸胶带主要用于如接收机天线等一些不需要太大黏合力的临时结构固定。

(3)双面胶带。双面胶带如图 1-48 所示,具有双面黏合力,可以完成物体结构内部的黏合,黏合强度高。

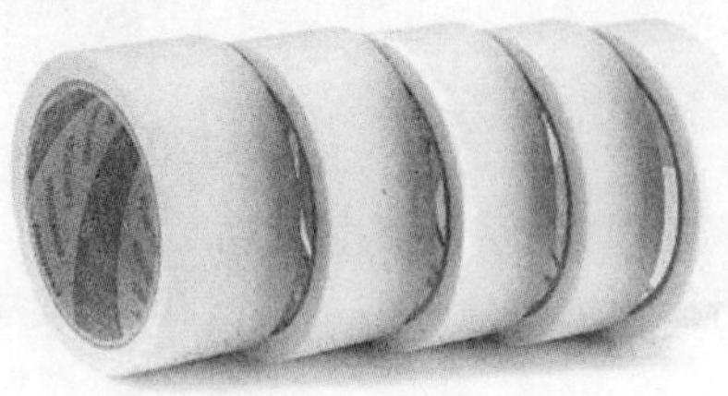

图 1-47　纸胶带

图 1-48　双面胶带

1.2.5　胶水

(1)瞬干胶。瞬干胶是一种干得很快的胶水,这种胶的特点是固化快、黏结强度大、黏结面广。502 胶水就是一种瞬干胶,它能够迅速固化黏结,固化后无毒。502 胶水如图 1-49 所示。

(2)热熔胶。热熔胶如图 1-50 所示,是一种无毒无味的环保型胶黏剂,可用于塑料、电子元器件和泡沫板单位的黏结。

(3)泡沫胶。液体泡沫胶如图 1-51 所示,是一种无色、透明、无腐蚀性、黏性强、无毒的黏稠液体。泡沫胶广泛用于 KT 板、EPO 等泡沫材料之间的黏合,是专门用来粘贴泡沫板的胶。

图 1-49　502 胶水

图 1-50　热熔胶

图 1-51　液体泡沫胶

(4)螺丝胶。螺丝胶如图 1-52 所示,主要用于螺钉和螺母的螺纹连接处。

螺丝胶的使用方法如下:

1)请将螺钉底部的水分、油脂类及其他污垢清除;

2)利用毛刷就可简单涂抹,因为其具有良好的浸透性,所以在已经锁好的螺钉的头部涂抹也是可以的;

3)在未固定之前(大约 2 h),请不要触摸涂抹的部分;

4)取出时只需用比锁定时大 15%～30%的力气,就可简单地取出。

(5)硅橡胶。704 硅橡胶如图 1-53 所示,是一种黏结性好、高强度、无腐蚀的硅橡胶,组装无人机时常用于一些线路接口处的密封防水处理。

图 1-52　螺丝胶

图 1-53　704 硅橡胶

1.2.6　热缩管

热缩管是一种特制的 EVA 材质的热收缩套管,如图 1-54 所示。它广泛用于各种线束、焊点、电感等的绝缘保护。

1.2.7　焊锡丝

焊锡丝如图 1-55 所示,是焊接电子线路中电子元器件的重要工业原材料。

图 1-54　热缩管

图 1-55　焊锡丝

1.2.8　紧固件

(1)螺栓。在机械制造中,螺栓广泛应用于可拆连接,一般与螺母(通常会加 1 个或 2 个垫圈)配套使用。螺栓有普通螺栓和双头螺栓。普通螺栓适用于两个较薄零件之间的连接。普通螺栓如图 1-56(a)所示。双头螺栓用于较厚连接件之间的连接,该被连接件强度较差,且需要经常拆卸。双头螺栓如图 1-56(b)所示。

(2)螺母。螺母就是螺帽,是与螺栓或螺杆拧在一起用来起紧固作用的零件。由于无人机飞行时会产生振动,为防止螺母松动,通常采用防松螺母。防松螺母如图 1-57 所示。

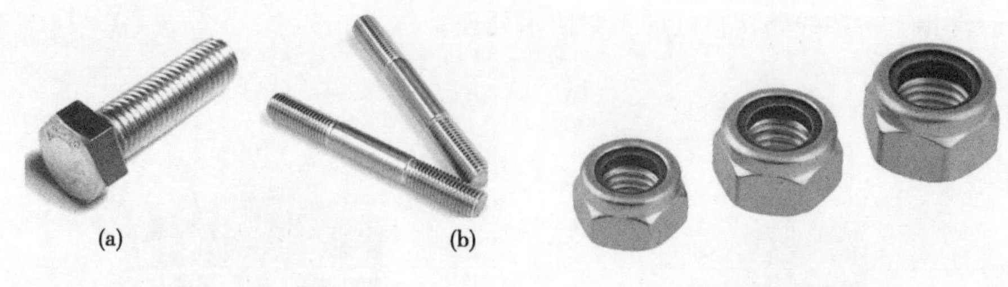

图 1-56 螺栓

(a)普通螺栓;(b)双头螺栓

图 1-57 防松螺母

(3)螺钉。螺钉通常是单独使用的,一般起紧固或紧定作用,应该拧入机体的内螺纹。螺钉分为开槽普通螺钉、埋头螺钉、自攻螺钉(见图 1-58)和自攻紧锁螺钉等种类。

(4)子弹头。子弹头是无人机螺旋桨的桨夹,主要用于将螺旋桨固定在电机轴上。子弹头有正牙和反牙之分,使用时要注意区分。子弹头如图 1-59 所示。

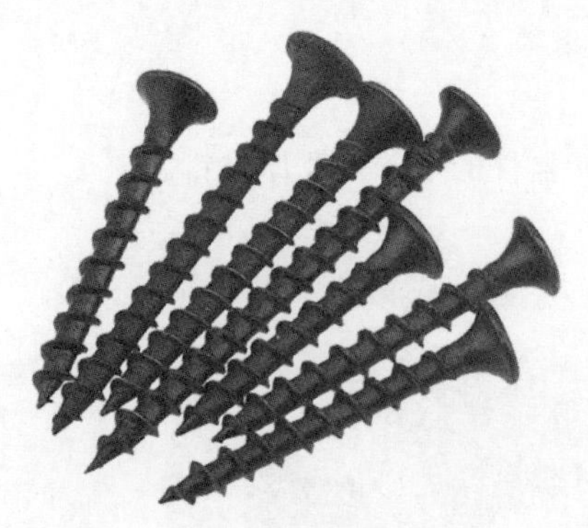

图 1-58 自攻螺钉

图 1-59 子弹头

1.2.9 减震板

无人机在飞行过程中会产生振动,这些振动传递给飞控后会影响到里面的传感器,导致飞控误判当前的飞行情况,因此为减少飞控的振动,需要在飞控下面加装减震板,另外航拍无人机的云台也需要加装减震板。减震板如图 1-60 所示。

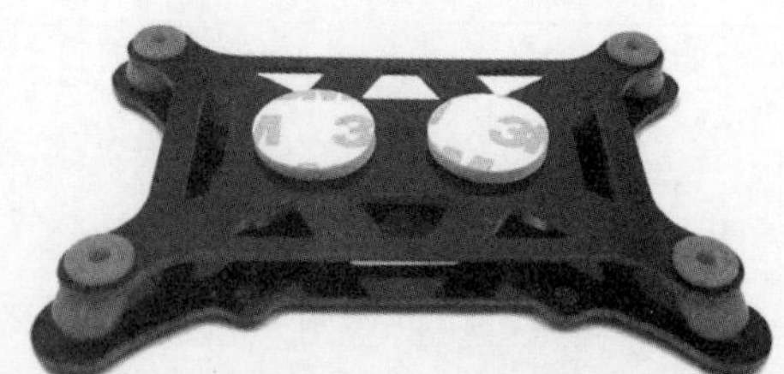

图 1-60 减震板

1.2.10　支柱

支柱主要用于固定和隔离电路板和零部件，支柱主要由尼龙、铝合金或铜等材料制作。支柱如图1-61所示。

(a)

(b)

图1-61　支柱

(a)尼龙柱；(b)铝柱

【任务实施】

综合技能训练任务：使用无人机装调与检修材料

1.实训目的

通过无人机装调与检修材料的使用练习，掌握插头、扎带、胶带、胶水、紧固件等常用材料的种类、功用及使用方法，能够独立地选择和使用这些材料来装调或检修无人机，为后续的无人机组装调试与检修工作打下基础。

2.实训任务工单(见表1-2)

表1-2　使用无人机装调与检修材料实训任务工单

任务名称	使用无人机装调与检修材料		
工具/设备/材料			
类 别	名 称	单 位	数 量
设备	多旋翼无人机	架	1
工具	热风枪	把	1
	电烙铁	把	1
	内六角扳手	把	1
	活动扳手	把	1
	剥线钳	把	1
	小型台钳	台	1
	斜口钳	把	1

续表

<table>
<tr><td rowspan="14">材料</td><td>香蕉头</td><td>个</td><td>若干</td></tr>
<tr><td>尼龙扎带</td><td>个</td><td>若干</td></tr>
<tr><td>魔术贴扎带</td><td>个</td><td>1</td></tr>
<tr><td>魔术贴</td><td>个</td><td>1</td></tr>
<tr><td>双面胶</td><td>块</td><td>1</td></tr>
<tr><td>螺丝胶</td><td>瓶</td><td>1</td></tr>
<tr><td>热缩管</td><td>根</td><td>1</td></tr>
<tr><td>螺栓</td><td>个</td><td>若干</td></tr>
<tr><td>螺母</td><td>个</td><td>若干</td></tr>
<tr><td>子弹头</td><td>个</td><td>若干</td></tr>
<tr><td>减震板</td><td>个</td><td>1</td></tr>
<tr><td>减震支柱</td><td>个</td><td>4</td></tr>
<tr><td>焊锡丝</td><td>卷</td><td>1</td></tr>
<tr><td>导线</td><td>卷</td><td>1</td></tr>
<tr><td colspan="4">1. 工作任务</td></tr>
<tr><td colspan="4">使用无人机装调与检修材料</td></tr>
<tr><td colspan="4">2. 工作准备</td></tr>
<tr><td colspan="4">(1)准备好材料,材料应符合标准;
(2)准备好工具,检查工具的有效性</td></tr>
<tr><td colspan="4">3. 工作步骤</td></tr>
<tr><td colspan="4">(1)用斜口钳剪下一截约 20 cm 长的导线,用剥线钳在其一端剥去约 1 cm 长的绝缘层;
(2)用台钳将香蕉头一端固定,将剥去绝缘层的一端伸入香蕉头的另一端,用焊锡丝焊接连接处;
(3)在接口处套上热缩管并用热缩管加热固定;
(4)用扎带枪和尼龙扎带将电调固定在机架上;
(5)将双面胶的一面粘在电调上,另一面粘在机臂上,用尼龙扎带将电调固定在机架上;
(6)在下中心板上将 4 个减震支柱分别安装在 4 个孔上,再通过螺丝将减震板固定到尼龙柱上,然后使用 3M 魔术贴将飞控粘贴在飞控减震板上;
(7)在上中心板长边两头的长方形槽上扣上一条魔术贴扎带,把电池扎紧;
(8)使用内六角扳手将电机用螺丝固定在电机座上;
(9)使用活动扳手将螺旋桨用子弹头固定在电机轴上</td></tr>
<tr><td colspan="4">4. 结束工作</td></tr>
<tr><td colspan="4">(1)清点工具和设备;
(2)清扫现场</td></tr>
</table>

3. 实训任务评价(请登录工大书苑网页端 http://nwpup.iyuecloud.com/,搜索本书书名下载相关表格)

【课程思政】

阅读以下教学案例,结合本项目所学习的专业知识和技能,从维护作风、工具“三清点”制度和工作责任心等方面,按照“三全育人”的要求,分析案例中所蕴含的作风意识、制度执行意识、安全意识和责任意识等思政元素。

工具设备未执行"三清点"

2002 年 5 月，某维修基地在对 B737 飞机进行检查时发现左大翼后缘有一把长约 10 cm的混合扳手，如果没有及时检查发现，将会有很大的隐患。

习　题

1. 无人机装调时常用的夹持工具和紧固工具有哪些？
2. 无人机装调时常用的材料有哪些？
3. 尼龙扎带、魔术贴扎带、魔术贴在无人机装调时各有什么功用？
4. 水平仪在无人机维修中有什么用？
5. 无人机装调时常用的胶水有哪些？各有什么功用？
6. 无人机装调时常用的紧固件有哪些？
7. 热熔胶枪有什么用？在使用时要注意哪些事项？
8. 使用热风枪时要注意哪些事项？
9. 手持雕刻机在无人机修理中有什么用？

项目 2　无人机装配与检修工艺认知

【知识目标】

(1)熟悉无人机装调工的职业技能需求；

(2)掌握无人机装配工艺；

(3)掌握无人机调试工艺；

(4)掌握无人机装配与检修操作安全基本知识。

【能力目标】

(1)能够按工艺流程装配无人机；

(2)能够按工艺流程检修无人机；

(3)能够安全地装配无人机；

(4)能够安全地检修无人机。

【素质目标】

(1)树立航空产品质量第一的意识，培养安全文明生产的职业素养；

(2)培养吃苦耐劳的精神和严谨细致、规范操作的工作态度；

(3)具有环保意识、信息素养和工匠精神；

(4)具有耐心细致、精益求精的工作态度，养成科学务实的工作作风；

(5)具有团结协作、勇于创新的精神。

任务 2.1　无人机装调与检修技能需求及安全操作

【任务引入】

在给无人机锂电池充电时，突然起火。

【任务分析 】

在进行无人机装调与检修等工作时一定要注意操作安全。学习了解防火安全、易燃性材料防护、雷达波防护、听力防护、眼睛防护、工具设备使用的安全规定、电器设备使用的安全规定等安全防护知识，一旦发生了安全事故，能够马上进行事故处理，从而能够最大限度地减少安全事故的发生。

【相关知识】

随着近年来技术的发展进步，无人机应用逐渐从军事领域向民用领域延伸，应用范畴不断拓宽，在消费、植保、电力、安防和测绘等行业日渐成熟，从事无人机装配、调试及售后维修服务的人员将长期保持亟需趋势。2020年2月25日，人力资源和社会保障部与国家市场监督管理总局、国家统计局联合向社会发布了无人机装调工、智能制造工程技术人员和工业互联网工程技术人员等16个新职业。这是自2015年版《中华人民共和国职业分类大典》颁布以来发布的第二批新职业。“无人机装调工”正式成为新职业，并被纳入国家职业分类大典目录，近百万无人机装调检修从业人员的职业归属正式登上历史舞台。

无人机装调工的职业定义如下：使用设备、工装、工具和调试软件，对无人机进行配件选型、装配、调试、检修与维修的人员。

无人机装调检修的主要工作任务如下：

(1)根据无人机的产品性能等相关要求，对无人机进行配件选型、制作及测试；

(2)按照装配图等相关要求，使用专用工具进行无人机的整机装配；

(3)使用相关调试软件和工具，进行无人机系统和功能模块的联调与测试；

(4)使用专用检测仪器及软件进行无人机各系统检测、故障分析和诊断；

(5)使用相关工具，根据故障诊断结果进行无人机维修；

(6)使用专用检测工具和软件对修复后的无人机进行性能测试；

(7)根据维护保养手册，对无人机各功能模块进行维护保养；

(8)编制无人机设备装配、测试、检修与维修等报告。

根据国际数据公司(International Data Corporation，IDC)的数据分析显示，截至2019年底，我国无人机年销售量达到196万架，其中消费级无人机为150万架，工业级无人机为46万架；在无人机市场份额中，用于无人机试验的费用约为15％，用于无人机维护服务的费用为10％～20％；从中国民用航空局了解到，用于开展无人机物流配送试点所注册的无人机超过39.2万架。可以看出随着无人机行业技术的不断升级、设备保有量的不断增加和新技术的不断引进给维修行业带来了前所未有的挑战，无论是从技术层面还是从市场层面来看，全行业都要求有高素质、高技能的装调检修人才作为支撑。

在2020年这场没有硝烟的战“疫”中，无人机凭借其在装载运输、远程操控和灵活机动等方面的优势，积极开展无人机喷洒消毒、空中巡视和喊话疏导等疫情防控工作。近期，全国不少地区利用无人机开展了高空喊话及测量体温等防疫工作。无人机利用其从空中俯瞰地面的全视角，可以非常方便地检测路上行人是否聚众活动、是否佩戴口罩，工作人员只需要通过手中的对讲机即可完成无人机高空喊话，不需要走到人员面前，不仅起到了快速提醒的作用，而且大大提高了工作效率。由于新型冠状病毒肺炎感染患者伴有发热症状，测量体温成了重要的疫情防控措施。然而，测量体温需要近距离接触，因此也增加了健康人群的感染概率。借助无人机测量可以减少人与人之间的直接接触，可以快速地完成大量人员的体温测量工作并将测量数据快速地传输到手机或者电脑中，助力检测人员高效工作。这些无人机后面都有无人机装调工的身影，是他们为疫情防控增添了一双翅膀。

无人机装调工职业的应运而生，填补了无人机行业的一个专业服务模块，使无人机和通用航空一样，有了专业的保障团队，可以提供全面的服务技术，让无人机的装调和检修行为更加专业化、合法化和规范化，为无人机的安全飞行撑起保护伞，让飞行更加安全、更加可靠、效率更高、服务更加规范。

2.1.1 防火安全

1. 灭火要求

按照国际防火协会分类，火分为以下4类：

(1)A类火：由普通燃烧物，如木材、布、纸、装饰材料等燃烧引起的火；

(2)B类火：由易燃石油产品或其他易燃液体、润滑油、溶剂、油漆等燃烧引起的火；

(3)C类火：通电的电气设备燃烧引起的火；

(4)D类火：由易燃金属燃烧引起的火。

2. 灭火剂的选择

灭火剂是指能够有效终止燃烧的物质，常用的灭火剂有水系、泡沫、二氧化碳、干粉和卤代烷，不同种类火对应灭火剂的选择见表2-1。

表2-1 不同种类火对应灭火剂的选择

火的种类	灭火剂的选择
A类	水类灭火剂
B类	二氧化碳、卤代烷或化学干粉灭火剂
C类	二氧化碳灭火剂
D类	化学干粉或细沙灭火剂灭火

3. 灭火注意问题

(1)灭火前应尽快切断电源。

(2)灭火时应使用灭火剂对准火焰根部喷射。

(3)有些灭火剂遇热会分解出有毒气体，注意不要吸进灭火时产生的气体，进入火区时，要从上风方向或火头低的方向顺风进入。

(4)灭火时，一开始就全开灭火器，火焰熄灭后，要继续喷射一些灭火剂，以防重新燃烧。

(5)在发动机上只有紧急时采用泡沫灭火剂灭火，但在使用泡沫灭火剂后，需及时清洗发动机。

(6)人体着火时，受害人应尽快撤离火区，撤离时不要奔跑，尽可能屏住呼吸，可在地上打滚，裹以毡布，或用水喷灭火。使用化学干粉、泡沫或高压水龙头灭火时，要避免直接喷射受害人身体，以防受伤。明火扑灭后应立即送往医院救治。

4. 电气设备的防火措施

电气火灾通常是因为电气设备的绝缘老化、接头松动、过载或短路等因素导致过热而引起的。尤其是在易燃易爆场所，上述电气线路隐患危害更大。为防止电气设备火灾发生，必须采取以下防火措施。

(1)经常检查电气设备的运行情况。检查接头是否松动，有无火花发生，电气设备的过载、短路保护装置性能是否可靠，设备绝缘是否良好。

(2)合理选用电气设备。有易燃易爆物品的场所，安装使用电气设备时，绝缘导线必须密封敷设于钢管内。应按爆炸危险场所等级选用、安装电气设备。

(3)保持安全的安装位置。保持必要的安全距离是电气防火的重要措施之一。为防止电气火花和危险高温引起的火灾，凡能产生火花和危险高温的电气设备周围不应堆放易燃易爆物品。

(4)保持电气设备正常运行。电气设备运行中产生的火花和危险高温是引起电气火灾的重要原因。为控制过大的工作火花和危险高温，保证电气设备的正常运行，应由经培训考核合格的人员操作使用和维护保养。

(5)通风。在易燃易爆危险场所运行的电气设备，应有良好的通风，以降低爆炸性混合物的浓度。其通风系统应符合有关要求。

(6)接地。在易燃易爆危险场所的接地比一般场所要求更高。无论其电压高低，正常不带电装置均应按有关规定可靠接地。

5. 电气设备的灭火规则

(1)电气设备发生火灾时，着火的电器、线路可能带电，为防止火情蔓延和灭火时发生触电事故，发生电气火灾时应立即切断电源。

(2)当不能断电需带电灭火时，必须选择不导电的灭火剂，灭火时救火人员必须穿绝缘鞋和戴绝缘手套。

(3)灭火时的最短距离。用不导电的灭火剂进行灭火时，对于 10 kV 电压，喷嘴至带电体的最短距离不应小于 0.4 m；对于 35 kV 电压，喷嘴至带电体的最短距离不应小于 0.6 m。

2.1.2　易燃性材料防护

易燃性材料指开杯燃点低于 130℉(54.4℃)的任何材料，如各种酮类材料和酮溶剂、酒精类、石脑油、各种漆类材料和稀释剂、汽油、煤油、干燥剂、涂布油、各种清洗液和其他挥发性溶剂等。

(1)在现场使用的易燃性材料，只能存放在合格的、不渗漏的有盖容器内，除有专门规定外，不准使用易燃性材料的混合液。

(2)使用易燃性材料应远离明火、火花、电器开关及其他火源。使用易燃性材料的房间或区域严禁吸烟，并使用防爆电气设备，工作人员不得穿着化学纤维的衣服和使用化纤材料的抹布，衣袋中不要装打火机。

(3)使用易燃性材料的场所,应有良好的通风设施,必要时,工作人员应戴口罩或防毒面具。使用有毒性材料时,应避免直接接触皮肤(戴防护手套或使用其他防护材料)。

(4)由于接触易燃性材料而引起病态反应后,应立即脱去被沾污的衣服,沾污的地板设备应用水冲盥,受影响的人员要转移到充满新鲜空气的环境中去或立即请医生治疗。

2.1.3 雷达波防护

飞机在机库或其他覆盖物内时,不得接通雷达工作电门,除非使雷达发射机不工作。波束对准吸收防护装置能有效地消耗或分散射频能量,其天线应处于直接对准打开的机库门和避开 300 ft(约 91.44 m)以内的障碍物的方向,否则会损坏接收机。

(1)在下列情况下不准打开气象雷达:在 100 ft(约 30.48 m)内有飞机加(放)燃油,处于射频状态;在天线 50 ft(约 15.24 m)内有人,处于射频状态;没有天线,除非接上假载荷;飞机前方 300 ft(约 91.44 m)以内有金属障碍物。

(2)任何时候都不允许人员站在处于发射状态而又旋转的雷达天线的前面和附近,除非天线向上,避开了地面人员和附近的障碍物,不允许人员站在距雷达天线 50 ft(约 15.24 m)以内的地方。

(3)在进行雷达试验时,应安排专人注意飞机周围不允许人员进入射线影响范围以内。

(4)不得在飞机上对气象雷达作任何内部校正,校正工作仅允许在电子车间进行,并应有必要的预防措施以防止电击,没有用接地卡子和高压电绝缘探头释放高压电以前,不要在雷达部件上工作。

2.1.4 听力防护

(1)当发动机在高功率运转(85%最大巡航推力及以上)时,距飞机 50 m,应使用耳套和耳塞;距飞机 50~120 m,应使用耳塞。

(2)当发动机在低功率运转(85%最大巡航推力以下,如客机坪运转、低功率试车、滑行)时,距飞机 10 m 内,应使用耳套和耳塞;距飞机 10~50 m 内,应使用耳塞。

2.1.5 眼睛防护

在以下环境中工作或操作以下机器设备时,应戴上合适的防护眼镜。

(1)铆接、錾凿、打孔、冲压以及用软金属工具敲击的工作等。

(2)弯曲、成形、矫直及紧装配等用金属手动工具对设备和材料敲击的工作。

(3)切割时会甩出碎屑的工作,不仅直接操作的人员要戴防护眼镜,在其周围工作的人员也需要戴防护眼镜。

(4)用手动工具锯、钻、刮和木工的刨削工作。

(5)操作砂轮机、喷砂机、抛光机和金属丝砂轮时。

(6)操作车床、铣床、锯床、刨床、磨床、拉床、电火花加工机床和冲床等。

(7)使用圆锯、径向锯、粗齿锯、带锯、榫锯、斧、刨、挖刻工具、砂磨机和电钻之类的木工机械时。

(8)在酸、碱喷洗和其他有害液体或化学药品作业时,必须戴上面罩(如充电、电镀车间)。

(9)焊接和等离子喷涂,需有适当色泽的护目镜、头盔或面罩,弧焊或氦(氩)弧焊时,应戴焊接头盔。

(10)在强烈阳光照射的机体表面或雪地条件下工作时,需配戴适当色泽的护目镜。

2.1.6 工具设备使用的安全规定

(1)对领用的工具设备,使用者在使用前应检查其工作是否正常。

(2)所有工具设备的使用者应严格执行"三清点"制度——工作前清点,工作地点转移前清点,工作后清点;对于丢失的工具应立即报告。

(3)维修设备必须保持完好和清洁,工作结束后应按规定放回到规定的区域内,机动设备应将动力源关断,备有刹车和稳定装置的设备应将其放在规定的状态。

(4)判断工具量程是否在适用范围内,仔细阅读工具、设备的使用说明书,选择适当的量程。

(5)对计量工具设备,检查校验标签,确认是否在其有效期内。

(6)禁止使工作梯、特种车辆直接接触飞机(一般应保持3 in距离)。

(7)完成工作后,需再次清点所用的工具、设备,在确认工具、设备无丢失、无损坏后,将所用的工具、设备恢复到初始状态。

(8)维修人员与工具保管员逐件对照工具借/还记录本里的记录,进行归还,工具保管员填写好归还时间,维修人员在归还栏签章。

(9)对于在使用过程中发现问题的工具设备,工具使用者需填写工具设备丢失/损坏/故障报告单;详细写明工具设备的故障情况,以便设备维修人员检查和修理,防止损坏的工具设备失控。

2.1.7 电器设备使用的安全规定

1. 一般规定

(1)地面电源向飞机供电的电压、频率和相位,必须符合各型飞机的手册规定。

(2)停放在机库或正在检修的飞机,接通机上或地面电源要经现场维修负责人同意。

(3)使用220 V/380 V交流电设备的安装和故障排除,必须由专业电工进行。

(4)在下列情况下,不准接通地面和机上电源:

1)燃油系统正在进行维修工作;

2)正在进行喷漆(退漆)或其他需要用易燃液体的工作;

3)正在进行铺设钢索、电缆工作,有可能碰到外露的断电器。

(5)在进行飞机维修工作时,如需要断开有关的电路时应挂上红色警告牌;重新接通电路时,应通知机上正在工作的其他人员,防止伤害人员或损坏设备。

(6)在没有自动保险(断电)电门的部件上维修时,应将电瓶或地面电源开关置于"关断"位置,并挂上红色警告牌。在维修过程中,如将保险丝取出时,在保险丝座上也应挂上红色警告牌。

(7)维修人员离开飞机时,应将机上和地面电源关断。

(8)对油箱进行维修时,要使用良好的防爆工作灯和手电筒。

2. 安全用电常识

(1)必须熟悉电气设备特性及使用要求,严格按安全操作规程操作。

(2)电源和设备必须有良好的接地线,并且火线、零线连接要正确。

(3)使用符合容量要求的电缆、插头和插座。

(4)插头、插座接触良好,导线要有良好的绝缘,绝缘破损的裸露导线必须更换。

(5)在关闭车间电闸之前,应检查全部电器的开关均在关断位,才能关闭电闸;在打开车间电闸之前,应检查全部电器的开关均在关断位,才能打开电闸。

(6)当衣服、手、鞋是湿的时候,不要接触电器,以防触电。

【任务实施】

综合技能训练任务:无人机装调与检修安全操作

1. 实训目的

通过无人机装调与检修安全操作,掌握防火安全、易燃性材料防护、雷达波防护、听力防护、眼睛防护、工具设备使用的安全规定、电器设备使用的安全规定等安全防护知识,为后续无人机的装调与检修打下基础。

2. 实训任务工单(见表2-2)

表2-2 无人机装调与检修安全操作实训任务工单

任务名称	无人机装调与检修安全操作		
工具/设备/材料			
类别	名称	单位	数量
设备	电子设备	台	1
	雷达设备	台	1
	电气设备	台	1
工具	灭火瓶	个	1
	耳套	副	1
	耳塞	副	1
	防毒面具	个	1
	口罩	个	1
	常用工量具	套	若干
	静电敏感防护盒	个	1
	防静电手腕带	副	1

续表

<table>
<tr><td rowspan="5">材料</td><td>灭火剂</td><td>瓶</td><td>1</td></tr>
<tr><td>易燃材料</td><td>种</td><td>若干</td></tr>
<tr><td>警告牌</td><td>个</td><td>1</td></tr>
<tr><td>接地卡子</td><td>个</td><td>1</td></tr>
<tr><td>高压电绝缘探头</td><td>个</td><td>1</td></tr>
<tr><td colspan="4">1.工作任务</td></tr>
<tr><td colspan="4">无人机装调与检修安全操作</td></tr>
<tr><td colspan="4">2.工作准备</td></tr>
<tr><td colspan="4">(1)准备好灭火剂和灭火瓶,检查设备的有效性;
(2)准备好雷达设备以及电子电气设备,检查设备的有效性;
(3)准备好防护工具和材料,检查工具的有效性,材料应符合标准</td></tr>
<tr><td colspan="4">3.工作步骤</td></tr>
<tr><td colspan="4">(1)灭火器灭火操作;
(2)电子设备静电防护操作;
(3)易燃性材料防护操作;
(4)雷达波防护操作;
(5)听力防护操作;
(6)眼睛防护操作;
(7)工具设备安全使用操作;
(8)电气设备安全使用操作</td></tr>
<tr><td colspan="4">4.结束工作</td></tr>
<tr><td colspan="4">(1)清点工具和设备;
(2)清扫现场</td></tr>
</table>

3.实训任务评价(请登录工大书苑网页端 http://nwpup.iyuecloud.com/,搜索本书书名下载相关表格)

任务 2.2　认知无人机装配工艺

【任务引入】

现有一套无人机散件,需要将散件装配为一架完整的无人机。

【任务分析 】

无人机装配是无人机应用人员一项最基本的技能。在对无人机散件进行装配之前,必须熟悉无人机的装配工艺,学习了解无人机机械装配工艺、无人机电气装配工艺,才能够掌握无人机正确的装配方法和技能,为后续的无人机装配奠定基础。

【相关知识】

2.2.1 无人机机械装配工艺

1. 飞机装配准确度

固定翼飞机装配准确度是指装配后飞机机体级部件的几何形状、尺寸等实际数值与设计时所规定的理论数值间的误差。

(1)飞机装配准确度对飞机的各种性能的影响如下。

1)飞机外形的准确度直接影响飞机的空气动力性能。

2)飞机各种操纵机构的安装准确度将直接影响飞机的各种操纵性能。

3)零件制造和装配过程中产生的残余应力将影响结构的强度和疲劳寿命。

4)飞机装配的准确度会直接影响产品的互换性。

(2)飞机装配准确度一般包括下面以下几方面。

1)飞机外形准确度。飞机各部件外形准确度要求如图 2-1 所示。飞机外形准确度直接影响到飞机的空气动力性能。一般来说,飞机翼面类部件比机身部件的外形准确度要求更高;各部件最大剖面以前部分要比最大剖面以后部分的外形准确度要求更高。

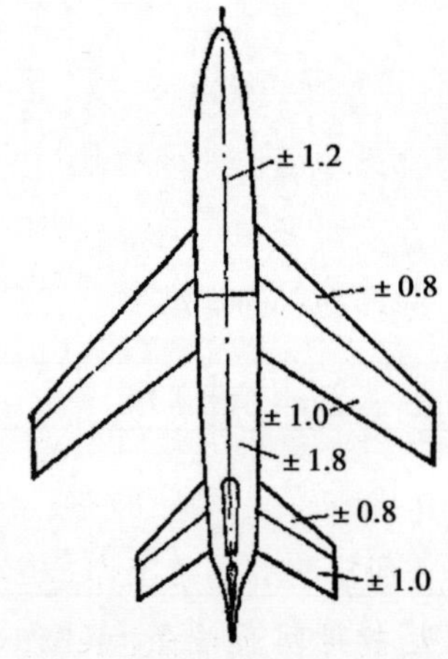

图 2-1 飞机各部件外形准确度要求(单位:mm)

2)各部件之间对接的准确度。飞机部件与部件连接时,在保证相对位置准确度的同时,还必须保证设计分离面的对接准确度要求。部件间相对位置准确度要求如图 2-2 所示。部件之间对接接头的结构形式有叉耳式接头和凸缘式接头,叉耳式接头如图 2-3 所示,凸缘式接头如图 2-4 所示。

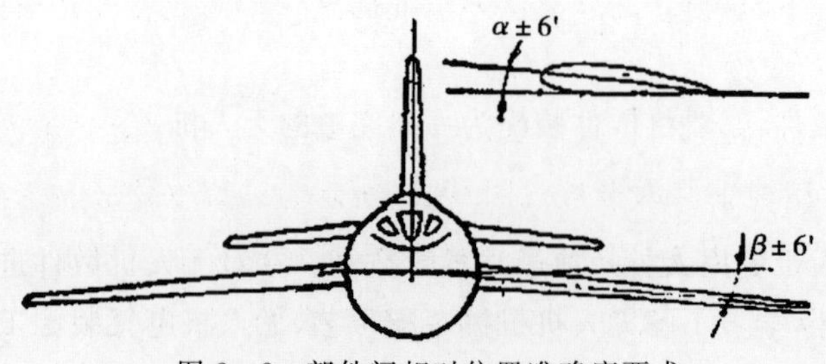

图 2-2 部件间相对位置准确度要求

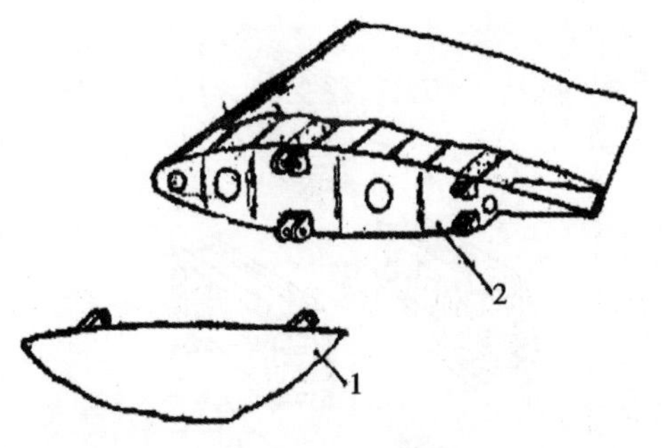

图2-3 叉耳式接头

1—外翼；2—中翼

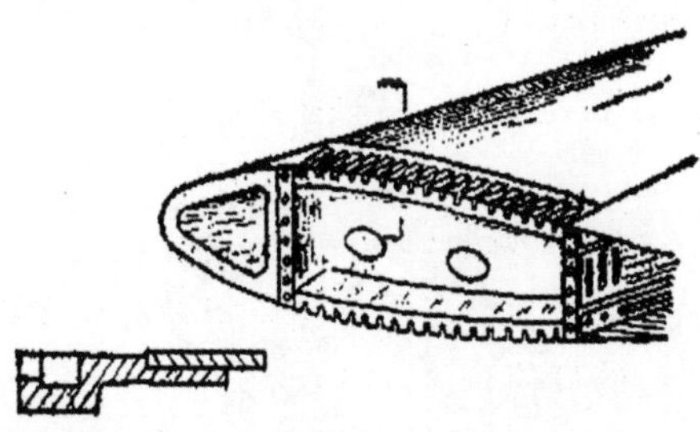

图2-4 凸缘式接头

3)部件内部各零件和组合件的准确度。这方面的准确度要求指大梁轴线、翼肋轴线、隔框轴线及长桁轴线等的实际位置相对于轴线位置的偏差。一般规定，大梁轴线允许的位置偏差和不平度偏差为＋0.5～＋1.0 mm，翼肋轴线和隔框轴线允许的位置偏差为＋1～＋2 mm，长桁轴线允许的位置偏差为＋2 mm。

2.装配基准

在装配过程中使用两种装配基准——以骨架外形为基准和以蒙皮外形为基准。

(1)以骨架外形为基准。以骨架外形为基准的装配，首先将骨架在型架上装配好，然后在蒙皮上施加力，使蒙皮贴紧在骨架上并连接在一起。这种装配方法的误差形成是“由内向外”的，累积误差均反映到外形上。为保证部件外形准确度，必须提高零件制造和骨架装配的准确度，提高蒙皮与骨架形状的协调性，以减小铆接后蒙皮与骨架之间的间隙，减少装配变形。

图2-5所示为以骨架外形为基准的机翼装配过程，在装配过程中，首先按型架定位器及卡板定位大梁1、2及加强翼肋3、4，进行翼梁与翼肋的连接工作；其次按翼梁上的角片及型架卡板定位普通翼肋5，进行翼梁与普通翼肋的连接工作；再次按定位器定位悬挂接头8，并与翼梁连接；然后根据翼梁与翼肋组装后的骨架外形铺上长桁6与蒙皮7；最后关闭卡板，将蒙皮7紧贴在骨架上，进行蒙皮与骨架的连接工作。

(2)以蒙皮外形为基准。以蒙皮外形为基准的装配是将部分骨架分别装在蒙皮上，然后在型架上施加外力，使蒙皮外形贴紧在卡板上，最后将骨架连接起来。这种装配方法的误差形成是“由外向内”的。以蒙皮外形为基准的装配前提是在产品结构上有补偿件，从而可在不提高零件制造准确度的前提下，获得较高的部件外形准确度。应用此方法在结构上和工艺上比较麻烦，一般只在机翼前缘部分使用。

以蒙皮外形为基准的装配，可以采用蒙皮外形为基准，这时型架采用外卡板；也可以采用蒙皮内形为基准，这时型架采用内卡板。图2-6所示为以蒙皮外形为基准的机翼装配过程图，在装配过程中，首先将蒙皮6与长桁组合成壁板1，在机翼中段型架上将壁板1紧贴在卡板的A面上，然后按型架固定。大梁2与壁板1之间，翼肋3、4与壁板1之间产生的间隙，可以用结构补偿件补偿。

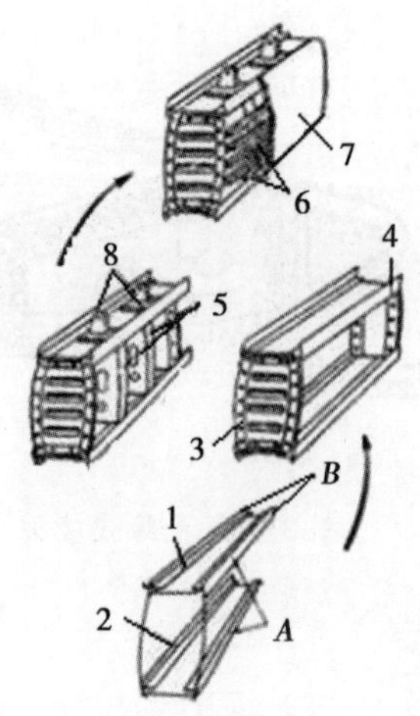

图 2-5　以骨架外形为基准的机翼装配过程

1、2—大梁；3、4—加强翼肋；5—普通翼肋；

6—长桁；7—蒙皮；8—悬挂接头

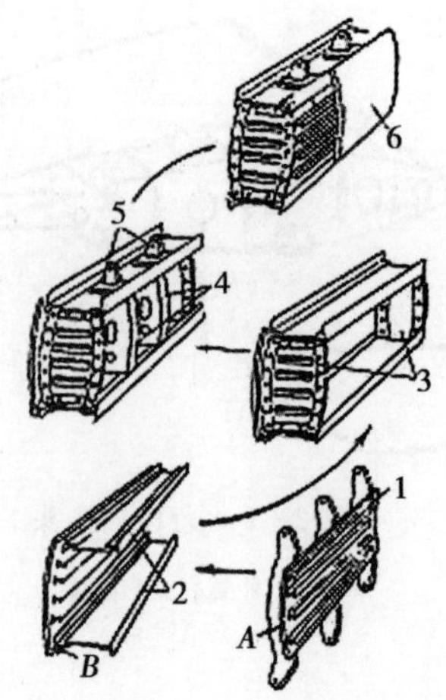

图 2-6　以蒙皮外形为基准的机翼装配过程

1—壁板；2—大梁；3—加强翼肋；

4—普通翼肋；5—悬挂接头；6—蒙皮

3.装配定位

装配定位是指在装配过程中，确定零件、组合件、板件和段件之间的相对位置。

装配定位要求如下：

(1)保证定位符合图纸和技术条件所规定的准确度要求；

(2)定位和固定要操作简单且可靠；

(3)所用的工艺装配简单，制造费用少。

装配定位有用基准零件定位、用划线定位和用装配孔定位 3 种方法。

(1)用基准零件定位。在一般机械产品中大量采用这种方法。在固定翼飞机制造中，液压、气动附件以及具有复杂空间结构的操纵控制机构，也采用这种方法装配定位。

用基准零件定位是以产品结构件上的某些点、线、面确定待装配零件的位置，这种装配定位方法简便易行、装配开敞、协调性好，在一般机械产品中大量采用。基准零件一般是先定位或安装好的零件，零件要有足够的刚度及较高的准确度，在装配时一般没有修配或补充加工等工作。

(2)用划线定位。这种方法是根据飞机图纸用通用量具划线定位。这种方法适用于零件刚度较大、位置准确度要求不高的部位。翼肋中段用划线定位如图 2-7 所示。

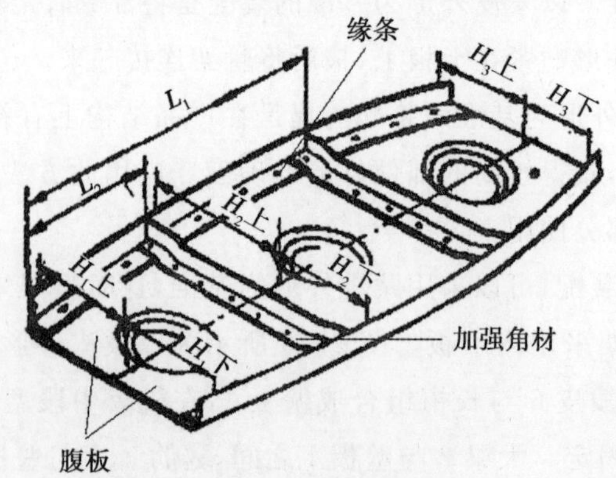

图 2-7　翼肋中段用划线定位

(3)用装配孔定位。这种方法是按预先在零件上制出的装配孔来定位。具体过程如下：装配之前，在各个零件的部分铆接位置上预先按各自的钻孔样板分别钻出装配孔，装配时各零件之间的相对位置按这些装配孔确定。图 2-8 所示为翼肋组合件按装配孔定位装配示意图。

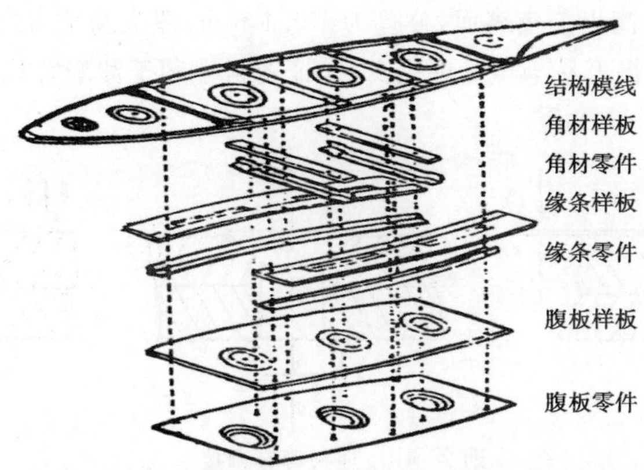

图 2-8　翼肋组合件按装配孔定位装配示意图

这种装配定位方法的优点是不需要使用专用夹具，故在成批生产中，在保证准确度的前提下，应尽量使用装配孔定位的方法。对一些形状不是很复杂的组合件或板件，如平板、单曲度以及曲度变化不大的双曲度外形板件，都可采用装配孔定位的方法进行装配。

4. 机械连接技术

在装配固定翼飞机时，装配连接会影响飞机结构的抗疲劳性能与可靠性，目前在飞机装配过程中常用的连接技术包括机械连接技术、胶接技术和焊接技术等。

其中机械连接技术主要包括铆接和螺栓连接技术，是一种传统的连接方法。

(1)铆接。铆接是用铆钉把两个或两个以上的零件连接成一个整体的工艺。

铆接的优点是连接强度比较稳定可靠，容易检查和排除故障，使用工具简单，价格低，适用于较复杂的结构的连接。铆接的缺点是增加了结构的质量，钉孔对材料有削弱，引起应力集中使疲劳强度降低，噪声会造成职工的职业病。

铆接方法很多，主要有普通铆接、无头铆接干涉配合铆接、密封铆接和特种铆接 4 种类型。根据飞机机体各部位结构的要求不同，飞机装配中应采用各种不同的铆接方法。

1)普通铆接是指最常用的凸头或埋头铆钉铆接。普通铆接的缺点是增加了结构质量；降低了强度；容易引起变形；疲劳强度低，密封性差。其铆接过程是制铆钉孔、制埋头窝、放铆钉、铆接。铆接典型工序如图 2-9 所示。

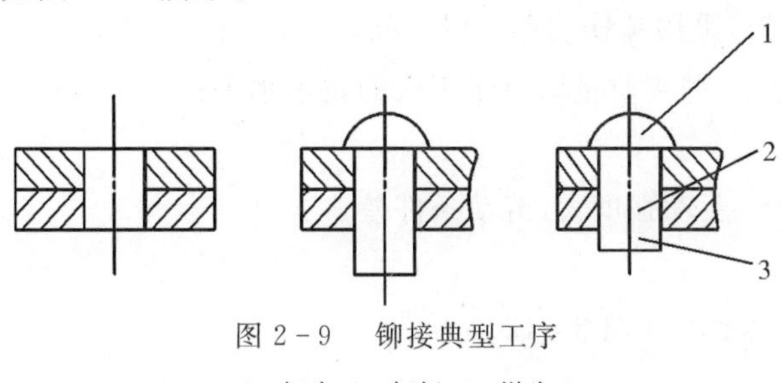

图 2-9　铆接典型工序

1—钉头；2—钉杆；3—镦头

A. 制铆钉孔。铆钉孔的位置一般是指边距、排距(行距)和孔距。确定铆钉孔位置的方法有按画线钻孔、按导孔钻孔和按钻模钻孔。

B. 制埋头窝。埋头铆接如图 2－10 所示。为了保证连接强度,埋头窝的深度只能取负公差,铆接后只允许铆钉头高出蒙皮表面,公差为＋0.1 mm,埋头窝成 82°或者 30°。原因有二:① 在保证连接强度的前提下易于填满埋头窝,保证密封性和干涉配合均匀性;②减小压铆力,防止裂纹以及变形。

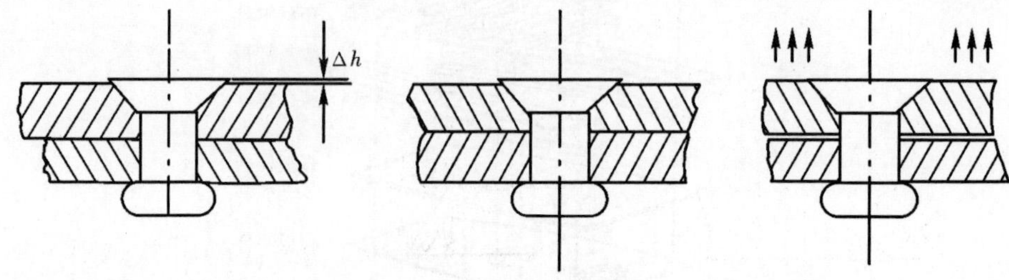

图 2－10　埋头铆钉铆接

埋头窝过深,蒙皮受力后,会使铆钉松动,降低连接强度。

C. 铆接。铆接主要有锤铆和压铆两种方法。

a. 锤铆。锤铆有正铆和反铆两种方法,如图 2－11 所示。

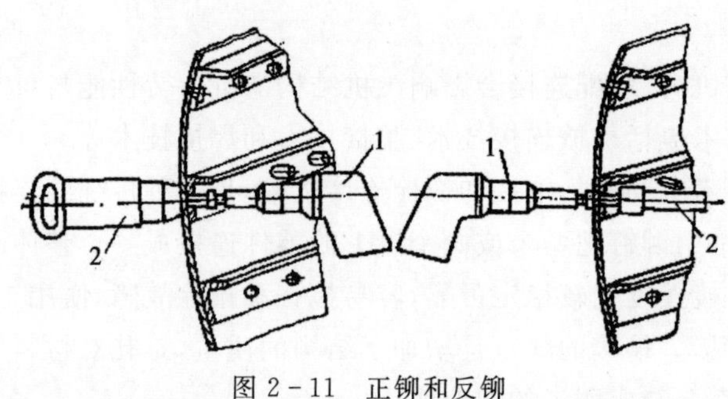

图 2－11　正铆和反铆

1—铆枪 ;2—顶铁

正铆的优点是铆接埋头铆钉时表面质量好,蒙皮不受锤击;正铆的缺点是顶铁较重,劳动强度大,铆枪必须置于工件内。反铆的优点是顶铁较轻,劳动强度小;反铆的缺点是部分锤击力直接打在钉头周围的零件表面。

无论正铆还是反铆,采用锤铆均存在以下问题:

a) 铆接质量不稳定,铆接质量取决于工人的技术水平;

b) 铆接变形大;

c) 噪声大,振动大,劳动强度大,劳动条件差;

d) 劳动生产率低。

锤铆中常见的铆接缺陷如图 2－12 所示。

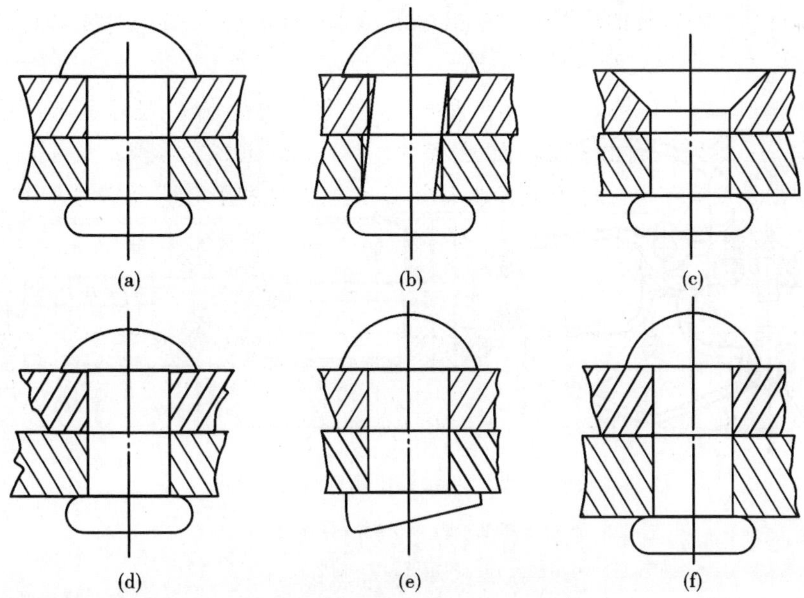

图 2-12　锤铆中常见的铆接缺陷

(a)孔径口超差；(b)铆钉孔错位；(c)埋头窝过深；(d)铆接头未贴紧零件；(e)墩头偏斜；(f)夹层有间隙

b. 压铆。压铆是用静压力镦粗铆钉杆，形成墩头。压铆有以下优点：

a) 铆接质量稳定，与操作者的技术水平关系较小；

b) 工件变形小；

c) 工人的劳动条件好；

d) 劳动生产率高。

压铆机分为固定式压铆机(单个和成组)和手提式压铆机两类。固定式压铆机如图 2-13 所示，手提式压铆机结构原理如图 2-14 所示。

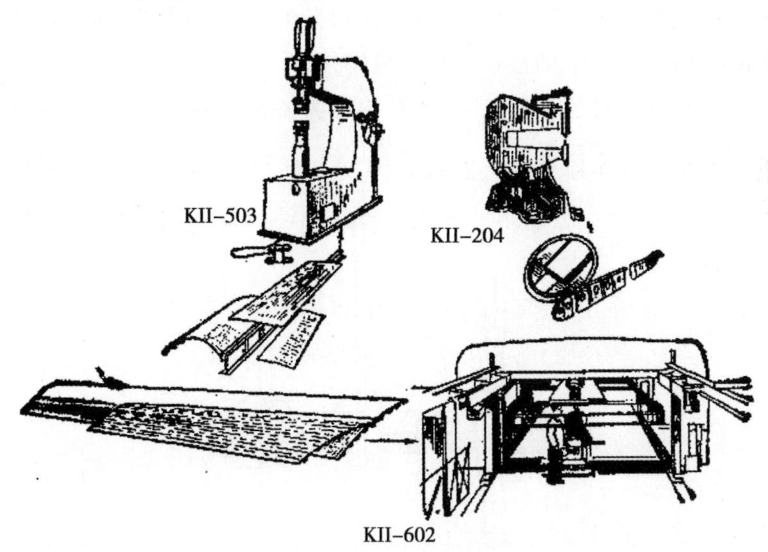

图 2-13　固定式压铆机

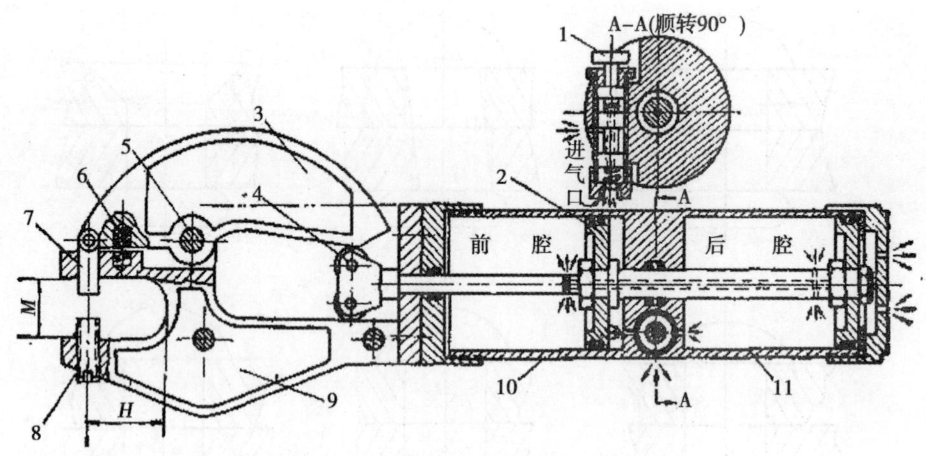

图 2-14 手提式压铆机结构原理图

1—气门；2—活塞；3—活动臂；4—滚轮；5—轴销；6—顶簧；7—上模；

8—调节螺丝；9—固定臂；10—前气缸；11—后气缸

2)干涉配合是指铆接后钉杆与孔之间形成的紧配合。采用无头铆钉干涉配合铆接的优点如下：

A. 输送铆钉方便；

B. 铆接时同时形成钉头和镦头，铆接后沿铆钉杆全长形成均匀的干涉配合，能成倍地提高连接件的疲劳寿命；C. 采用无头铆钉干涉配合的铆接，能够可靠地保证铆钉自身的密封性。

铆接时产生疲劳破坏的原因主要是带圆孔的板件受拉时，沿孔的边缘产生很大的应力集中，在交变载荷的作用下，使孔边缘上的细小裂纹逐渐扩大而引起疲劳破坏。而干涉配合之所以能提高疲劳寿命，主要是由于在板件上孔的周围有较大的径向预压力，在交变载荷作用下，使孔边缘处应力变化的幅度显著降低，推迟了疲劳裂纹的产生，从而提高了疲劳寿命。

3)在飞机的铆接技术中，除了采用普通铆接和无头铆钉干涉配合铆接以外，在结构比较的地方，可采用单面铆接，即从单面接近工件完成铆接，普通单面抽芯铆接如图 2-15 所示；在有些结构上还采用了环槽铆钉的铆接，这些铆接均称为特种铆接。由于这些特种铆接具有铆接质量比较稳定，操作简便，铆接时无锤击噪声等优点，故应用的部位和数量在不断增加。

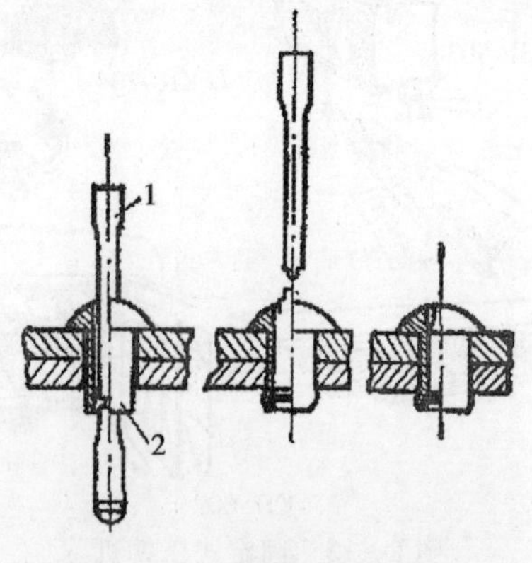

图 2-15 普通单面抽芯铆接

1—芯杆；2—钉套

(2)螺栓连接。螺栓连接是固定翼无人机结构中一种重要的机械连接方法,在所有设计分离面及重要承力结构处主要是用螺栓连接。螺栓的受力形式有拉、剪、拉剪3种,应根据受力形式来选用不同型式的螺栓。在飞机的螺栓连接中,除标准螺栓外,还使用高锁螺栓和锥形螺栓,它们的设计与标准螺栓有很大变化,具有质量轻、体积小、耐振动、夹紧力大、疲劳性能高、密封性好和安装简单等特点,但结构复杂、成本高。

图2-16所示为3种高锁螺栓,其中图2-16(a)为普通高锁螺栓;图2-16(b)带有密封环,保证密封;图2-16(c)中的钉杆有微量凸起部分,使孔表面压光强化,以产生预应力。

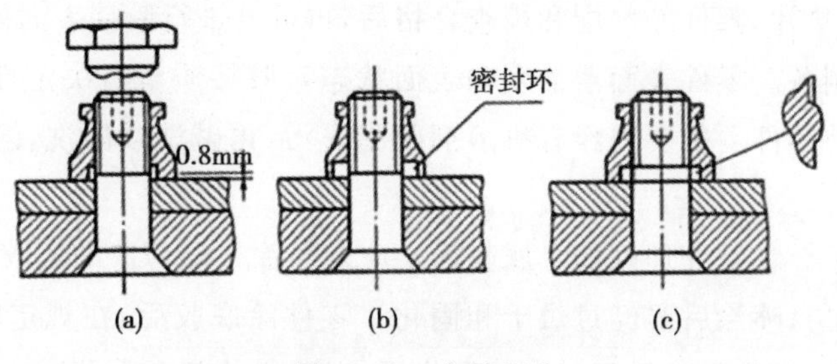

图2-16　高锁螺栓

5.胶接技术

胶接是通过胶黏剂的作用把被粘物连接在一起,形成胶接接头。胶接接头剖面如图2-17所示。

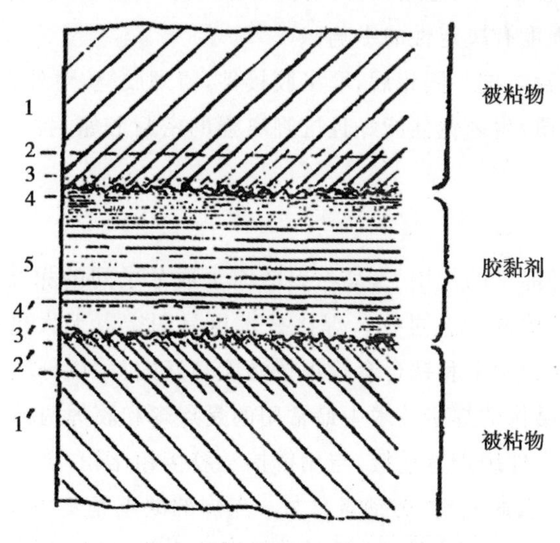

图2-17　胶接接头剖面

1、1′—被粘物;2、2′—被粘物表面层;3、3′—被粘物与胶黏剂的界面层;
4、4′—受界面影响的胶黏剂层;5—胶黏剂

胶接的优点是不削弱结构材料,应力集中最小,疲劳强度高;密封性好;表面光滑,气动性能好。胶接的缺点是剥离强度低;生产质量控制严格;胶接质量受很多因素影响;存在老化问题。

胶接结构比较典型的形式有：①蒙皮-桁条壁板；②蒙皮与波纹板或其他形式的加强板组成的板件、多层板或多层结构；③面板与夹心材料组成的夹层壁板或夹层结构。

典型的胶接工艺过程包括以下一些主要程序：预装配、胶接表面制备、涂胶和晾置（或烘干）、装配、固化、胶缝清理和密封防护、试验和检验。

(1)预装配。其目的是为了检查胶接组合件的零件间的协调关系和胶接面的贴合程度，并进行必要的修配，以达到装配准确度的要求。胶层的厚度严重影响胶缝强度，因此，胶层应当薄而均匀，厚度一般应在 0.01～0.25 mm。如果零件配合不好，应进行修配。预装配时，要放置代替胶膜厚度的垫片，零件经修配和检查合格后，再拆开进行胶接表面处理。

(2)胶接表面制备。零件表面清洁度和表面状态对胶接质量有决定性的影响。对于铝合金零件来说，胶接前零件一般要先经有机溶剂脱脂去污，再碱洗或酸洗，溶解掉表面自然氧化膜，然后再阳极化。

(3)涂胶和烘干。在新处理好的金属表面上应及时涂一层薄薄的底胶，底胶要严格控制厚度，并要求光滑、均匀，喷涂后要经过烘干和固化。零件涂底胶后，在规定的时间内涂胶，胶液要求涂抹均匀，每涂一层后，都要经过晾干和烘干，以除去溶剂和水分。

(4)装配。在胶接夹具或模具中组装全部零件，定位并夹紧，然后在工件的上面及四周放分压、透气、吸胶的垫物，最后盖上真空袋薄膜，四周用密封胶或密封胶带密封，构成真空袋，将工件封装在内。

(5)由于固化结构胶黏剂的主要成分是热固性树脂，一般都需要加温加压固化。温度、压力和时间参数对胶缝强度有决定性的影响。

(6)胶缝清理和密封防护。固化后，取出胶接件，清理胶缝，对外露胶缝及不同金属材料胶接的毗邻部分，用耐介质、耐老化性能好且抗剥离强的密封胶密封防护，然后室温硫化或加温硫化。

6.焊接技术

焊接是在外界某种能量的作用下，靠材料的原子或分子间的相互结合力把两个或两个以上的零件连接成一个整体的工艺过程。焊接技术也是固定翼无人机结构常用的连接技术之一，一些用不锈钢、防锈铝合金和钛合金等焊接性能较好的材料制成的结构，宜采用焊接，尤其是点焊。目前，在飞机结构的焊接技术中最常用的是点焊和胶焊两种连接方法。

(1)点焊。薄壁钣金件用点焊连接，与用铆接及胶接相比较，点焊的优点是生产率高、成本低；比铆接结构质量轻；表面光滑；劳动条件好。点焊的缺点是集中应力大，疲劳强度低，其疲劳强度却比铆接低约 20%。；可焊性差；不同材料不能点焊；零件厚度相差太大或三层以上的结构不能进行点焊。

对铝合金材料来说，焊前、焊后都不能进行阳极化处理。因为焊前阳极化会使表面接触电阻过大。焊后阳极化，钣材间隙中必然残留电解液，会造成腐蚀。硬铝合金的可焊性较差，质量检验方法较复杂。因此，纯点焊结构比较适用于一些受力不大的组合件，焊后用涂漆保护表面。

(2)胶焊。目前，点焊技术和胶接技术已广泛用于许多构件的连接。点焊结构具有质量轻、强度高、性能稳定的优点，但点焊接头受载时在焊点处存在较大的应力集中，点焊搭接接头的力学性能很差，限制了点焊技术在航空、航天等工业领域的应用。与此相反，胶接接头具有优良的疲劳性能，但其静强度特别是玻璃强度差，耐热性不好，胶层的老化和催化还会使接头性能进一步下降。由此可见，点焊和胶接结构在力学性能上具有互补性。为了改善点焊结构的疲劳性能，提高胶接接头性能的可靠性，出现了将点焊和胶接复合起来的新工艺——胶焊工艺。

胶焊接头不仅具有点焊接头质量轻、静强度高、可靠性好的优点，又具有胶接接头良好的疲劳特性和密封性，力学性能十分优良。同铆接相比，胶焊结构质量轻、接头外形光滑，能提高无人机外形的平滑性和气密性，改善气动力性能，这一优点对于航空、航天工业尤为重要。

胶焊结构已在国内外多种类型的飞机上得到了采用。胶焊结构主要用于框、肋、口盖及蒙皮-桁条式壁板。胶焊比纯胶接或纯点焊增多了工序，工艺过程也较为复杂，成本约比纯点焊高3倍。因此，对受力较大并要求阳极化处理的装配件，应采用胶焊结构。

7.各部件的对接

固定翼飞机各部件装配完成后，将送到总装车间进行对接，如机身各段的对接、机身和机翼的对接等。部件对接要保证对接后部件相对位置准确，连接可靠。

固定翼飞机各部件对接，首先要将对接的部件调整到正确位置，然后检查对接孔的同轴度要求，并检查配合面之间的间隙和连接孔的孔径和表面质量，这一切都符合图纸和技术条件要求后，就可以安装螺柱、垫圈，并按规定的拧紧力矩要求拧紧螺母，最后用全机水平测量方法检查各部件相对位置的准确性。对按部件一般要放在可移动和调整的托架上进行调整并对接。

部件对接后的技术要求一般用水平测量方法进行检查。水平测量的基本过程是：部件装配时，在部件表面规定的位置上，按型架上专用指示器作出测量点的记号。这些记号称为水平测量点，实际上是将飞机理论轴线转移到部件表面的测量依据。因此，在测量过程中，只要检查这些点的相对位置数值，就可借以确定部件间相对位置是否符合技术要求。

8.复合材料结构装配连接方法

复合材料零件之间或复合材料与金属零件之间的装配连接有机械连接、胶接和混合连接3种方法。在复合材料连接工艺技术中，选用何种连接方法，主要根据实际使用要求而定。一般来讲，当承载较大、可靠性要求较高时，宜采用机械连接；当承载较小、构件较薄、环境条件不十分恶劣时，宜采用胶接；在某些特殊情况下，为提高结构的破损-安全特性时，可采用混合连接。

(1)机械连接。复合材料的机械连接是指将复合材料被连接件局部开孔，然后用铆钉、销和螺栓等将其紧固连接成整体。在复合材料的连接中，机械连接仍是主要的连接方法。

机械连接具有以下优点：

1)连接的结构强度比较稳定，能传递大载荷；

2)抗剥离能力强，安全可靠；

3)维修方便，连接质量便于检查；

4)便于拆装，可重复装配。

机械连接具有以下缺点：

1)复合材料结构件装配前钻孔困难,刀具磨损快,孔的出口端易产生分层;

2)开孔部位引起应力集中,强度局部降低,孔边易过早出现挤压破坏;

3)金属紧固件易产生电化学腐蚀,须采取防护措施;

4)复合材料结构在实施机械连接过程中易发生损伤;

5)增加紧固件或铆钉的质量,连接效率低。

(2)胶接。复合材料的胶接是指借助胶黏剂将胶接零件连接成不可拆卸的整体,是一种较实用、有效的连接工艺技术,在复合材料结构连接中应用较为普遍。

胶接具有以下优点:

1)表面光滑,外观美观,工艺简便,操作容易,可缩短生产周期;

2)不会因钻孔和焊点周围应力集中而引起疲劳龟裂;

3)胶层对金属有防腐保护作用,可以作绝缘层,防止发生电化学腐蚀;

4)胶接件通常表现出良好的阻尼特性,可有效降低噪声和振动;

5)可以减轻结构质量,提高连接效率。

胶接具有以下缺点:

1)质量控制比较困难,并且不能检测胶接强度;

2)胶接性能受环境(湿、热、腐蚀介质)的影响较大;

3)被胶接件必须进行严格的表面处理;

4)存在一定的老化问题;

5)胶接连接后一般不可拆卸。

(3)混合连接。混合连接是将机械连接与胶接结合起来,从工艺技术上严格保证两者变形一致、同时受载,其承载能力和耐久性将会大幅度提高,可以排除两种连接方法各自的固有缺点。混合连接主要用于提高破损安全性、解决胶接的维修问题、改善胶接剥离性能等。

2.2.2 无人机电气装配工艺

无人机电气系统一般包括电源、配电系统、用电设备3个部分,电源和配电系统的组合统称为供电系统。供电系统的功能是向无人机各个用电系统或设备提供满足预定设计要求的电能。

1.电气装配工艺要求

(1)一般要求。

1)各种元器件、材料均应检验合格后方可进行安装,安装前应检查其外观、表面有无划伤和损坏。

2)排线安装时注意保证排线方向、极性正确,安装位置要正,不能歪斜。

3)在安装过程中要注意元器件的安全要求,如安装静电敏感器件要注意防静电。

4)部件在安装过程中不允许产生裂纹、凹陷、压伤和可能影响产品性能的其他损伤。

5)安装时勿将异物掉入机内。在安装过程中应随时注意有否掉入螺钉、焊锡渣、导线头及工具等异物。

6)在整个安装过程中，应注意整机的外观保护，防止出现划伤、弄脏和损坏等现象。

7)不允许作业者佩戴戒指、手表或其他金属硬物，不允许留长指甲。

8)接触机器外观部位的工位和对人体有可能造成伤害的工位(如底壳锋利的折边)必须戴手套作业。

9)拿、抱成品时，产品不能贴住身体，应距离身体 10 cm 以上，防止作业者的厂牌、衣服上的纽扣等硬物对产品造成外观划伤。

(2)工具要求。

1)所有的仪器、仪表和电烙铁必须可靠接地。

2)应防止作业工具对产品外观造成划伤。

3)悬吊的螺钉旋具未作业(自由悬吊状态)时，应距离机器上表面 15 cm 以上。

4)工具未使用时应放在固定的位置，不能随意放置。

(3)物料拿取作业标准。

1)元器件拿取。

A. 作业者的手指(或身体上任何暴露部位)应避免与元件引脚、印制电路板(PCB)焊盘接触，以免引脚、焊盘粘上人体汗液，影响焊接的质量和可靠性。

B. 拿取大元件或组件时，应拿住能支撑整个元件质量的外壳，而不能抓住如引线之类的薄弱部位来提起整个元件。

C. 个别特殊部件在拿取时应按相关要求使用专用的辅助工具拿取。

2)PCB 组装件拿取。

A. PCB 组装件如果有用螺钉紧固的金属件(如散热片、支架等)，则在拿取时应抓住这些金属件、支架的受力部位。

B. 如果有辅助工具，则一定要严格按相关要求使用辅助工具拿取。

C. 通常情况下 PCB 板上的元件或导线不能作为抓取部位。

(4)插排线作业规范。

1)排线插入时要平衡插入，保证插正、插紧。

2)带扣位或带锁的排线要扣到位，保证锁紧。

3)连接件的插针不可插歪，如图 2－18 所示。

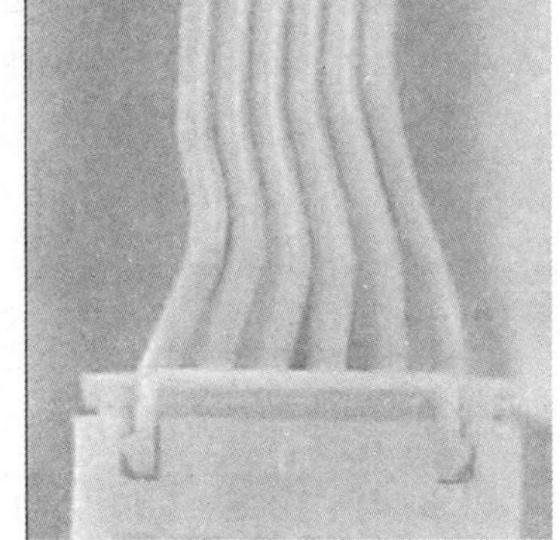

图 2－18　连接件的插针

(5)剪钳作业规范。

1)扎线剪切作业要求：扎线保留线头的长度范围为 2～5 mm。

2)线头平齐。

3)剪扎线不能剪断、剪伤任何导线。

4)剪元件引脚作业标准：如果元件引脚的直径小于 0.7 mm 时，元件引脚的长度范围为 2～3 mm；如果元件引脚的直径大于或等于 0.7 mm 时，元件引脚的长度范围为 2～5 mm。

5)剪钳刀刃要锋利。元件脚未剪断时剪钳不能回扯，以免铜箔剥离。

(6)选择连接导线。选择连接导线时一般遵循以下 3 项原则。

1)近距离和小负荷按发热条件选择导线截面(安全载流量)，用导线的发热条件控制电流，截面积越小，散热越好，单位面积内通过的电流越大。

2)远距离和中等负荷在安全载流量的基础上，按电压损失条件选择导线截面。远距离和中等负荷仅仅不发热是不够的，还要考虑电压损失，要保证负荷点的电压在合格范围内，电器设备才能正常工作。

3)大负荷在安全载流量和电压降合格的基础上，按经济电流密度选择，同时要考虑电能损失，电能损失和资金投入要在最合理范围内。

(7)布线原则。元器件的布线主要在无人机机身内部，布线必须遵守相关原则，以免导线相互干扰，尤其对于微型无人机，内部空间较小，更应仔细布线，满足装配工艺的要求。

1)应选择最短的布线距离，但连接时导线不能拉得太紧。

2)不同种类的导线应避免相互干扰和寄生耦合。

3)导线应远离发热元器件，不能在元器件上方近距离走线。

4)电源线不能与信号线平行。

5)埋线应保持方向一致、美观，扎线应扎紧，并且扎带之间保持一定的间距，所有线材都应尽量捆扎在扎带内，扎结朝向一致。

(8)无人机内部工艺检查。在完成组装工序前须对无人机内部工艺进行检查，具体包括以下 4 点。

1)检查无人机内部各螺钉是否齐全并且拧紧。

2)检查无人机内各连接线是否插接牢固、可靠，各连接线不能与散热片接触(以防过热致使线材熔坏)。

3)检查无人机内部工艺连接线的走线是否整齐、美观。

4)检查成品内部是否存有异物(如有无掉入的螺钉和线脚等)。

(9)无人机外部检查。

1)检查机身外观是否有污迹和脏印迹等现象。

2)检查机身表面是否有脱漆、划花和毛刺等现象。

3)检查电源键、功能按钮等是否有卡死、偏斜和手感不良等问题。

4)检查旋钮、按键是否有卡死、手感不良等问题。

2. 电气装配工艺过程

整机装配的工艺过程就是把元器件和零部件装配在印制电路板、机壳和面板等指定位置上，构成完整电子产品的过程。整机装配的工艺过程如图 2-19 所示。

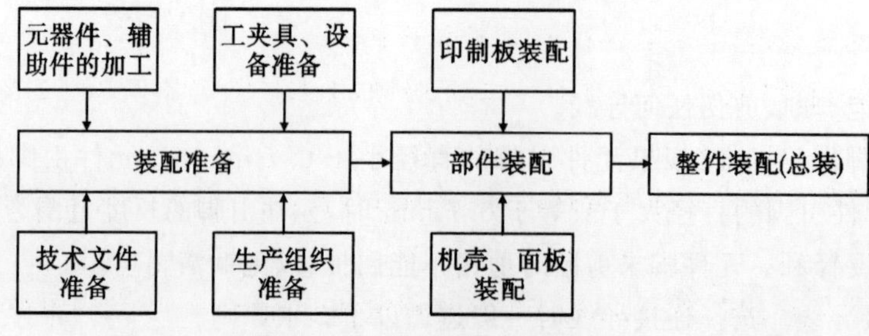

图 2-19　整机装配的工艺过程

3.安装前的准备工艺

(1)绝缘导线的加工。绝缘导线的加工可分为下料、剥头、捻头和搪锡几个过程。

1)下料。按照工艺文件中导线加工表中的要求,用斜口钳或剪线机等工具对所需导线进行剪切。下料时应做到长度准、切口整齐、不损伤线芯及绝缘皮。

2)剥头。将绝缘导线的两端用剥线钳等工具去掉一段绝缘层而露出芯线的过程称为剥头。

3)捻头。多股导线剥去绝缘层后,必须进行捻头处理,以防止芯线松散、折断。

4)搪锡。为了提高导线的可焊性,防止虚焊、假焊,要对导线进行搪锡处理。

(2)元器件的引线成形。在组装电子整机产品的印制电路板部件时,为了满足安装尺寸与印制电路板配合,提高焊接质量,避免虚焊,使元器件排列整齐、美观,元器件在安装前应预先将其引线弯曲成一定的形状。

(3)导线的绑扎。较复杂的电子产品的导线很多,若把它们合理分组,扎成各种不同的线扎,不仅美观、占用空间少,而且保证了电路工作的稳定性,更便于检查、测试和维修。

导线通常采用线扎搭扣(或称尼龙扎带)捆扎,捆扎时应注意不要拉得太紧,否则会弄伤导线。

4.电子元器件焊接工艺

(1)焊接前的准备。

1)铅锡焊料的选择。

A.航空电子设备印制板组装件及其他部、组件装配焊接所选用的铅锡焊料的外观、化学成分和杂质含量应符合 GB 3131—1988《铅锡焊料》或美国联邦标准 QQ-S-571 的规定。

B.应根据焊接对象来选择锡铅焊料的直径。序号 1 用于一般接线焊接;序号 2 用于小型端子与导线的焊接;序号 3 用于大型端子与导线的焊接;序号 4 用于印制板组装件的焊接;序号 5 用于微小型印制板组装件的焊接。

C.铅锡焊料中所含杂质是影响焊接质量的重要因素。在选用铅锡焊料时,应充分考虑其杂质不能超过所规定的合格品含量。

2)助焊剂的选择。所选择的助焊剂应满足以下要求。

A.能同金属氧化物反应,清除锡焊表面的金属氧化物,即使在高温情况下,也能防止清洁表面的再度氧化。

B.应能加速熔融合金焊料,润湿锡焊表面。

C.应有良好的热稳定性,一般热稳定度不小于 100℃。

D.应具有无腐蚀性且不应析出有毒气体,不吸潮,不产生霉菌。

E.助焊剂残渣应容易清除。

F.助焊剂的活性和浓度指标要合理,活性影响可焊性,而浓度则影响涂覆层的厚度。

3)电烙铁的选择。

A.电烙铁分为外热式电烙铁、内热式电烙铁和恒温电烙铁。一般选用恒温电烙铁进行航空电子设备装配的焊接操作。

B. 印制板上的焊接可采用20 W的电烙铁，接线端子上的焊接可采用50 W的电烙铁。如果使用电烙铁的功率太小，焊接温度过低，焊锡不能充分熔化，焊剂不能挥发出来，其焊点就不光滑、不牢固，不但效率低，而且焊接时间也长；相反，如果使用电烙铁功率过大，温度太高，就容易烫坏元器件。

C. 为适应不同焊接物的需要，应选择不同的烙铁头。烙铁头的形状如图 2-20 所示。平头形和各种尖嘴形烙铁头通常用于手工焊接及一般修理工作。这种烙铁头角度大时，热量比较集中，温度下降较慢，适用于焊接一般的焊接点：而角度小时，温度下降快，适于焊接温度比较敏感的元器件。圆锥形烙铁头多用于焊接密度高的印制板组装件和小而怕热的元器件。

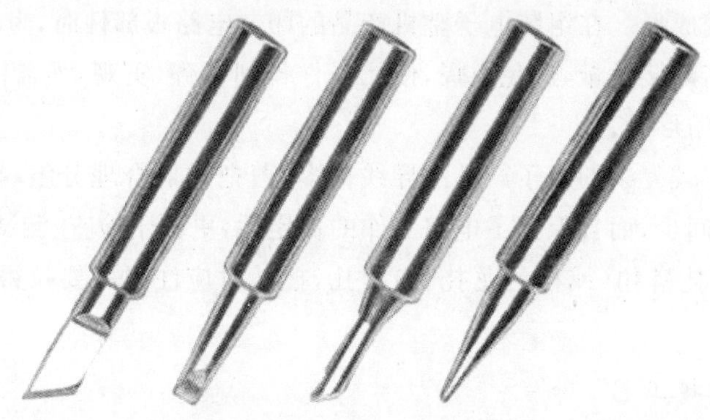

图 2-20　烙铁头

(2)焊接操作。

1)电烙铁的握法。根据烙铁大小、形状和被焊件的要求等不同情况，电烙铁的 3 种握法如图 2-21 所示。

A. 反握法。用五指把烙铁柄握在手掌内[见图 2-21(a)]，这种握法在焊接时，动作稳定，长时间操作手也不易感到疲劳。

B. 正握法。手心朝下握着烙铁柄[见图 2-21(b)]，互连导线。

c. 握笔法。类似于握毛笔的方法[见图 2-21(c)]，用于小功率烙铁和热容量小的被焊件焊接。

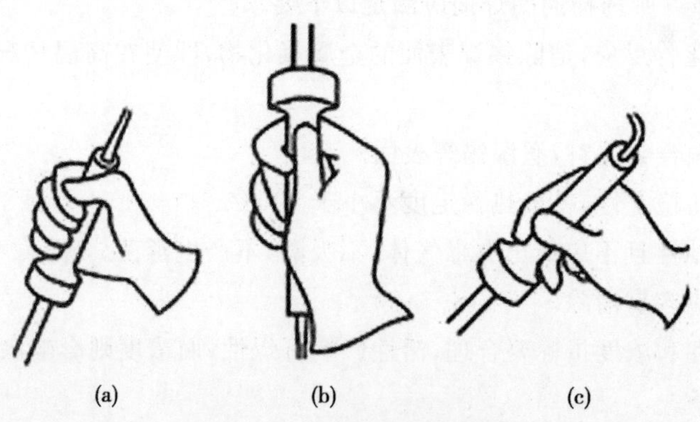

图 2-21　电烙铁的握法

(a)反握法；(b)正握法；(c)握笔法

2)电烙铁的操作方法。电烙铁的操作方法如图 2-22 所示。

A. 热点量较大的工件,可先加热工件且在烙铁头最近处放上焊锡丝并将其熔化,如图 2-22(a)所示。

B. 在受热易损的工件上,可将焊锡丝和烙铁头同时放在工件上,将烙铁头放在焊锡丝上且使焊锡丝熔化,如图 2-22(b)所示。

C. 禁止将焊锡丝放在烙铁头上熔化,否则,助焊剂会提前分解挥发,既影响焊接质量又污染环境, 如图 2-22(c)所示。

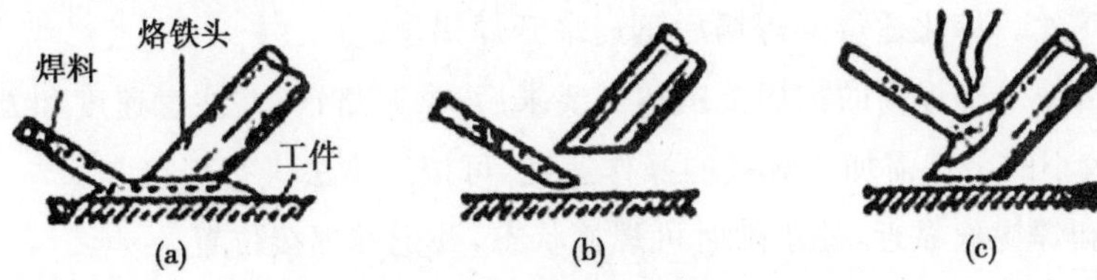

图 2-22　电烙铁的操作方法

3)电烙铁的撤离。

A. 烙铁头以烙铁头的轴线 45°方向撤离,此时焊点圆滑而且烙铁头只带走少量的焊料,如图 2-23(a)所示。

B. 烙铁头垂直向上撤离,此时焊点容易出现拉尖,烙铁头只带走少量焊料,如图 2-23(b)所示。

C. 烙铁头以水平方向撤离,此时烙铁头带走大部分焊料,如图 2-23(c)所示。

D. 烙铁头垂直向下撤离,此时烙铁头把绝大部分焊料都带走,如图 2-23(d)所示。

E. 烙铁头垂直向上撤离,此时烙铁头只能带走很少量的焊料,如图 2-23(e)所示。

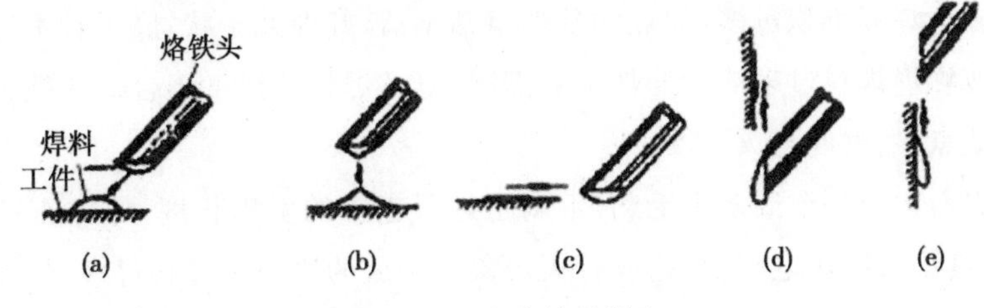

图 2-23　电烙铁的撤离

4)松香芯焊锡丝的使用方法。

A. 焊锡丝的握法。在进行连续锡焊时,不必将整卷焊锡丝截断,只需用左手拇指、食指和小指夹住焊锡丝,用另外两手指配合把焊锡丝连续向前送进,当不是连续锡焊时,焊锡丝握法采用习惯形式。

B. 焊锡丝的使用。松芯焊锡丝一触及被烙铁头加热的被焊件,它就有黏糊状的液体流出,这种液体就是焊剂(松香)。焊剂首先向四周扩展,焊料随着焊剂扩展,焊料润湿焊件状态主要取决于焊剂多少。在焊料足够多时,焊剂越多,扩展面积越大,焊料扩展面积也就越大;当焊剂较少时,只能在很小的面积内扩展,过多焊料只能厚厚地堆在焊剂上,很难扩展到没有焊剂的表面上去。加热温度过高,由于焊剂分解挥发太快,在焊料扩展时焊剂已失去活性,同样也会造成焊剂不足。必须控制在焊剂活性最强时结束焊接工作。

综上所述,要想得到高质量的焊点,就必须保证在焊接处有足够量的焊剂。

5)焊接基本步骤。

对热容量较大的工件,应按五步法进行焊接。

A. 准备。烙铁头和焊锡丝靠近,处于随时可焊接状态,并记准焊接位置。

B. 放上烙铁。烙铁头放在焊接点上进行加热。

C. 熔化焊锡。在焊接点上放上焊锡丝,并熔化适量的焊锡。

D. 拿开焊锡丝。熔化适量的焊锡后迅速拿开焊锡丝。

E. 拿开电烙铁。待焊锡的扩展范围达到要求后,拿开烙铁,并注意速度和方向。

对热容量较小的工件需加快焊接的操作速度,可按三步法进行焊接。

A. 烙铁头和焊锡丝靠近,处于随时可焊接状态,并记准焊接位置。

B. 同时放上烙铁和焊锡丝,并熔化适量的焊锡。

C. 拿开烙铁和焊锡丝,当焊锡的扩展范围达到要求后,拿开焊锡丝的时机不迟于烙铁的撤离。

(3)焊点质量检查。主要是通过目测进行查看,有时需要用手模摸,看是不是有松动、焊接不牢。有时还需要凭借放大镜,仔细观察是不是存在以下表象,若存在,则需要修正。

1)搭焊。搭焊是指波峰焊相邻两个或几个焊点衔接在一起的表象。显著的搭焊较易发现,但细微的搭焊用目测较难发现,只有经过电功能的检测才能显露出来。构成的原因是焊料过多或焊接温度过高。损害是焊接后的波峰焊不能正常作业,乃至烧坏元器材,严重地危及商品安全和人身安全。

2)焊锡过多。焊锡堆积过多,焊点的外形概括不清,好像丸子状,底子看不出导线的形状。构成的原因是波峰焊焊料过多或元器件引线潮湿,以及焊料的温度不合适。损害是简单短路,能够包藏焊点缺点,器材间打火。

3)毛刺。焊料构成一个或多个毛刺,毛刺超过了正常的引出长度,好像石钟乳形,将使绝缘间隔变小,尤其是对高压电路,将构成打火表象。构成的原因是焊料过多、焊接时刻过长,使焊锡藏性添加,当烙铁脱离焊点时就会发生毛刺表象。损害是简单构成搭焊,器材间高压打火。

4)松香过多。焊缝中夹有松香,外表呈豆腐渣形状。构成的原因是因焊盘氧化、脏污、预处理不良等,在焊接时加焊剂太多。损害是强度不行,导电不良,外观欠妥。

【任务实施】

综合技能训练任务:认知无人机装配工艺

1. 实训目的

通过认知无人机的检修工艺,掌握无人机机械装配工艺和电气装配工艺,掌握无人机正确的装配方法和基本技能,为后续无人机的装配打下基础。

2. 实训任务工单(见表 2-3)

表 2-3　认知无人机装配工艺实训任务工单

任务名称	认知无人机装配工艺		
工具/设备/材料			
类 别	名 称	单 位	数 量
设备	无人机	台	1
	电路板	块	1
工具	铆枪	把	1
	焊枪	把	1
	电烙铁	把	1
	斜口钳	把	1
	镊子	把	1
	剥线钳	把	1
	静电敏感防护盒	个	1
	防静电手腕带	副	1
材料	铆钉	个	若干
	螺栓	个	若干
	胶黏剂	瓶	1
	焊剂	瓶	2
	插排线	根	若干
	导线	根	1
	电子元器件	个	若干
	焊锡丝	组	1
1. 工作任务			
认知无人机装配工艺			
2. 工作准备			
(1)准备好无人机及机械装配材料,材料应符合标准; (2)准备好机械装配工具和材料,检查工具的有效性,材料应符合标准; (3)准备好电路板; (4)准备好电气装配工具和材料,检查工具的有效性,材料应符合标准; (5)准备好电子元器件焊接工具和材料,检查工具的有效性,材料应符合标准			
3. 工作步骤			
(1)在无人机上进行铆接和螺栓连接等操作并介绍机械装配连接工艺要求; (2)在无人机上进行胶接操作并介绍胶接连接装配工艺要求; (3)在无人机上进行点焊和胶焊操作并介绍焊接装配连接工艺要求; (4)在电路板上进行电子电气接插件安装操作并介绍电气装配工艺要求; (5)在电路板上进行电子元器件焊接操作并介绍其焊接工艺要求			
4. 结束工作			
(1)清点工具和设备; (2)清扫现场			

3. 实训任务评价(请登录工大书苑网页端 http://nwpup.iyuecloud.com/,搜索本书书名下载相关表格)

任务2.3 认知无人机检修工艺

【任务引入】

现有一架已损坏的无人机,需对其进行检查修复。

【任务分析】

无人机检修是无人机应用人员一项最基本的技能。在对故障无人机进行检修之前,必须要熟悉无人机的检修工艺,学习了解航空修理方法、航空修理工艺,才能够掌握无人机正确的检修方法和技能,为后续的无人机检修奠定基础。

【相关知识】

2.3.1 飞机大修流程

飞机在使用时必须要经过定期检查和大修等技术维护。飞机大修的流程包括以下6个主要步骤。

(1)承担飞机大修任务的修理厂接收大修飞机入厂。修理厂对入厂大修的飞机进行全面检查,将有关数据录入大修飞机数据库,着重录入飞机缺件、串件、外部损伤情况;了解飞机已经大修的次数、使用的日历年数、总飞行时间和飞行架次;记录飞机在使用中曾经发生的故障和事故情况;对飞机进行完备性检查和飞机履历一致性检查。

(2)对飞机进行拆解和清洗。由于大修期间需对飞机有关零部件进行更换,所以需要对大修飞机进行拆解。拆解前,需放尽飞机上的氧、氮等气体,以及燃油、液压油等主辅油,进行整机退漆,拆下发动机并进行油封,然后按工艺规范规定的范围对飞机进行逐步分解、清洗。

(3)进行修理和更换,包括对飞机机体结构及零部件进行故障检查,无损探伤;对需要进行表面修理的零部件进行表面处理;对飞机附件以及机载设备进行修理;对飞机上有时间要求、寿命要求以及必须更换的部件进行更换。

(4)总装和调试。按工艺规范在飞机的各个大部件上安装经过修理和更换的各种部件、附件、机件和设备,并对机身、机翼和尾翼等大部件进行组装后的调试与检验。在此基础上,进行飞机的整机组装,对机上各系统及机载设备进行检查、调试。最后对完成总装的飞机进行整机喷漆。

(5)试飞。如果试飞中发现故障,需在排除后再次进行试飞,确认故障已经排除。

(6)出厂交付。使用方检查飞机的各种技术文件,对大修后的飞机状况进行地面检查并进行试飞,全部合格后交付使用方。

2.3.2 航空修理方式

航空修理方式是为了使修理对象的使用可靠性达到一定的水平而对修理工作的内容和时机实施控制的途径或原则。航空修理方式有以下3种。

(1)定时方式。定时方式是根据飞机或机件的工作时间来确定修理周期,按照统一规定的时间，不管技术状态如何就进行拆卸修理的控制方式。

定时方式的主要优点是以时间确定检查周期，便于组织计划及掌握，管理比较简单等。缺点是它以机件使用时间作为控制修理周期的单一参数，因此就不能有效地预防那些与使用没有直接关系的故障。

(2)视情方式。视情方式是根据飞机本身的技术状况，有针对性地进行修理的方式。它要求飞机在发生功能故障前就采取措施，因此是一种预防性的修理方式。

视情方式的优点是能够有效地预防故障，能够充分利用机件的工作寿命，减少修理工作量，节省人力、物力及费用，提高了飞机的利用率，避免了人为差错和早期故障。

(3)监控方式。监控方式是依靠收集分析机件总体的故障信息和对机件在使用中的状况进行连续监控而决定修理措施的方式，这种方式也称为事后监控方式。事后监控方式是把机件状况的视情检查提高到连续监控，也可以说是视情方式发展到了更高一级。这种航空修理方式能使机件寿命得到充分利用，修理工作量很少，极大限度地避免了人为差错，使修理工作由被动变为主动，是一种比较理想的修理方式。

2.3.3　航空修理的方法

航空修理通常是指为了恢复航空装备良好的技术状态而进行的各项活动。下面介绍几种航空修理的方法。

1. 原件修理

原件修理是利用在现场上有效的措施恢复损伤单元的功能或部分功能，以保证飞机完成当前任务或自救。原件修理可以在较短的时间内使飞机能够再次出动执行任务。

原件修理的方法有多种，传统的有清洗、清理、调校、矫正、冷热校正、焊接、焊补、铆接和栓接等方法；较新的有刷镀、喷涂、黏结、涂敷和等离子焊接等方法。针对飞机具体的损伤部位，可以采用其中一种或多种方法进行修复，例如以下情况。

(1)机体结构裂纹。在裂纹较短的情况下，可对裂纹进行锉修(裂纹在蒙皮边缘)；当裂纹较长时，在其两端或一端钻止裂孔后，采用铆接贴补修理的方法。

(2)机载仪表设备指示不准确。对产生故障的仪表在机上或拆下后进行调校修理。

(3)管路堵塞。对飞机上液压、冷气管路的堵塞，可采用清洗、清理方法修理。

(4)元件脱落与裂纹。对飞机零件的脱落与裂纹，首先应找到脱落部件或裂纹部位，进行表面打磨，清洗干净，然后采用焊接或黏结方法修复。

2. 换件修理

换件修理是利用性能上具有互换性的单元或原材料、油液、仪器仪表、部附件更换受损伤的物件，以恢复飞机的基本功能。换件修理是紧急抢修中经常采用的一种方法，其具有以下优点：

(1)节约修理时间、工具设备和人力；

(2)故障判断的步骤较简要明确，困难较少；

(3)对修理环境、人员的熟练程度要求较低，可在野外条件下快速修复。

3. 拆拼修理

拆拼修理是指拆卸同型或不同型飞机上接口、支座相同的类似部件或单元，替换损坏的部件或单元，即同型拆换与异型拆换。类似部件或单元可来自本飞机的非基本功能部分、同类型飞机的相同部件或其他型号飞机或装备。

拆拼修理的方法在备件采集中使用得比较多。可以从报废飞机上拆下各种接头、支座、导管、电缆、长桁、肋、框和蒙皮等作为修理飞机的备件，不仅解决了当时的急需，还节省了大量加工配制所需的工时和原材料。

4. 应急修理

应急修理是当修理现场受人力、物力和时间等条件限制时，允许按规定放宽使用标准或限制使用范围，而暂不考虑飞机长期使用的一种修理方法。应急修理可分为替代和重构两种方法。

(1)替代。用性能上有差别的单元、仪器仪表、工具(结构或外形尺寸上必要时可做一些修改加工)、原材料和油料来替代损伤或缺少的物件，以恢复飞机的基本功能或部分功能。

(2)重构。将损伤飞机重新构成能完成基本功能或执行当前任务技术状态的过程叫作重构，其具体做法有以下两种。

1) 切换。切换是指通过转换开头或改接线路，接通备用系统中的部件，以脱开损伤部分，或将完成的非基本功能线路改为基本功能线路。

2) 旁路。旁路是指除去或脱开损伤有关的部分，使其不影响装备的使用功能和当前任务的执行。

应急修理是一种临时性的修理措施，其修理方法与工艺应根据当时的条件(损伤情况、备件条件及人员素质)选择一种或多种。

2.3.4 航空修理工艺

1. 工艺规程

工艺规程是组织生产活动的重要技术文件，是直接指导现场操作和验收产品的主要依据。修理工厂必须具备全套适用的工艺规程才能进行修理，操作人员必须严格执行。工艺规程有通用工艺规程、专用工艺规程和临时工艺规程 3 种类型。编写工艺规程要做到正确、完整、统一、清晰、简明、通俗易懂和逻辑严谨等基本要求。编写工艺规程要有产品图纸、工艺标准等依据。工艺规程要有工序步骤、技术要求、技术数据、工艺方法、工艺装备及器材名称、规格和数量等主要内容。

2. 常用的零件修复技术

飞机零件常用的修复技术主要有钣金成形、连接技术、热处理、表面处理和表层强化等技术。其中连接技术在飞机修理中大量使用，连接技术可分为可拆卸连接和不可拆卸连接两类。可拆卸连接主要是使用螺栓、螺母、垫圈和插销等紧固件进行连接，其技术要求属于飞机基本维护保养技术。不可拆卸连接主要有铆接、焊接和胶接等。

3.电子设备修理技术

(1)硬件的修理。电子设备硬件修理在技术上的关键环节是故障诊断,随着自动诊断技术的发展以及自动测试设备的使用,可将设备的故障隔离到外场可换件水平和内场可换件水平,因而换件修理是电子设备硬件修理的主要方式。同时,由于电子设备,特别是微电子设备一般怕静电及电磁干扰,所以在修理这些电子设备时,要注意做好静电防护,防止损害这些电子设备。

(2)软件的修理。软件修理主要是指软件设计的修改,即改变软件的各项工作。软件修理一般包括修复修理、适应修理、改进修理和预防修理4种类型。

4.复合材料结构修理

复合材料的损伤可分为外部和内部的:外部损伤包括划伤、压痕、边缘碰伤、穿孔、凿伤和蒙皮裂纹;内部损伤主要是脱层。

复合材料结构修理方法主要有机械紧固金属补片、胶接补片、嵌平修补和注胶修理4种方法。

(1)机械紧固金属补片是用栓接或铆接的办法把金属补片紧固在复合材料结构的损伤处。

(2)胶接补片是用黏接剂把补片黏结在损伤处的上面,补片可以是金属的或预先部分固化的复合材料。

(3)嵌平修补是将损伤处切成阶梯式槽或斜槽,然后用原样的树脂和纤维将槽补平。

(4)注胶修理是内部修理,对于分层、鼓包、脱胶和其他内部缺陷,主要办法是在距缺陷内腔边缘15～20 mm处钻孔,用注射剂注入胶黏剂。

5.金属蜂窝结构修理技术

蜂窝结构在飞机的副翼、襟翼、尾翼及直升机的旋翼上用得较多,它是蜂窝夹心与蒙皮、边肋等零件用黏接剂组合后再加压、加温后再固化成形的。对金属蜂窝结构,需要根据其损伤的情况,采取不同的修理方法。

(1)结构脱胶。结构脱胶的修理,主要采用打孔注胶的方法。

(2)穿透损伤。修理方法根据损伤面积、孔洞大小而定。损伤较小的可用胶液直接填补;损伤较大的可用向孔内注入泡沫胶或修补胶进行胶补;如损伤较严重还可以用与蒙皮相同的材料,制作补片,进行粘补。胶补、粘补之后,都需要进行加压、加温固化。

(3)表面腐蚀或裂纹。修理方法根据腐蚀或裂纹程度而定。轻微腐蚀,可打磨后涂上防腐蚀剂保护;严重腐蚀,可以按上述方法粘补补片。裂纹的修理,可以先钻止裂孔,再用补片粘补。

【任务实施】

综合技能训练任务:认知无人机检修工艺

1.实训目的

通过认知无人机的检修工艺,掌握航空修理方法和修理工艺,掌握无人机的检修方法和基本技能,为后续无人机的检修打下基础。

2. 实训任务工单(见表 2-4)

表 2-4 认知无人机检修工艺实训任务工单

任务名称	认知无人机检修工艺		
工具/设备/材料			
类别	名称	单位	数量
设备	固定翼无人机	架	1
	电路板	块	1
工具	铆枪	把	1
	焊枪	把	1
	电烙铁	把	1
	斜口钳	把	1
	镊子	把	1
	剥线钳	把	1
	静电敏感防护盒	个	1
	防静电手腕带	副	1
材料	铆钉	个	若干
	螺栓	个	若干
	胶黏剂	瓶	1
	焊剂	瓶	2
	补片	块	按需
	集成块	块	若干
	导线	根	1
	电子元器件	个	若干
	焊锡丝	组	1
1. 工作任务			
认知无人机检修工艺			
2. 工作准备			
(1)准备好固定翼无人机; (2)准备好机械修理工具和材料,检查工具的有效性,材料应符合标准; (3)准备好电子设备修理工具和材料,检查工具的有效性,材料应符合标准; (4)准备好复合材料修理工具和材料,检查工具的有效性,材料应符合标准; (5)准备好金属蜂窝结构修理工具和材料,检查工具的有效性,材料应符合标准			
3. 工作步骤			
(1)在无人机上进行紧固件连接操作并介绍可拆卸连接常用零件修复工艺要求; (2)在无人机上进行铆接、焊接和胶接操作并介绍不可拆卸连接常用零件修复工艺要求; (3)在无人机上进行换件修理操作并介绍电子设备的修理工艺要求; (4)在无人机上进行复合材料结构修理操作并介绍复合材料结构修理工艺要求; (5)在无人机上进行金属蜂窝结构修理操作并介绍金属蜂窝结构修理工艺要求			
4. 结束工作			
(1)清点工具和设备; (2)清扫现场			

3.实训任务评价(请登录工大书苑网页端 http://nwpup.iyuecloud.com/,搜索本书书名下载相关表格)

【课程思政】

阅读以下教学案例,结合本项目所学习的专业知识和技能,从规范操作、规章制度和安全责任等方面,按照“三全育人”的要求,分析案例中所蕴含的安全意识、责任意识、规范操作意识和规章制度意识等思政元素。

未正确安装氧气瓶

国外某公司一架B737-300飞机在地面过站期间,由于工作人员违反操作程序,未正确安装氧气瓶,所以导致一个位于驾驶舱后面的氧气瓶爆炸并起火,飞机严重受损。

习　　题

1.飞机的装配基准有哪些?

2.机械连接技术有哪些?各有什么特点?

3.火是如何分类的?常用的灭火剂有哪些?

4.简述电气设备的灭火规则。

5.飞机零件有哪些常用的修复技术?

6.航空修理有哪几种方式?

7.目前航空修理的方法有哪些?

8.什么是换件修理?它有什么优点?

9.什么是应急修理?应急修理可分为哪两种方法?

项目3　多旋翼无人机组装与调试

【知识目标】

(1)掌握多旋翼无人机的组成；

(2)掌握多旋翼无人机的组装方法和步骤；

(3)掌握多旋翼无人机的调试方法和步骤。

【能力目标】

能够比较熟练地对多旋翼无人机进行组装和调试。

【素质目标】

(1)树立航空产品质量第一的意识，培养安全文明生产的职业素养；

(2)培养吃苦耐劳的精神和严谨细致、规范操作的工作态度；

(3)具有环保意识、信息素养和工匠精神；

(4)具有耐心细致、精益求精的工作态度，养成科学务实的工作作风；

(5)具有团结协作、勇于创新的精神。

任务3.1　认识多旋翼无人机

【任务引入】

现有一架多旋翼无人机，需要认识该无人机的各组成部件。

【任务分析】

目前多旋翼无人机已在航拍、植保、电力巡检和环境监测等许多领域中得到广泛的应用，对于无人机应用人员来说，认识多旋翼无人机是十分必要的。学习了解多旋翼无人机的结构组成及各组成部件的功能，才能够正确地识别无人机，从而为后面学习多旋翼无人机的组装与调试打好基础。

【相关知识】

多旋翼无人机一般包括机架、起落架、电机和电调、电池、螺旋桨、飞控系统、遥控装置、GPS模块、任务设备和数据链路等。其结构组成如图3-1所示。

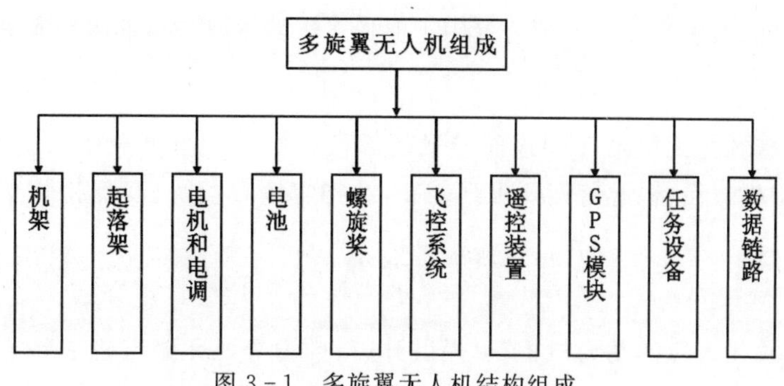

图3-1　多旋翼无人机结构组成

1. 机架

机架是大多数设备的安装位置，也是多旋翼无人机的主体，也称为机身。电机、电调和飞控板（飞行控制器）等设备都要安装在机架上面。

机架按材质一般可以分为以下几种类型。

(1)塑胶机架。塑胶机架的主要特点是具有一定的刚度、强度和可弯曲度，价格比较低廉。

(2)玻璃纤维机架。玻璃纤维机架的主要特点是强度比较高，而且需要的材料很少，可以减轻整体机架的质量。

(3)碳纤维机架。碳纤维机架的特点是价格贵一些，但质量轻一些。

出于结构强度和质量考虑，一般采用碳纤维机架。碳纤维机架如图3-2所示。

图3-2　碳纤维机架

机架的主要作用如下。

(1)提供安装接口。这些接口包括安装和固定电机、电调、飞控板的螺丝孔。

(2)提供整体的稳定和坚固的平台。飞行器在飞行过程中需要一个稳定和坚固的平台，这样可以使得电机在转动过程中不会毁坏其他设备，并为传感器提供一个稳定的平台。

(3)连接起落架等缓冲设备。这些设备可以为飞行器提供安全的起飞和降落条件，避免损坏其他仪器。

(4)保证足够低的质量。这样就可以给其他设备提供更多的余量。

(5)提供相应的保护装置。保护装置用于保护飞行器本身和可能接触到的操作人员。

2. 起落架

起落架是多旋翼无人机唯一和地面接触的部位。作为整个机身在起飞和降落时候的缓冲,也是为了保护机载设备,起落架要求强度高,结构牢固,应和机身保持相当可靠的连接,能够承受一定的冲力。

3. 电机

电机是多旋翼无人机的动力机构,可提供升力、推力等。无刷电机去除了电刷,最直接的变化就是没有了有刷电机运转时产生的电火花,这样就极大地减少了电火花对遥控无线电设备的干扰。无刷电机没有了电刷,运转时摩擦力大大减小,运行顺畅,噪声会低许多。无刷电机如图 3-3 所示。

4. 电调

电子调速器简称电调,可将飞控的控制信号转变为电流信号,用于控制电机转速。因为电机的电流是很大的,通常当每个电机正常工作时,平均有 3 A 左右的电流,如果没有电调的存在,飞控根本无法承受这样大的电流,而且飞控也没有驱动无刷电机的功能。同时电调在多旋翼无人机中也充当了电压变化器的作用,可将 11.1 V 电压变为 5 V 电压给飞控供电。电调如图 3-4 所示。

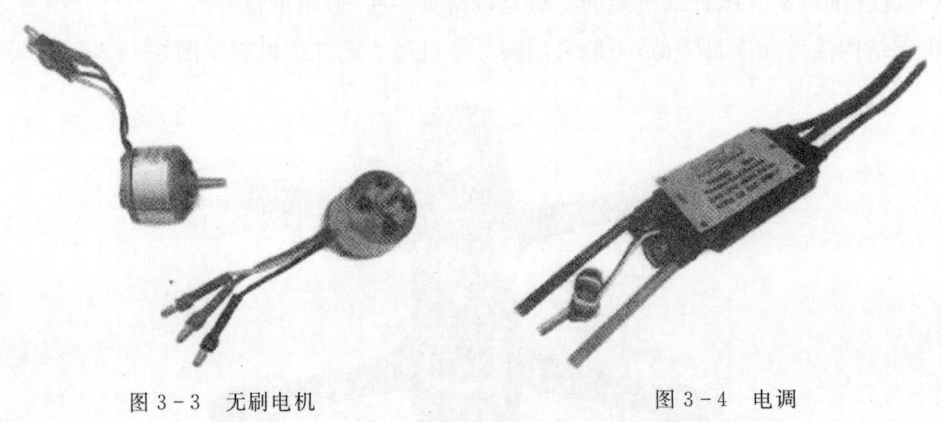

图 3-3　无刷电机　　　　图 3-4　电调

5. 电池

电池是电动多旋翼无人机的供电装置,可给电机和机载电子设备供电。最小的是 1S(1S 代表 3.7 V 电压)电池,常用的是 3S、4S、6S 电池。图 3-5 所示为锂电池。

6. 螺旋桨

螺旋桨如图 3-6 所示,安装在电机上,多旋翼无人机安装的都是不可变总距的螺旋桨,主要指标有桨的直径和螺距。螺旋桨的指标是 4 位数字,前面 2 位代表桨的直径(单位:in, 1 in=25.4 mm),后面 2 位是桨的螺距。

4 轴飞行为了抵消螺旋桨的自旋,相邻的桨旋转方向是不一样的,因此需要正反桨。正反桨的风都向下吹。适合顺时针旋转的叫正桨,适合逆时针旋转的叫反桨。安装的时候,一定要记得无论正反桨,有字的一面是向上的(桨叶圆润的一面要和电机旋转方向一致)。

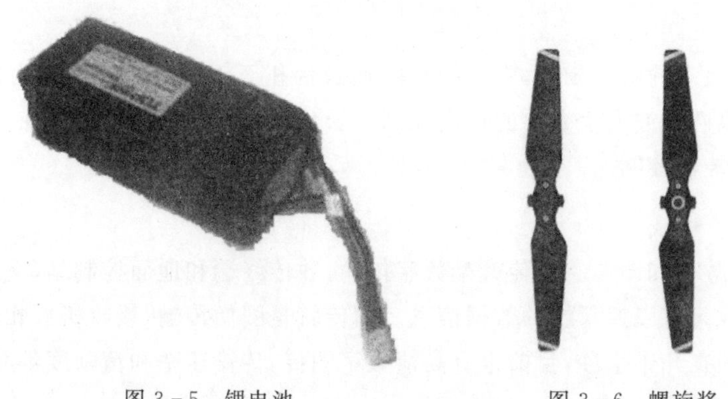

图3-5 锂电池　　　图3-6 螺旋桨

7. 飞控系统

飞控系统是多旋翼无人机的核心设备，飞控系统的好坏从本质上决定了无人机的飞行性能。它包括陀螺仪、加速度计、电路控制板和各外设接口。NAZA飞控系统如图3-7所示。

图3-7 NAZA飞控系统

多旋翼无人机飞控系统主要可完成以下功能。

(1)处理来自遥控器或自动控制的信号，这时飞控需要识别遥控器或自动控制的信号，完成要求的飞行姿态或其他指令。

(2)控制电调，此时飞控系统要做的就是给电调发送信号调节电机的转速，实现控制改变飞行姿态的功能。

(3)可以通过一些板载的测量元件，在没有任何控制的情况下，通过控制电调的输出信号保持多旋翼无人机的稳定。

8. 遥控装置

遥控装置包括遥控器和接收机，接收机装在机上。一般按照通道数将遥控器分成6通道、8通道和14通道遥控器等。

9. GPS模块

GPS模块可用于测量多旋翼无人机当前的经纬度、高度、航迹方向和地速等信息。一般在GPS模块中还会包含地磁罗盘(3轴磁力计)用于测量飞机当前的航向。

10. 任务设备

任务设备目前最多的就是云台，常用的有两轴云台和三轴云台。云台作为相机或摄像机的增稳设备，可提供两个或三个方向的稳定控制。云台可以和电机控制集成在一个遥控器中，也可以用单独的遥控器控制。

11. 数据链路

数据链路包括数传和图传。数传就是数字传输，数传终端和地面控制站(笔记本电脑或手机等数据终端)接收来自飞控系统的数据信息。图传就是图像传输，接收机载相机或摄像机拍摄的图像，一般延迟在几十毫秒，目前也有高清数字图传，传输速率和清晰度都有很大提高。

【任务实施】

综合技能训练任务：认识多旋翼无人机

1. 实训目的

通过认识多旋翼无人机的各组成部件，掌握多旋翼无人机的结构组成及各组成部件的功能，能够独立地识别多旋翼无人机的组成部件名称及功用，为后续多旋翼无人机的组装工作打下基础。

2. 实训任务工单(见表3-1)

表3-1 认识多旋翼无人机实训任务工单

任务名称	认识多旋翼无人机		
工具/设备/材料			
类 别	名 称	单 位	数 量
设备	八旋翼无人机	架	1
1. 工作任务			
认识多旋翼无人机			
2. 工作准备			
准备好八旋翼无人机			
3. 工作步骤			
(1)在八旋翼无人机上识别出机架部件并说出其材质； (2)在八旋翼无人机上识别出起落架部件； (3)在八旋翼无人机上识别出电机部件并说出其功用； (4)在八旋翼无人机上识别出电调部件并说出其功用； (5)在八旋翼无人机上识别出电池部件； (6)在八旋翼无人机上识别出螺旋桨部件； (7)在八旋翼无人机上识别出飞控系统； (8)在八旋翼无人机上识别出接收机模块； (9)在八旋翼无人机上识别出 GPS 模块			
4. 结束工作			
(1)清点工具和设备； (2)清扫现场			

3. 实训任务评价(请登录工大书苑网页端 http://nwpup.iyuecloud.com/，搜索本书书名下载相关表格)

任务 3.2　组装多旋翼无人机

【任务引入】

现根据无人机应用企业或事业单位需求，配置和组装一台多旋翼无人机。

【任务分析】

多旋翼无人机在民用无人机领域应用相当普遍，多旋翼无人机组装是无人机应用人员一项最基本的技能。学习了解多旋翼无人机的配件选型以及组装流程，才能掌握多旋翼无人机正确的组装方法，为后续的多旋翼无人机调试奠定基础。

【相关知识】

3.2.1　多旋翼无人机组装配件选型

1. 机架的选择原则

(1)机架的强度：直接决定了飞控板的寿命。

(2)机架的质量：对电机有很大的影响，机架的质量增加就必须靠增加电机的转速才能使飞行器飞起来。

(3)机架的价格：制作无人机要尽量减少开销成本。

(4)机架的布线：合理布线是为了便于区分不同的线路，使制作出的无人机美观。

(5)机架的安装：要选取安装简单的机架。

在选取机架时，如飞行器起飞质量大于 4 kg，建议电机臂碳管≥16 mm，机架碳板厚度≥1.5 mm。

市面上不少碳纤维机架边缘过于锋利，不加以处理，长时间与线材摩擦，会造成绝缘皮破损，甚至短路。动力线、信号线等需要穿越碳纤维机架边缘、开槽、开孔处时，建议用胶布先覆盖线材需要穿越的区域或套上蛇皮管，保护线材绝缘皮不被磨损。如有耐心，能再次打磨机架边缘并用 502 胶水封边则效果更佳。多旋翼无人机机架如图 3－8 所示。

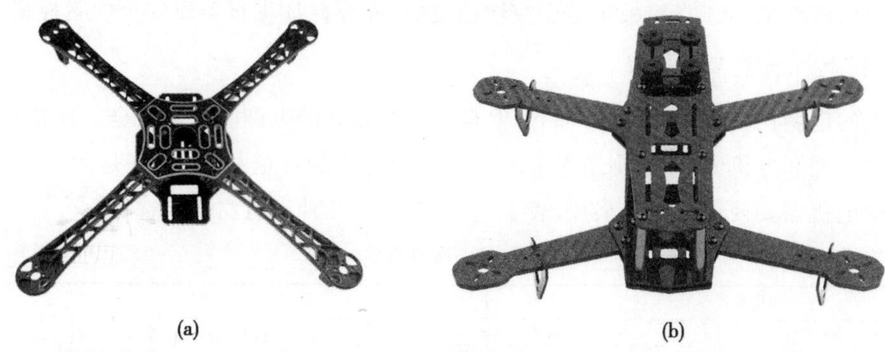

图 3－8　多旋翼无人机机架

(a)F450 机架；(b)QAV250 机架

2. 选择接收机

图 3-9　Futaba 接收机

至少为多轴飞行器准备 PCM 或 2.4 GHz 接收机，飞行前务必在未安装螺旋桨时，测试关控后飞控是否进入正确状态，接收机失控保护是否正确运转。Futaba 接收机如图 3-9 所示。

商用数传电台抗干扰、支持跳频、带数据效验和冗余，在数据回传、失控保护方面也非常稳定，配合飞控支持的地面站能定航点、定航路完成预定任务，同样是非常好的选择。

市面上流行的飞控如 NAZA、WooKong-M、SuperX、YS-X4、YS-X6 在遥控器校准界面皆可观察接收机的舵量输出，如在未打舵的情况下出现任何通道跳动，说明该接收机质量欠佳或电位器已经磨损，导致了抖舵，在未排除故障前，不建议做任何校准和飞行。

多轴飞行器上接收机天线摆放的重要性，仅次于选择质量优良的接收机。就市面流行的接收机而言，存在 FM、2.4 GHz、433 MHz、900 MHz 几种，统一遵循的原则是尽可能远离信号发射和接收装置，尤其是远离图传、碳纤维材料和金属，使用泡沫材料把天线与碳纤维材料隔开 3～5 cm。FM 接收机天线摆放须不缠绕，不重叠，尽可能舒展天线长度，能在确保不会缠绕到螺旋桨的情况下，耷拉在机体下方一段长度最好；433 MHz、900 MHz 接收机天线须垂直于地面；2.4 GHz 接收机两根天线互为 90°摆放即可。

在 Futaba 的接收机说明书中，明确写到接收机应远离碳纤维、导体，可能的话应将接收机与碳纤维材料隔开 15 cm 以上的距离。当然这在多轴飞行器上是很难做到的，但应尽所能地为接收机创造良好的收信条件。

3. 飞控板的选择

(1)价格因素。KK 和 FF 飞控板比较便宜，适合初学者使用，但是其操控性能较差。因此对于无人机有较高要求的人可以选择操控性能更好、价格更贵的飞控板，如大疆公司的 NAZA、WooKong-M 或者 YS-X4 飞控板。

(2)操控性能。从操控性能来说，FF 飞控板可以作为入门飞控板，而大疆公司的 NAZA、WooKong-M 或者 YS-X4 飞控板则是操控性能更好，能够保证飞行器更安全的飞控板。

4. 电调、电机和桨片的选择

市面上的电调比较多，各个品牌都有，但是选择一款好的电调会比较安全。在选择电调时还要注意电调要和电机配套，原则是电调的电流要和电机的峰值相同，最好是大一点(但不能过大)，对于电机需要使用对应的桨片，表 3-2 中列举了几种电机与桨的选择。

表 3-2　电机与桨

电机 KV 值	桨
800～1 000	11～10 in 桨
1 000～1 200	10～9 in 桨
1 200～1 800	9～8 in 桨

续表

电机KV值	桨
1 800～2 200	8～7 in桨
2 200～2 600	7～6 in桨
2 600～2 800	6～5 in桨
2 800以上	建议使用9050剪桨

5.遥控器的选择

首先，需要确定遥控器需要几个通道来控制。在判断飞行器通道时，可以从飞控板的功能入手。例如只需要飞行功能，即需要升降舵、俯仰舵、偏航和翻滚(旋转)，也就是说需要4个通道控制。要做4轴飞行器这是必需的4个动作，因此选择的遥控器至少应该是4通道的。但是在很多情况下这并不能满足我们的要求，因此一般选择6通道以上的遥控器，最好的选择是8通道遥控器。

选择好需要几通道的遥控器，接下来就是要考虑自己的经济能力选择合适的遥控器。入门时可以选择天地飞的遥控器，相对来说比较便宜。如果想要长期玩多轴飞行器，最好选择其他更好的遥控器，如JR和Futaba等。Futaba遥控器如图3-10所示。

6.选择动力电池

无人机动力电池如图3-11所示，目前航模用多旋翼飞行器一般总电流不会超过100 A，选择10～30 C放电能力的锂电池都可满足需要。但考虑到1 m以上或小轴距上下双桨结构、异形机架的电流需求变化起伏较大，最精确的做法当然还是用大量程电流计计算所需电池电量。

图3-10　Futaba遥控器

图3-11　无人机动力电池

值得注意的是，市面上杂牌动力电池虚标、掉电压、虚焊问题严重，因此应尽量选择知名厂家的优质电池，避免空中掉电摔机造成更大损失。

如果飞行器需要携带较重的云台、摄影、数据采集设备，则最好选择低电量但能满足动力电流需要的高密度轻量化电池。更可考虑双电源输入、双电池并联供电多加一重保险。

3.2.2　多旋翼无人机零部件清单

下面以轴距为450 mm的F450无人机为例，介绍多旋翼无人机的组装过程，零部件清单见表 3-3。

表 3-3 F450 零部件清单

序 号	零部件名称	规格或型号	数 量	单 位
1	机架	轴距 450 mm	1	套
2	脚架	机臂自带	1	套
3	电机	2212、1 000 KV	4	个
4	电调	无刷、30 A	4	个
5	电池	3S、5 200 mA	1	组
6	螺旋桨	9450、自锁	2	对
7	飞控系统	APM	1	套
8	减震板	机架自带	1	个
9	GPS 模块	M8N	1	个
10	GPS 支架	折叠	1	个
11	杜邦线	10 cm	4	根
12	遥控器	9 通道、2.4 GHz	1	个
13	接收机	遥控器自带	1	个

3.2.3 多旋翼无人机组装

多旋翼无人机
动力系统组装

1. 焊接电调

(1)焊接电调输入线。

1)在电源线头部用剥线钳或美工刀切除大约 5 mm 长度的外皮，剥开外皮露出裸线，如图 3-12 所示。

2)在裸线上绕一小段焊锡丝，用电烙铁加热焊锡丝，让整个裸线头被焊锡包住，如图3-13所示。

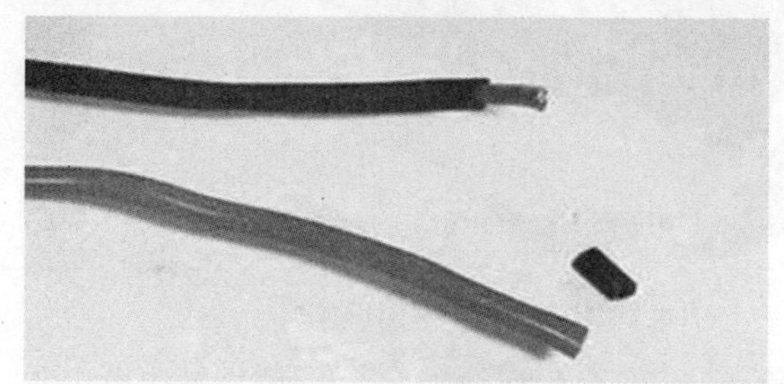

图 3-12 切线

图 3-13 绕焊锡丝

3)把电调焊接在中心板上。放好下中心板，有标记＋、－号的向上，用纸先擦干净标记＋和－上的触点，在触点上放适量松香，一只手用电烙铁加热触点，另外一只手不断地送焊锡丝到触点上，直到整个触点都覆盖上一层较厚的焊锡，焊锡区千万不要超出触点的范围，如图 3-14所示。

4)拿出一个电调，用电烙铁把红色线焊接在“＋”号的触点上，把黑色线焊接在“－”号的触点上。正、负两极千万不要弄错，否则一接通电源就会烧掉电调。用同样的方式把 4 个电调都焊接好，如图 3－15 所示。

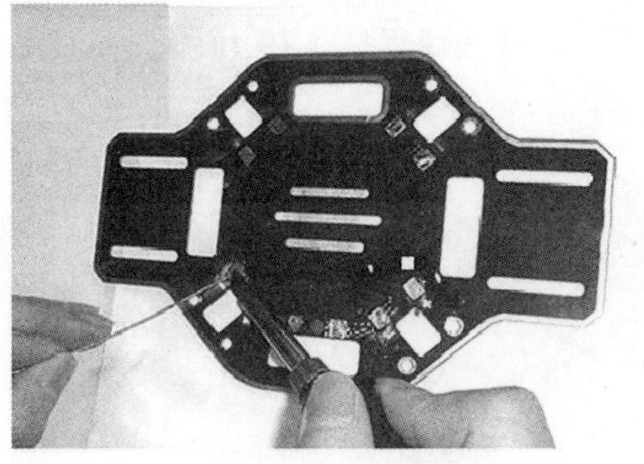

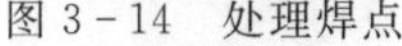

图 3－14　处理焊点

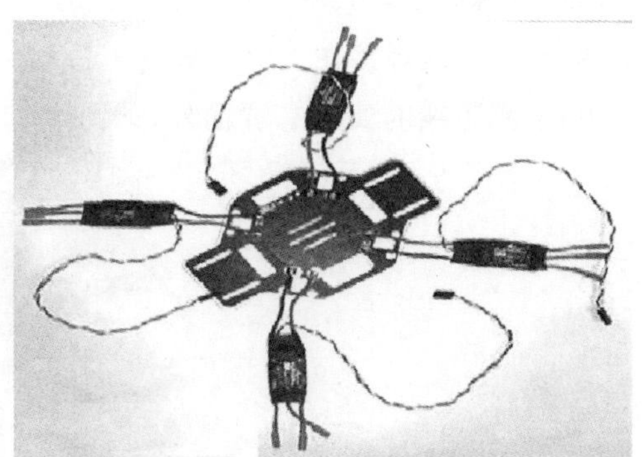

图 3－15　焊接电调

(2)处理电调输出线。

1)在电调输出线头部用剥线钳或美工刀切出 2 mm 长度的外皮，剥开外皮露出裸线。在裸线上绕一小段焊锡丝，用电烙铁加热焊锡丝，让整个裸线头被焊锡包住。

2)取直径为 5 mm 的热缩管，剪 2 cm 长的一段，套在电调输出线上，如图 3－16 所示。

3)用台钳或钢丝钳夹住香蕉母头，浅头向上。将电烙铁头插入香蕉母头的小孔里面进行加热，往母头端放焊锡丝直到焊锡熔化，在焊锡全部熔化后，立即插入电源线裸线头，拔走电烙铁，直到焊锡冷却，如图 3－17 所示。

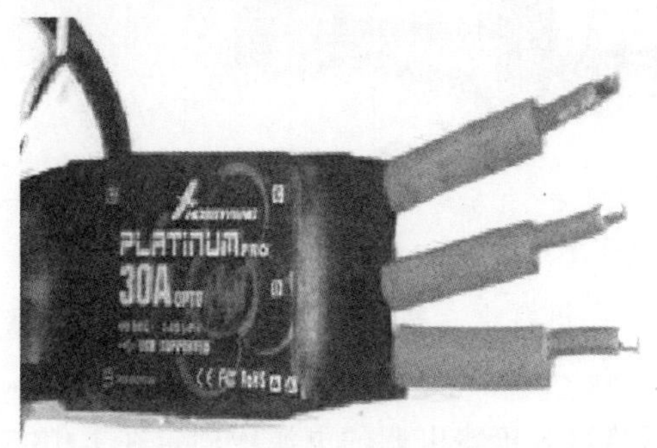

图 3－16　套热缩管

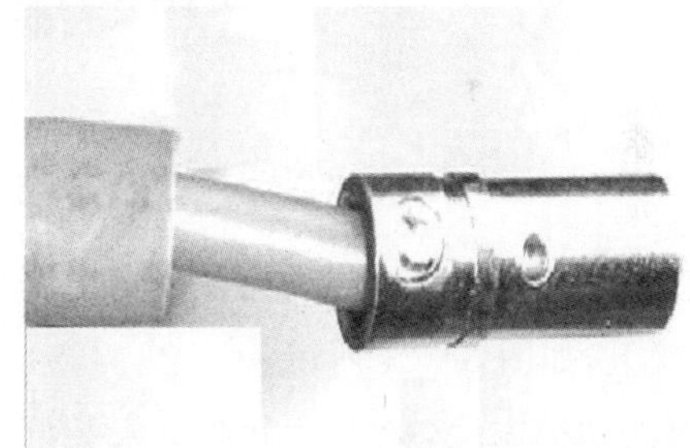

图 3－17　焊接香蕉头

4)用同样的方式把 3 个香蕉母头都焊接好，移动预先套上的热缩管至其将整个香蕉头包住，用热风枪加热热缩管，使其收缩至紧紧地套住香蕉头为止，如图 3－18 所示。

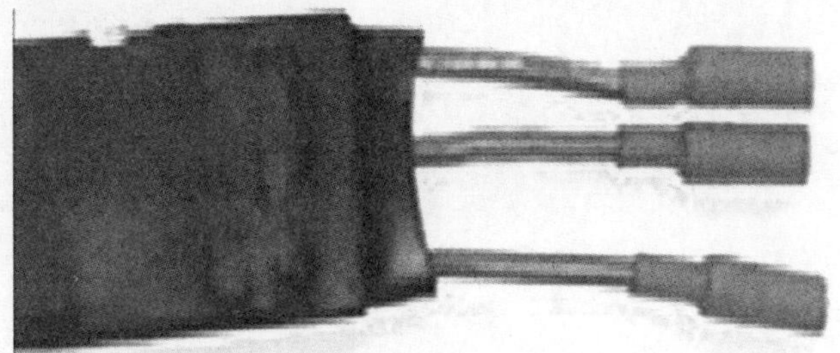

图 3－18　处理好的电调输出线

2.焊接电源主线

拿出电源主线，用剥线钳或美工刀剥出 5 mm 长的电源线的绝缘层，用以上的方法给裸线头上锡，将红色线焊接在下中心板的电源输入“＋”上，将黑色线焊接在下中心板的电源输入“－”上，电源主线的 T 形口要向外，如图 3－19 所示。

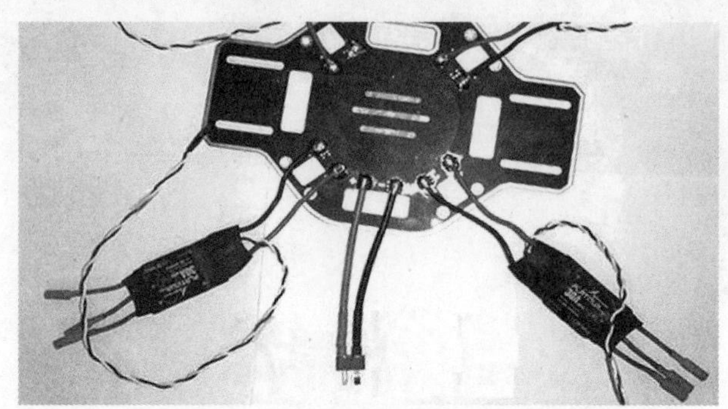

图 3－19　将电源主线焊接在下中心板

3.安装电调和固定下中心板

(1)撕掉海绵双面胶一面的薄膜，粘在电调平整面的中间，如图 3－20 所示。

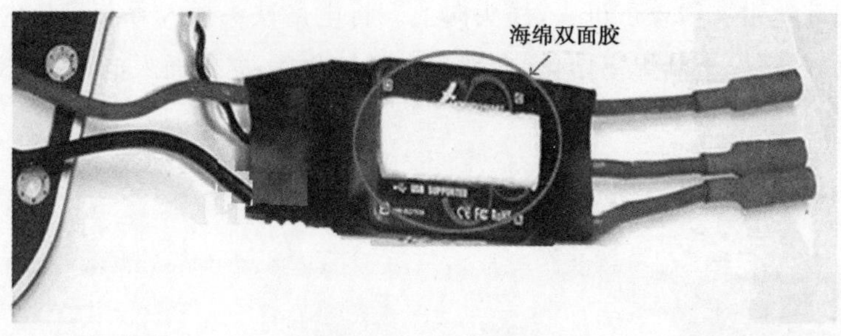

图 3－20　安装电调

(2)把电调上海绵双面胶的另一面薄膜撕掉，粘在机臂上。将扎带放在电调中间，紧紧地扎紧在机臂上，如图 3－21 所示。

(3)用同样的方法，把 4 个电调都安装好。用热熔胶枪将电调的电源线固定在下中心板上。轻轻地反转下中心板，用螺丝把脚架、下中心板、机臂拧紧，将下中心板固定在脚架和 4 个机臂之间，如图 3－22 所示。

图 3－21　捆绑扎带

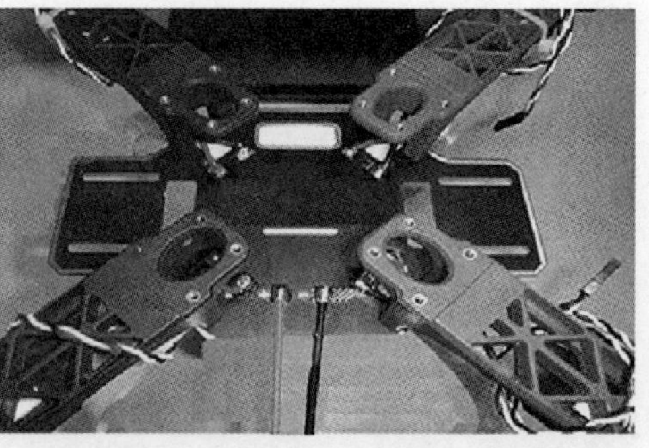

图 3－22　在机臂上安装 4 个电调

4.安装电机

(1)安装电机在机臂上。把电机放在机臂电机安装座上,用4个螺钉将其固定在机臂上,如图3-23所示。

将电机线朝向中心板方向,3条电源线分别向下穿过机臂孔,如图3-24所示。

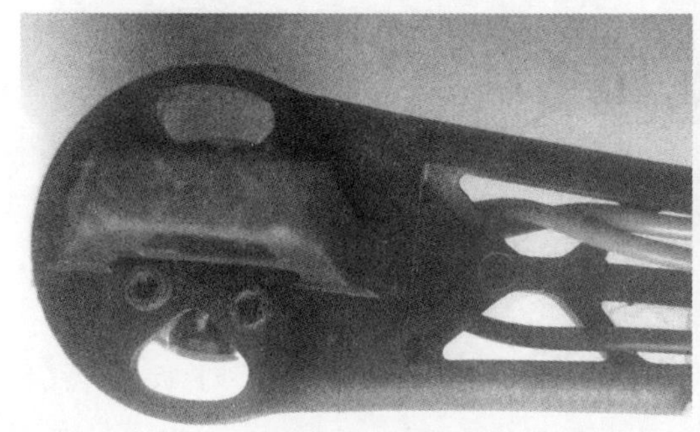

图3-23　固定电机

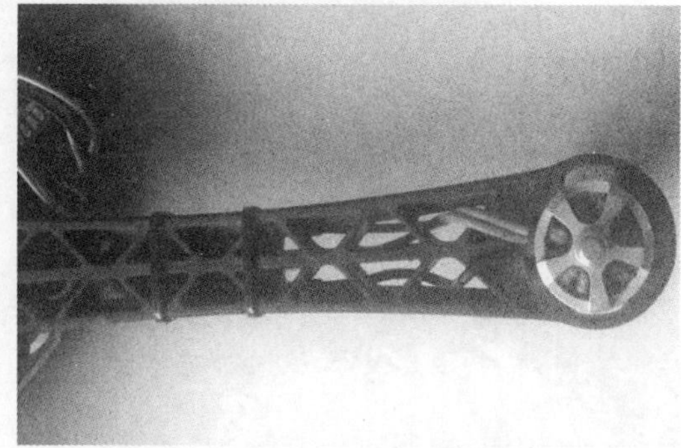

图3-24　电机的电源线穿过机臂孔

(2)用同样的方法将4个电机安装在4个机臂上。最后将电调的输出线与电机的输入线相连接,如图3-25所示。

图3-25　电机与电调连接

5.安装飞控电源模块

在下中心板上面将飞控电源模块的两根电源输入线焊接在下中心板的两个焊盘上,注意正、负极不要焊反。然后用双面胶将飞控电源模块固定在下中心板上面,安装时要注意电源模块的安装方向(电源模块输出线要与APM飞控板的PM接口在同一边上)。

6.安装飞控板

(1)安装减震支柱。在下中心板上将4个减震支柱分别安装在4个孔上,在4个减震支柱位置贴一小块2 cm×2 cm的海绵双面胶,如图3-26所示。

(2)放置APM飞控板。把APM飞控板粘在下中心板上面,且尽量装在下中心板的正中。安装APM飞控板的时候,APM飞控板外壳上写着"FORWARD"的箭头对着黑色的两个机臂,APM飞控板外壳上写着"PM"的端口要与电源模块的电源线在同一个边。装好后,把电源模块的电源线插到 APM 飞控板的 PM 端口上，再用热熔胶枪把 PM 插头固化住，如图 3 - 27 所示。

图 3 - 26　安装减震支柱

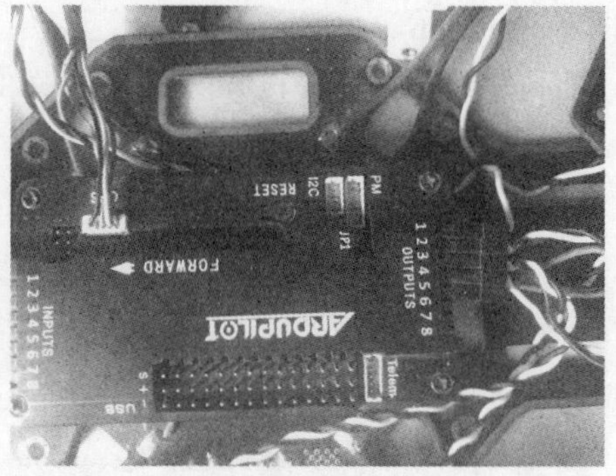

图 3 - 27　安装 APM 飞控板

7. 安装接收机

(1)固定接收机。在接收机底部粘一块海绵双面胶，按图 3 - 28 中的位置粘在下中心板上。

(2)接收机与飞控连接。APM 飞控板的每个 INPUT 的通道从上到下分别是信号针、正极针、负极针。FS - I6 接收机的输出通道从上到下分别是信号针、正极针、负极针。APM 飞控板的 INPUT 输入端的信号、正极、负极要与 FS - I6 接收机输出通道的信号、正极、负极一一对应。

用一条杜邦线竖直插在 APM 飞控板的 INPUT 的 1 接口，另外一头竖直插到 FS - I6 接收机的输出通道的 1 接口，另外两根杜邦线横着分别插在 APM 飞控板的 INPUT 的另外 6 个输入通道的信号针上和 FS - I6 接收机的另外 6 个输出通道的信号针上，注意连接时 FS - I6 接收机的输出通道和 APM 飞控板的输入通道要一一对应，如图 3 - 29 所示。

图 3 - 28　接收机固定在下中心板上

图 3 - 29　接收机与飞控连接

8. 电调与飞控连接

这个飞行器有 4 个电调，需要把电调的数据线接到 APM 飞控板的 OUTPUTS 接口上。注意 OUTPUTS 的接线要与电调的接线一致，即 APM 飞控板上的 OUTPUTS 的 1、2、3、4 输出引脚分别与 1 号、2 号、3 号、4 号电调的杜邦线相连，OUTPUTS 信号接电调信号，OUTPUTS 正极接电调正极，OUTPUTS 负极接电调负极，如图 3-30 所示。

图 3-30　电调与飞控连接

9. 安装 GPS 模块

用 4 个螺钉将 GPS 模块底座通过上中心板固定在一个机臂上，如图 3-31 所示。

将 GPS 模块数据线与 APM 飞控板上的 GPS 接口相连接，如图 3-32 所示。

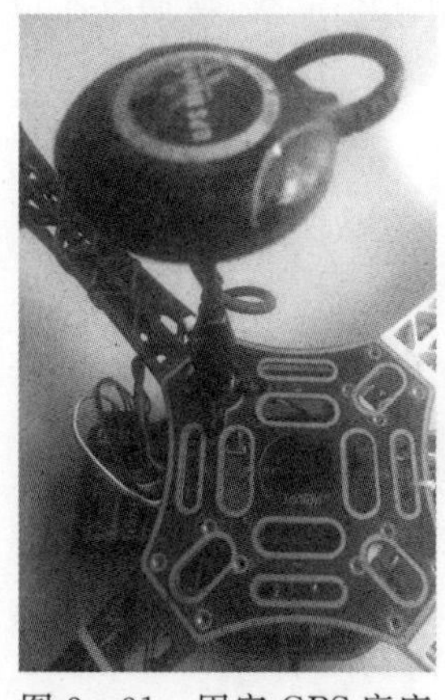

图 3-31　固定 GPS 底座

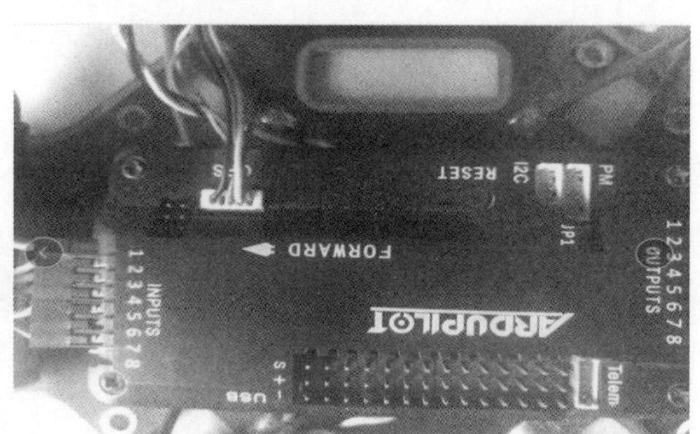

图 3-32　GPS 与 APM 连接

10. 安装上中心板

将另外3个机臂分别用4个螺钉拧紧在上中心板上，如图3-33所示。

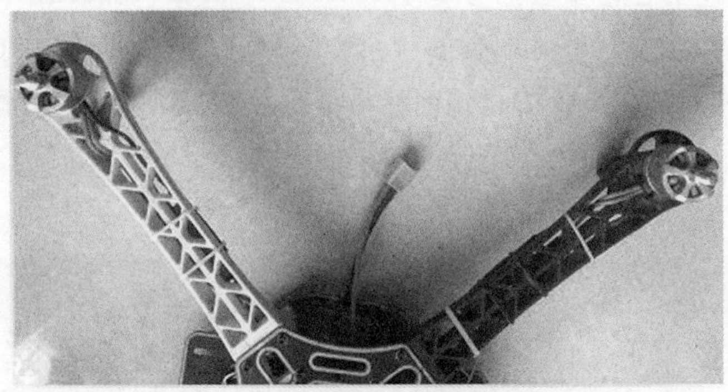

图3-33　将机臂固定在上中心板上

11. 安装电池扎带

在上中心板长边两头的长方形槽上，扣上一条魔术扎带，把电池扎紧，如图3-34所示。

图3-34　安装电池扎带

12. 安装螺旋桨

如图3-35所示，1、2、3、4是电机序号，也是接到APM飞控板的OUTPUTS通道号，CW表示螺旋桨是反桨，电机顺时针旋转，CCW表示螺旋桨是正桨，电机逆时针旋转。

由图3-35可以看出，1号和2号电机接正桨，3号和4号电机接反桨，按照这个顺序将螺旋桨装在对应的电机上，并拧紧自锁螺帽，如图3-36所示。

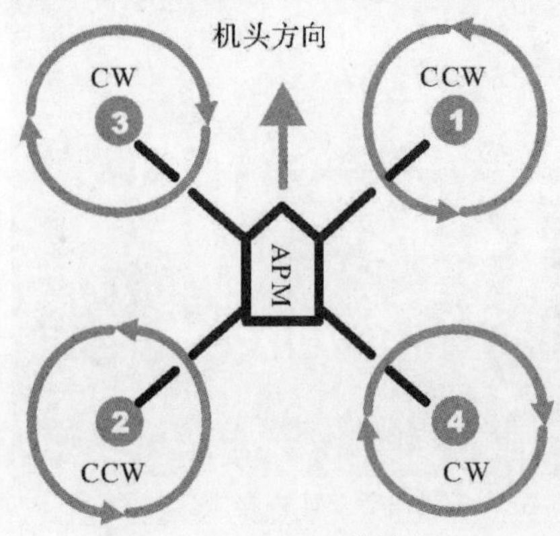

图3-35　电机的旋转方向

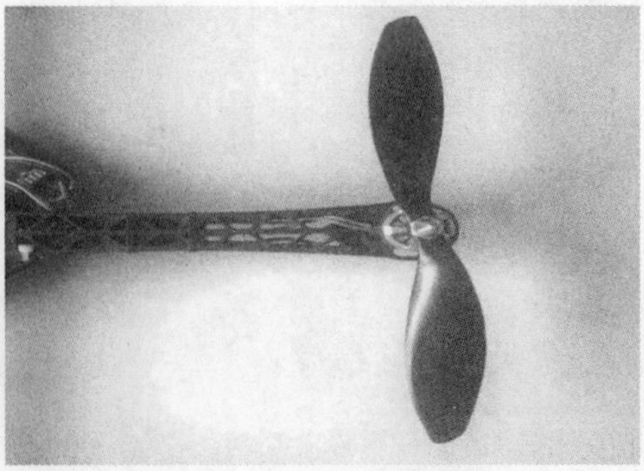

图3-36　安装螺旋桨

13. 图传的安装

(1)图传发射机的安装。通常用双面海绵胶将图传发射机粘在机架内部,将天线引出至外部。

(2)连接线路。图传的接线一般根据产品使用说明书给出的电路图将线路连接好即可。图3-37所示为图传的线路连接图。该图传发射机共有5个接线端,从左到右接线端分别为1、2、3、4、5。当该发射机接12 V摄像头时,其1、2号接线端接3S电池(12 V),其中1号接线端接输入电源正极,2号接线端接输入电源负极。3、4、5号接线端接摄像头,其中3号接线端接视频信号输入(黄色信号线),4号接线端接12 V输出正极,5号接线端接12 V输出负极。

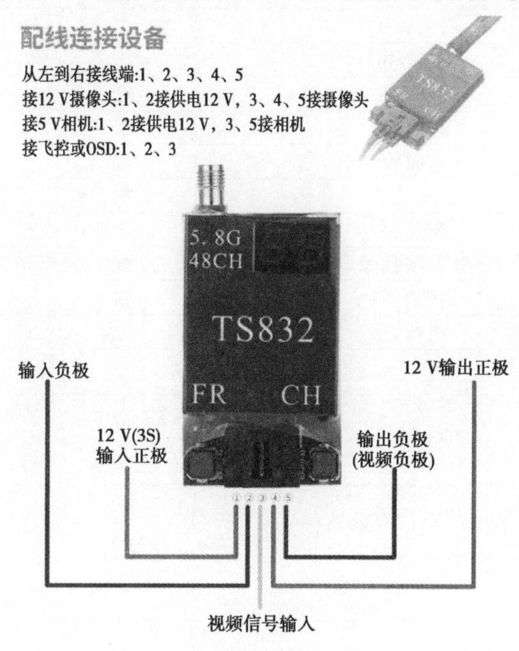

图3-37　图传的线路连接

14. 云台的安装

3轴无刷云台的安装步骤如下:

(1)删除减震球,打开顶部安装板;

(2)将安装板用螺丝锁在飞行器下部;

(3)安装减震球;

(4)安装摄像机,用带子绑紧相机。

装好摄像机后,通电后稳定云台大约20 s,听到一声响后,就可以正常使用,如图3-38所示。

图3-38　云台的安装

【任务实施】

综合技能训练任务:组装多旋翼无人机

1. 实训目的

通过多旋翼无人机组装练习,掌握多旋翼无人机的配件选型、组装方法、组装流程及注意事项,能够独立地选择多旋翼无人机装配材料并完成多旋翼无人机组装,培养多旋翼无人机的调试技能,为后续多旋翼无人机的调试工作打下基础。

2. 实训任务工单(见表 3-4)

表 3-4　组装多旋翼无人机实训任务工单

<table>
<tr><td>任务名称</td><td colspan="3">组装多旋翼无人机</td></tr>
<tr><td colspan="4">工具/设备/材料</td></tr>
<tr><td>类 别</td><td>名 称</td><td>单 位</td><td>数 量</td></tr>
<tr><td rowspan="2">设备</td><td>遥控器</td><td>台</td><td>1</td></tr>
<tr><td>四旋翼无人机套件</td><td>套</td><td>1</td></tr>
<tr><td rowspan="4">工具</td><td>电烙铁</td><td>把</td><td>1</td></tr>
<tr><td>六角扳手</td><td>把</td><td>1</td></tr>
<tr><td>斜口钳</td><td>把</td><td>1</td></tr>
<tr><td>剥线钳</td><td>把</td><td>1</td></tr>
<tr><td rowspan="7">材料</td><td>焊锡丝</td><td>组</td><td>1</td></tr>
<tr><td>双面胶</td><td>块</td><td>1</td></tr>
<tr><td>尼龙扎带</td><td>根</td><td>若干</td></tr>
<tr><td>香蕉头</td><td>个</td><td>若干</td></tr>
<tr><td>魔术贴扎带</td><td>根</td><td>1</td></tr>
<tr><td>热缩套管</td><td>根</td><td>1</td></tr>
<tr><td>螺丝钉</td><td>个</td><td>若干</td></tr>
<tr><td colspan="4">1. 工作任务</td></tr>
<tr><td colspan="4">组装多旋翼无人机</td></tr>
<tr><td colspan="4">2. 工作准备</td></tr>
<tr><td colspan="4">(1)准备好组装工具，检查工具的有效性；
(2)准备好设备和材料，检查设备的有效性，材料应符合标准；
(3)将焊台通电预热</td></tr>
<tr><td colspan="4">3. 工作步骤</td></tr>
<tr><td colspan="4">(1)将电机安装在底座上，把香蕉头焊接在电机的电源线上，然后将电机和底座安装在机臂上，其他的电机依次安装；
(2)将准备好的旋转卡扣安装到下中心板上，调整位置，使中心板旋转卡扣下端的螺丝安装孔对准下中心板的螺丝安装孔，拧紧四颗螺丝；
(3)将机臂直管安装在下中心板的旋转卡扣内并拧紧螺丝，其他机臂依次安装；
(4)将电池仓组装好并安装在下中心板正下面；
(5)反转无人机，在下中心板下方固定好起落架，组装起落架并用螺丝钉把起落架和下中心板锁紧；
(6)在电机的正下方安装电调，将电调的电源线牵引到下中心板的触点位置焊接好，留出信号线准备下一步连接；
(7)将飞控安装在下中心板的正中间位置，然后完成包括电调信号线在内的整个电子系统的连线，并固定好 LED 和 PMU 模块；
(8)盖上上中心板，使中心板旋转卡扣上端的螺丝安装孔对准上中心板的螺丝安装孔，拧紧螺丝；
(9)组装好 GPS，水平放置无人机，将组装好的 GPS 固定在上中心板合适的位置；
(10)给无人机装上螺旋桨</td></tr>
<tr><td colspan="4">4. 结束工作</td></tr>
<tr><td colspan="4">(1)清点工具和设备；
(2)清扫现场</td></tr>
</table>

3. 实训任务评价(请登录工大书苑网页端 http://nwpup.iyuecloud.com/，搜索本书书名下载相关表格)

任务 3.3　调试多旋翼无人机

【任务引入】

将前面组装好的多旋翼无人机通电，用遥控器操控无人机，发现无人机并不能起飞。

【任务分析】

当前多旋翼无人机在民用无人机领域应用相当普遍。无人机是智能化产品，飞控系统是无人机的飞行控制中心。仅仅组装好的多旋翼无人机并不能够工作，需要对无人机的飞控系统、动力系统等进行调试后才能够工作，多旋翼无人机调试是多旋翼无人机应用人员一项最基本的技能。学习了解多旋翼无人机的飞控系统调试、遥控器与接收机的调试、动力系统的调试以及飞行调试，才能掌握多旋翼无人机正确的调试方法，通过大量的任务练习，培养多旋翼无人机的调试技能。

【相关知识】

3.3.1　多旋翼无人机调试概述

将多旋翼无人机的机架、飞控系统、动力系统和通信系统等硬件组装后，为了实现无人机的良好飞行及功能要求，必须进行合理的调试。根据调试中是否需要安装螺旋桨，调试可分为无桨调试和有桨调试。

1. 无桨调试主要内容

(1)连接所有线路，接通电源，进行首次通电测试，检查飞控、电调、电机和接收机是否正常通电，检查有没有出现短路或断路现象；

(2)检查遥控器，进行对频及相关设置；

(3)将飞控连接到电脑，用调试软件(地面站)对飞控进行调试；

(4)接通电源，用遥控器解锁飞控，推动油门检查4个电机的转向是否正确。

2. 有桨调试主要内容

(1)根据电机转向正确地安装螺旋桨；

(2) 将飞行器放在安全防护网内试飞或通过捆绑的方式限制飞行器；

(3)进行飞行测试，通过飞行状态检验飞行器是否正常。

3. 多旋翼无人机软件调试内容

多旋翼无人机调试内容主要为软件部分的调试，其调试内容大致如图3-39所示。

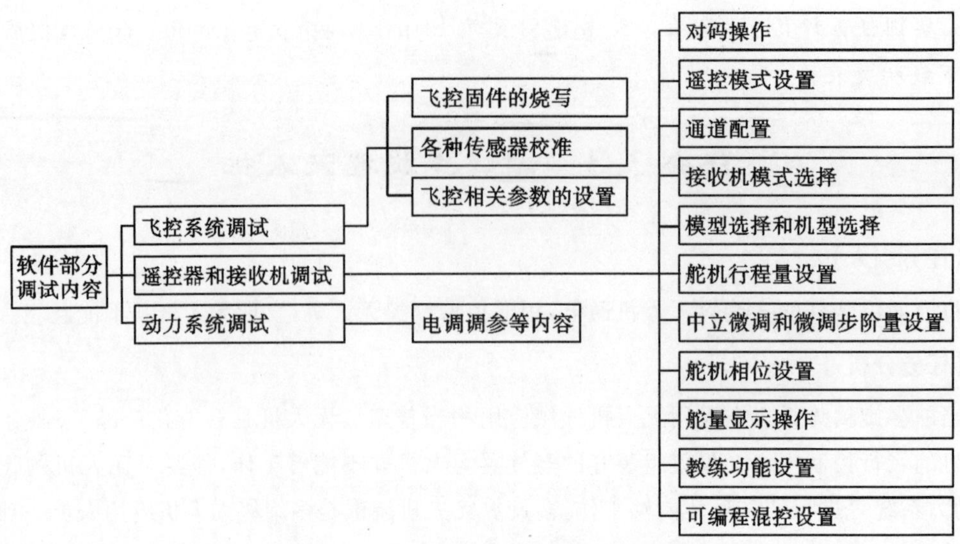

图 3-39　多旋翼无人机软件部分调试

3.3.2　APM 飞控系统调试

1. Mission Planner 安装

Mission Planner 是一款无人机地面站控制软件，适用于固定翼、多旋翼、直升机和地面车辆，且 Mission Planner 地面站固件开源，安装非常简单。

(1)下载最新 Mission Planner 安装文件，下载地址如下：http://firmware.diydrones.com/Tools/MissionPlanner/MissionPlanner-latest.msi。

(2)运行安装文件，并按安装软件向导执行即可，如图 3-40 所示。

图 3-40　安装软件向导

(3)安装包会自动安装 Mission Planner 地面站软件驱动，如遇到提示需要安装驱动，请选择安装软件驱动即可，如图 3 - 41 所示。

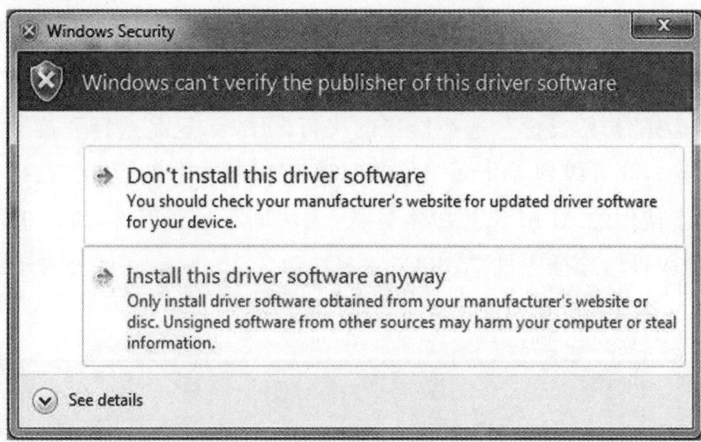

图 3 - 41　安装驱动

(4)软件将安装到默认文件夹(C:\Program Files (x86)\APM Planner)下，也可自定义安装 Mission Planner 地面站，并创建 Mission Planner 的桌面快捷方式，笔者电脑使用的是 Mission Planner 1.3.68 汉化版地面站。

(5)安装完毕后，即可双击启动 Mission Planner 1.3.68 地面站，启动后可连接飞控，如图 3 - 42 所示。

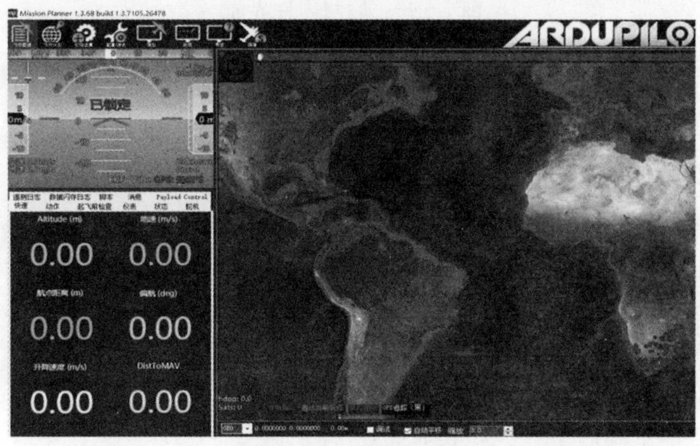

图 3 - 42　地面站界面

启动 Misson Planner 主程序后，首先呈现的是一个多功能飞行数据仪表界面。Misson Planner 1.3.68 已将大部分菜单汉化，非常适合初学者使用。主界面左上方为 8 个主菜单按钮，其中飞行数据可以实时显示飞行姿态与数据；飞行计划是任务规划菜单，可以用来规划航线；初始设置用于固件的刷写和 APM 飞控的一些基本参数设置；配置调试包含了详尽的 PID 调节、参数调整等菜单；模拟是给 APM 刷入特定的模拟器固件后，将 APM 作为一个模拟器在电脑上模拟飞行使用；终端是一个类似于 DOS 环境的命令行调试窗口，功能非常强大。主界面右上方是端口选择、波特率以及连接/断开连接。

2. 刷写 APM 固件

双击启动 Mission Planner 地面站，用 USB 线缆连接 APM 与电脑，注意此时打开地面站后不要点击连接。

在主界面上，选择“初始设置”，选择恰当的飞行器图标，这是选择 4 旋翼机型，点击“4 旋翼模型”，提示“您确定要升级到 Copter 3. 5. 12 OFFICIAL 吗?”，点击“Yes” ，固件会自动刷写进飞控，因为笔者使用的 APM 飞控版本较低，无法刷写最新固件，所以也可以加载本地固件，点击“加载本地固件”，选择固件 ArduCopterQuad 3. 15. hex，固件会自动刷写进飞控。刷写固件如图 3－43～图 3－45 所示。

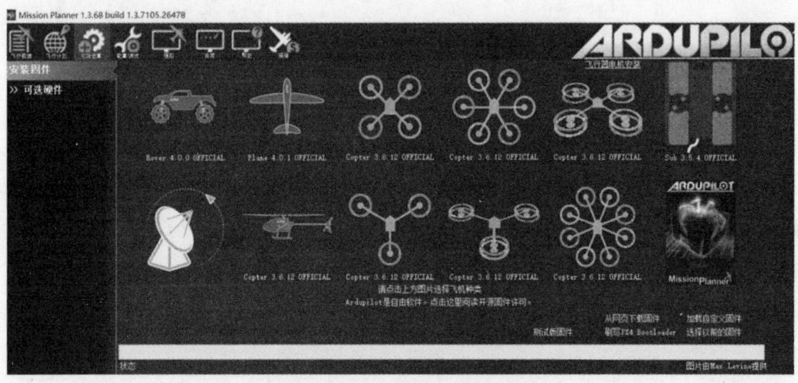

图 3－43　刷写固件界面

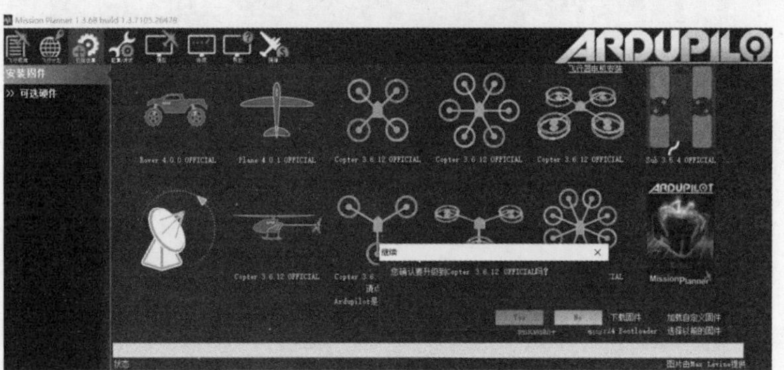

图 3－44　刷写固件

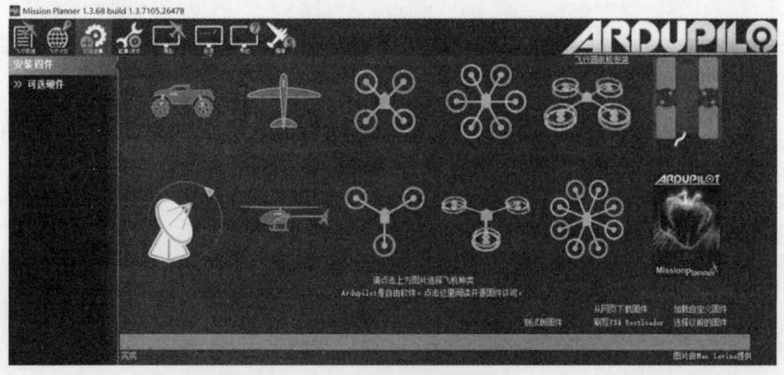

图 3－45　刷写固件完成

当 Mission Planner 地面站状态条显示完成，则表明刷写固件成功。如果遇到没有连接上的情况，可能的原因如下：①检查串口号是否正确，串口号是否存在；②检查波特率是否正确，USB 为 115 200，数传电台为 57 600；③检查 USB 口，请尝试不同的 USB 口；④如果使用 UDP 或 TCP 连接，检查防火墙是否畅通。飞控板上电后，会有声音和 LED 等显示状态，以确认飞控板固件运行正确。

3. 连接飞控板

打开 Mission Planner 软件，在左上角区域从下拉菜单中选择 COM 口，可以选在 AUTO 选项或地面站检测到的 COM 口，并设置串口通信波特率为 115 200。如果不是使用 USB 直接连接，而是使用数传电台连接，端口选择与 USB 直接连接类似，但串口通信波特率应选择 57 600，如图 3-46 所示，选好 COM 口和波特率后，点击连接。

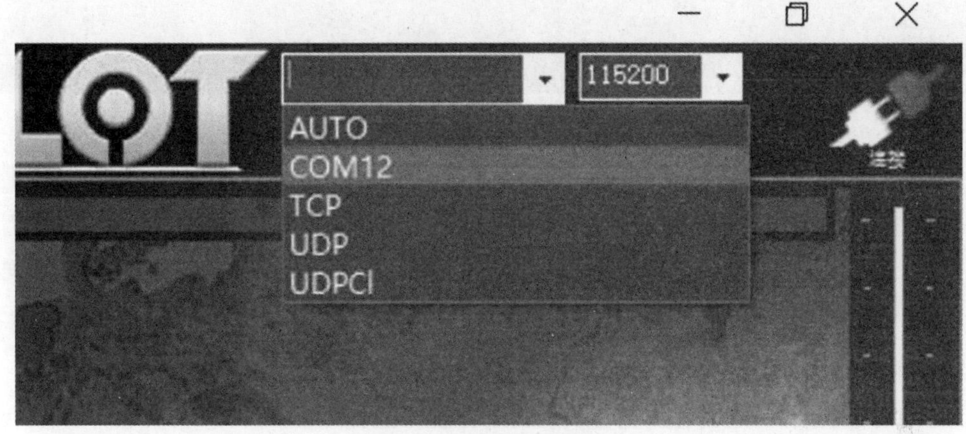

图 3-46　选择连接端口

(1)加速度校准。飞控连接到地面站后点击进入初始设置，在初始设置菜单栏下点击进入必要硬件，选择加速度校准选项，界面如图 3-47 所示，进入后开始校准，用水平仪进行校准使得飞控水平，然后点击校准水平，飞控会自动校准。完成后开始进行校准加速度计步骤，点击校准加速度计，提示“Place vehicle level and press any key”，将飞控放置水平，完成后点击“完成时点击”，选项进入下一步，提示“Place vehicle on its LEFT side and press any key ”，根据提示将飞控左边朝下放置，用直角尺使得飞控左边垂直向下，完成后点击“完成时点击”，选项进入下一步，提示“Place vehicle on its RIGHT side and press any key”，根据提示将飞控右边朝下放置，用直角尺使得飞控右边垂直向下，完成后点击“完成时点击”，选项进入下一步，提示“Place vehicle nose DOWN and press any key”，根据提示将飞控头部朝下放置，用直角尺使得飞控头部垂直向下，完成后点击“完成时点击”，选项进入下一步，提示“Place vehicle nose UP and press any key”，根据提示将飞控头部朝上放置，使用直角尺使得飞控头部垂直向上，完成后点击“完成时点击”，选项进入下一步，提示“Place vehicle on its BACK and press any key”，根据提示将飞控顶部朝下放置，用水平仪进行校准，使得飞控水平放置，完成后点击“完成时点击”，地面站会提示“Calibration successful”，表示加速度计校准完成，此时可进行地面站下一步校准。

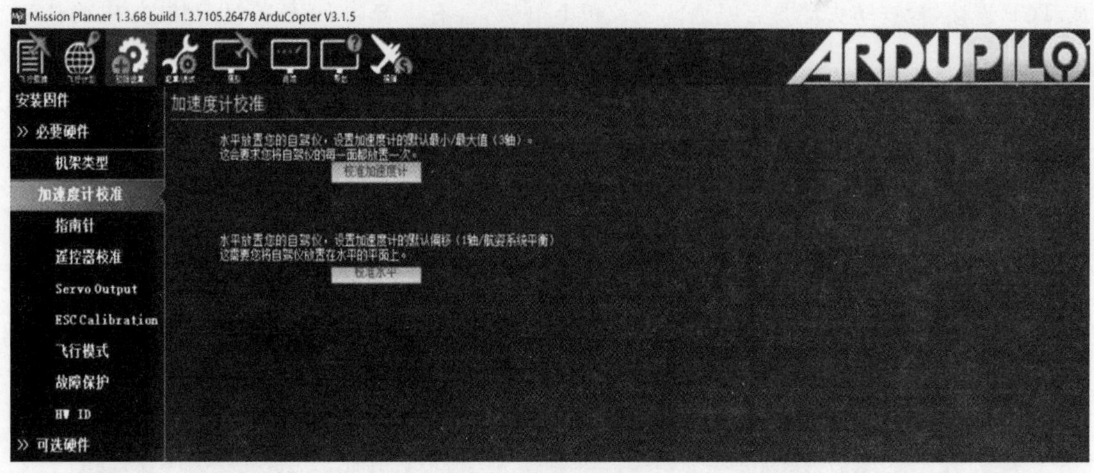

图 3－47　加速度校准

(2)指南针(磁罗盘)校准。指南针校准跟加速度计校准在同一菜单下，点击初始设置下的必要硬件菜单，选择指南针校准，进入后界面如图 3－48 所示，如果使用的是 APM 内置罗盘，选择 APM 2.5(内置罗盘)选项，再点击现场校准；如果使用的是外置罗盘，选择 APM 与外置罗盘选项，接下来选择罗盘的机头指向，再点击现场校准。笔者使用的是外置罗盘，并且罗盘芯片字符是向下安装的，还需在指南针安装的下拉框中选择 Roll 180，意思就是罗盘芯片绕横滚轴旋转了 180°安装。选择好对应设置后点击现场校准，点击以后会弹出一个提醒菜单：请单击确认并且将自动驾驶仪绕所有轴做圆周运动，如图 3－49 所示，单击“OK”，然后绕 6 个轴至少旋转一周，如图 3－50 所示。地面站默认 60 s 后自动确认，如图 3－51 所示，点击“OK”，飞控自动记录，指南针校准完成。

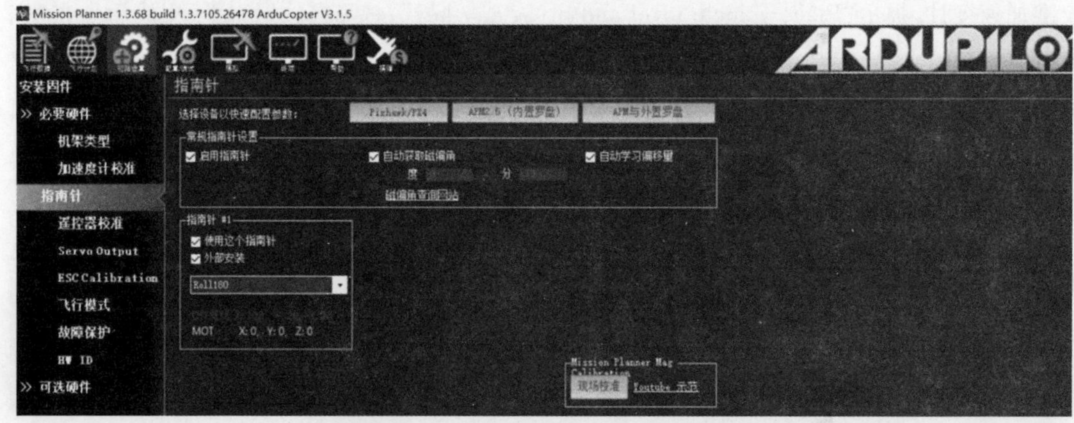

图 3－48　指南针(磁罗盘)校准界面

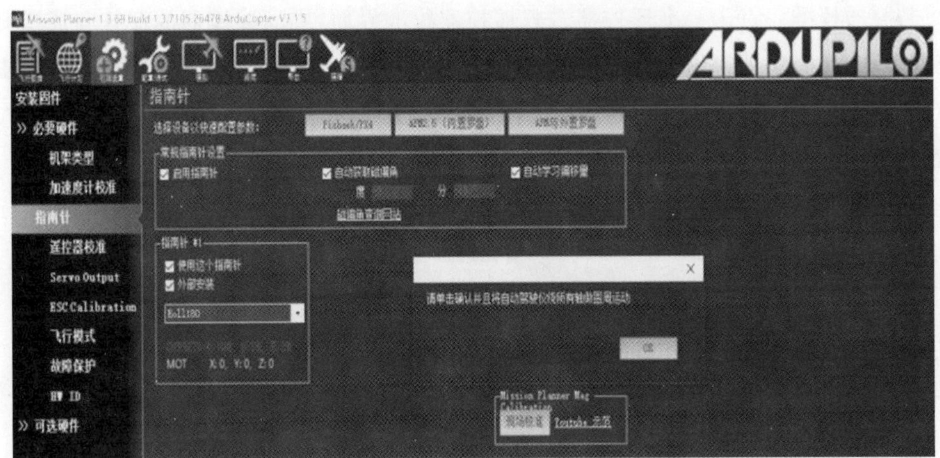

图 3 - 49　单击确认进入现场校准

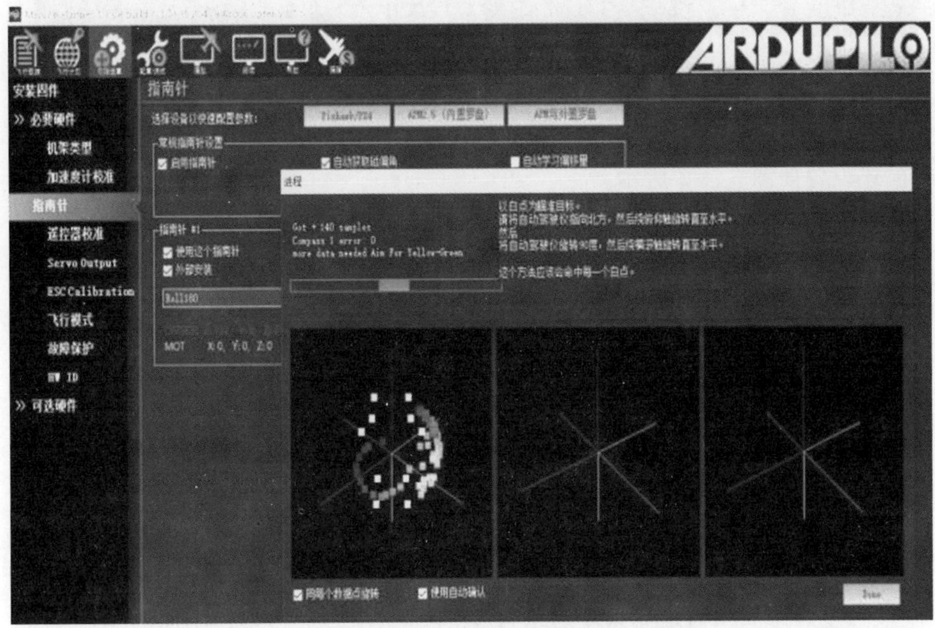

图 3 - 50　指南针(磁罗盘)校准中

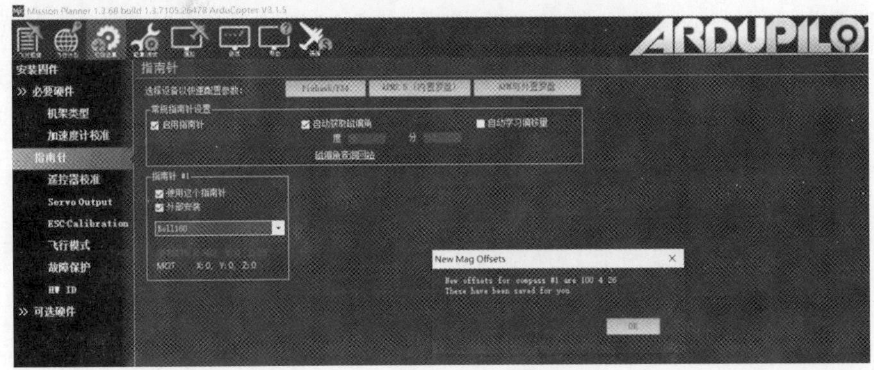

图 3 - 51　指南针校准完成界面

(3)遥控器校准。点击校准遥控器进入遥控器校准界面,推动遥控器的遥杆与通道开关至最大最小,地面站会自动记录遥控器通道,如图 3-52 所示,阈值应在 1 100～2 000 范围。注意 roll(横滚)、yaw(偏航)、throttle(油门)通道值与遥控器摇杆拨动方向一直一致,pitch(俯仰)通道值滑动方向与遥控器遥杆拨动方向相反。

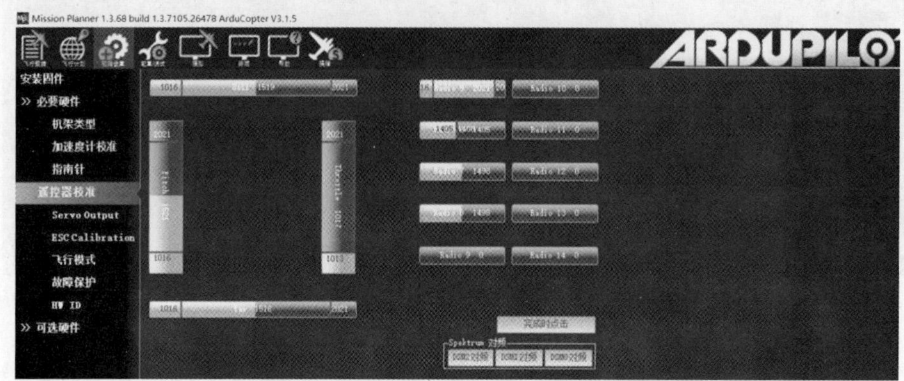

图 3-52　遥控器校准

4. 飞行模式设置

飞行模式设置如图 3-53 所示。

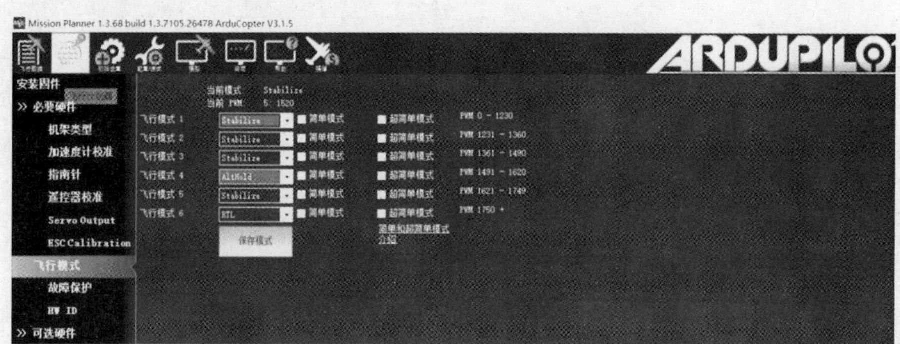

图 3-53　飞行模式设置

APM 飞行模式的默认通道为第 5 通道,拨动第 5 通道开关可切换不同的飞行模式。飞行模式可根据个人习惯设定,笔者这里设置的是 Stabilize 自稳模式,其余主要的还有 AltHold 定高模式和 RTL 返航模式等。自稳模式可用于起飞和降落,定高模式可保持飞行器的当前高度以便于执行任务,返航模式可为飞行器在发生数据信号中断等突发情况下,使得飞行器返回起飞点以减少因突发情况造成的炸机等危险。

常用飞行模式注解如下。

(1)Stabilize 自稳模式。自稳模式会使得飞行器保持稳定状态。

(2)Acro 比例控制模式。在比例控制模式下,飞控不参与姿态平衡调节,APM 飞控将完全依托遥控器遥杆行程的控制。

(3)AltHold 定高模式。在定高模式下,飞控会保持当前高度,飞控对油门的响应速度减弱,存在一个油门死区,只有当油门动作幅度超过这个死区时,飞控才会响应。

(4)Auto 自动模式。在自动模式下，飞行器会执行预先设置的任务规划。

(5)Guided 指导模式。在指导模式下，Mission Planner 地面站需要与飞控之间有通信，在 Mission Planner 地面站地图上选取一点，点击鼠标右键弹出菜单，选择“Fly there”，再输入一个高度，飞行器会飞到指定位置、指定高度悬停。

(6)Loiter 悬停模式。悬停模式类似于定高模式，但相比定高模式增加了 GPS 定位功能。

(7)RTL 返航模式。APM 飞控解锁前的定位点，会被记录为返航点，如果 GPS 起飞前没有定位返航点，在空中首次定位的那个点就会被记录为返航点。在此模式下，飞行器会上升到默认 15 m 高度，再返回返航点。

(8)Circle 绕圈模式。在此模式下，飞行器会以当前位置为圆心绕圈飞行，此时机头始终指向圆心，不受遥控器方向舵控制。

(9)Land 降落模式。在此模式下，飞行器将会原地降落。

5. 故障保护设定

Mission Planner 地面站故障保护设置如图 3－54 所示。具体可实现以下两种保护。

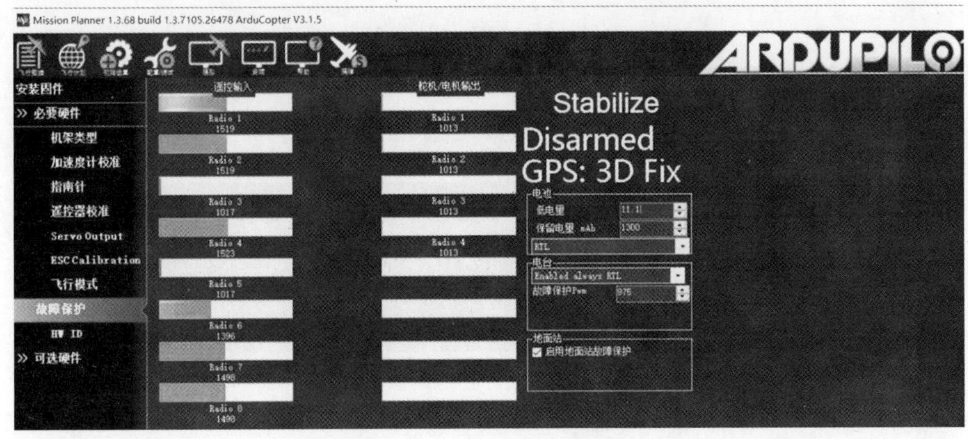

图 3－54　故障保护设置

(1)电池故障保护。低电压设置在 11.1～11.5 V 之间，模式在下拉菜单选择 RTL 返航模式。

(2)遥控器故障保护。故障保护模式选择 Enabled always RTL，故障保护 PWM 信号阈值应低于遥控器最低信号值。根据笔者调试的遥控器，故障保护 PWM 信号值设置为 975。

3.3.3　NAZA 多旋翼无人机飞控调试

多旋翼无人机飞控调试

1. 选择机架类型

在基础设置选项中，先选择飞行器类型，这里笔者选择了第 2 个 X 形 4 旋翼飞行器，X 形布局应用广泛，这里以 X 形布局俯仰运动为例，X 形是双电机联合出力，冗余功率更大，其机动性能更好，如图 3－55 所示。

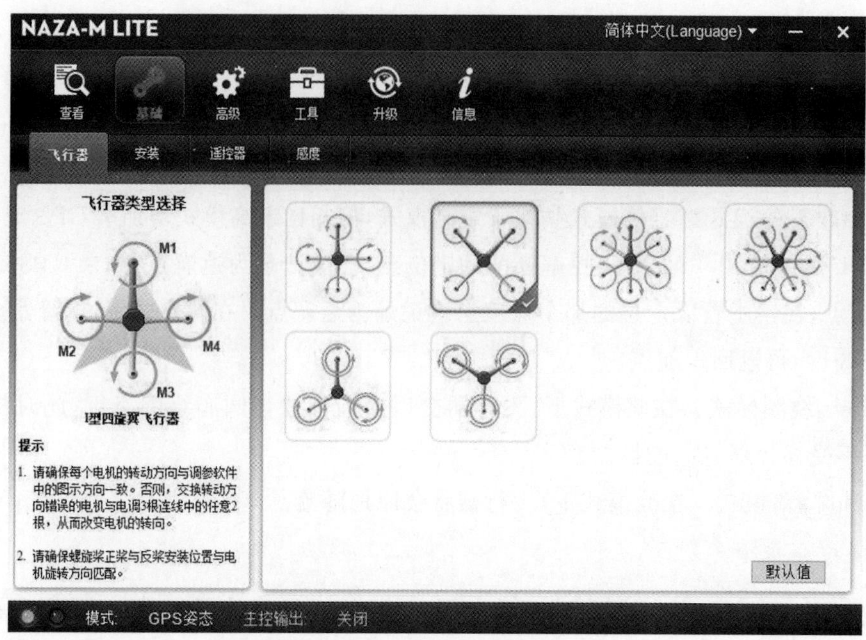

图 3-55　选择机架类型

2. 飞控和 GPS 安装位置

GPS 安装位置如图 3-56 所示。

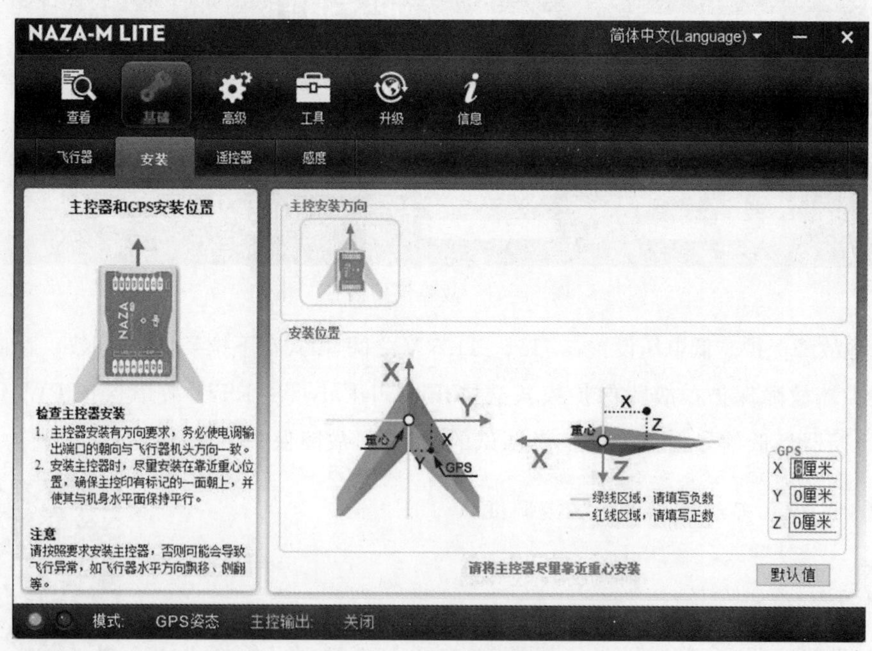

图 3-56　GPS 安装位置

根据个人安装位置设置，笔者安装的主控器在 F450 分电板中心位置，使用水平仪进行校准，使得飞控尽可能地平行于飞行器，用直尺量得 GPS 安装在分电板主控器正前方 6 cm 处，方向与主控器方向一致。根据软件提示的安装位置，这里笔者是修改了 X 值为 6 cm，Y 与 Z

值保持为 0。

3. 遥控器/接收机通道设置

接收机的类型选择及遥控器的相关设置如图 3－57 所示。

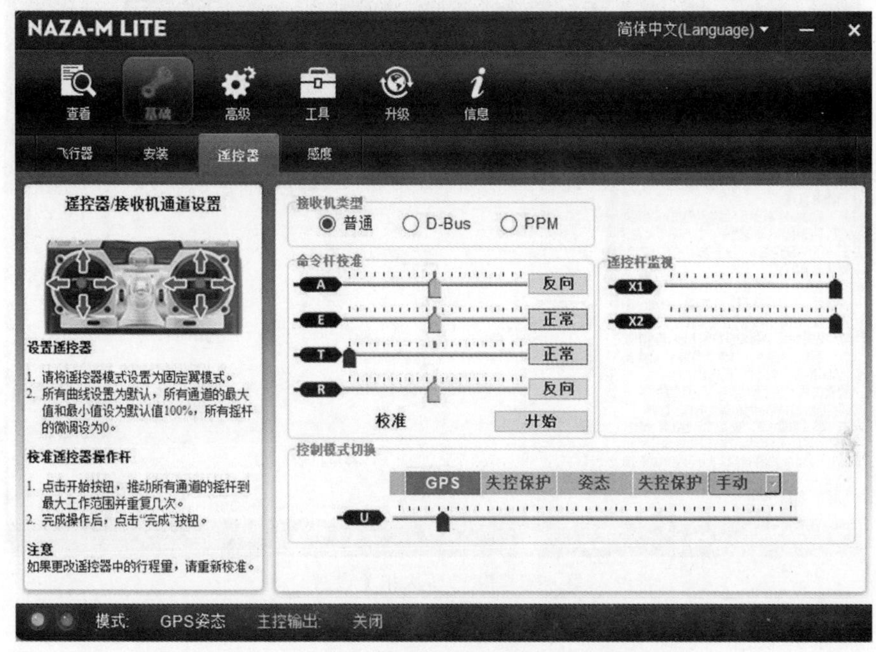

图 3－57　接收机的类型选择及遥控器的相关设置

(1)选择接收机类型，根据个人接线方式选择正确的接线方式。

(2)命令杆校准是校准遥控器副翼、俯仰、油门和方向舵通道，点击“开始”，推动遥控器的摇杆至最大最小，飞控会自动记录遥控器摇杆通道阈值，点击“完成”按钮。拨动摇杆查看滑块是否与拨动方向一致，如果不一致，点击相应滑块后的“正常/反向”。

(3)控制模式切换默认的通道开关在第 5 通道，且为 3 挡开关，在这里不同遥控器的具体设置有所差异，天地飞 7 是通过设置起落架(也是第 5 通道)行程量，使得拨动开关可以切换飞行器的飞行模式。在这里笔者设置的是第 1 挡的飞行模式是 GPS 模式，第 2 挡的飞行模式是姿态模式，第 3 挡的飞行模式是手动模式。

4. 马达相关设置

(1)点击鼠标选择马达怠速速度，马达怠速速度是指电机启动后的最低转速，由低速到高速一共有 5 个挡位。建议将马达怠速速度设置在推荐挡及推荐挡以下的速度。设置马达怠速速度过高，可能怠速时造成危险。若发现解锁时电机无法正常起转，马达怠速速度过低，则可通过这个设置适当提高马达怠速速度。

(2)马达停止类型推荐选择立即模式，马达停止类型有两种模式可供选择：立即模式、智能模式。在立即模式下，电机启动油门超过 10％以上，当油门低于 10％时电机会立即停转。在智能模式下，着陆时油门低于 10％且不执行掰杆动作，电机在 2～3 s 后自动停转。

马达的相关设置如图 3－58 所示。

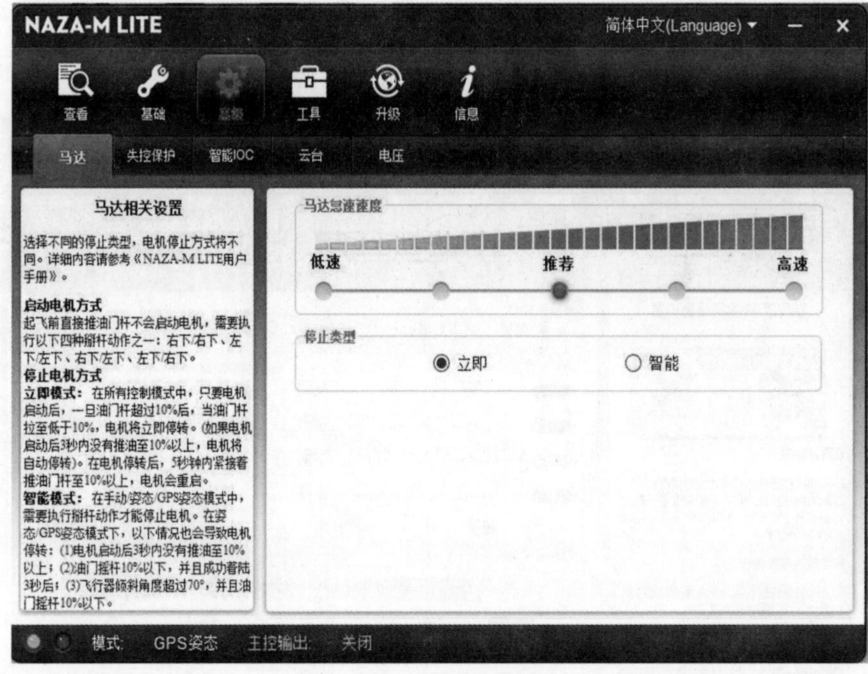

图 3－58　马达相关设置

5. 失控保护设置

失控保护设置如图 3－59 所示。

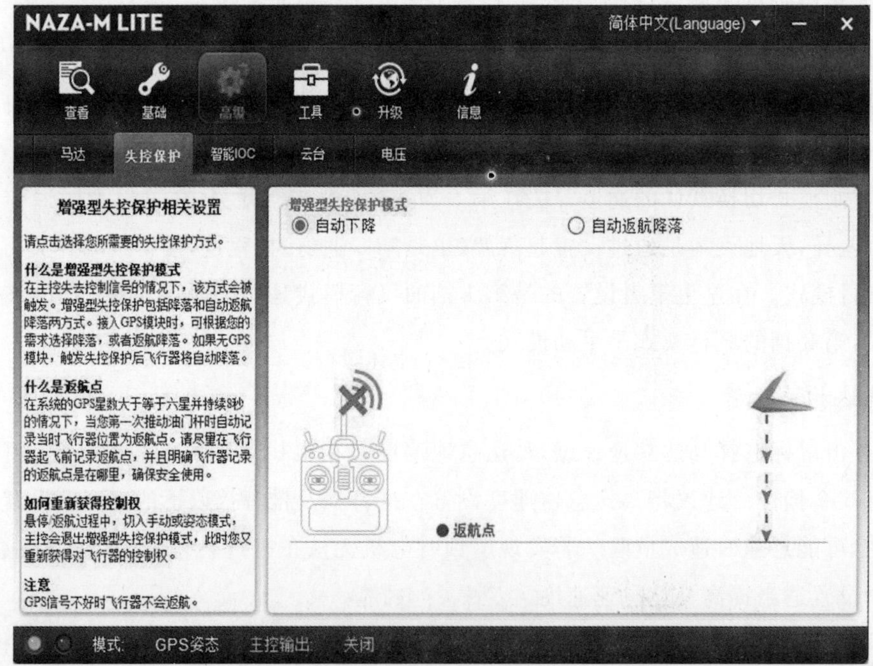

图 3－59　失控保护设置

失控保护是在没有遥控器控制信号时，飞控触发失控保护。NAZA 飞控的失控保护有两种模式：自动下降模式和自动返航模式，在接入 GPS 模块时，失控保护模式可选择自动下降或者自动返航降落。在没有 GPS 信号时，触发飞行器的失控保护后，飞行器将自动降落。

6. 电压保护设置

电压保护设置如图 3－60 所示。

图 3－60　电压保护设置

(1)选择开启电压保护开关，是为了避免电池电压过低造成炸机等严重后果。电压保护设有两级电压保护措施，第一级保护措施是 LED 报警提示，第二级保护措施是下降。第一级电压保护无负载设置为 11.1 V，线损电压设置为 0.2 V，有负载电压值不需要设置，数值是由前两个数值计算得来的，该电压是实际报警电压，低于这个电压值，将触发第一级电压保护，LED 报警。第二级电压保护无负载设置为 10.8 V，线损电压设置为 0.2 V，电池电压低于这个数值，将触发第二级电压保护，飞行器会自动降落。

(2)如果当前电压与电池电压不同，需要进行电压校准，可用电压计测得电池电压，点击校准，输入电池电压值，然后点击确定。

3.3.4　多旋翼无人机遥控器与接收机调试

1. 对码

这里以天 7 遥控器为例来介绍对码，对码的操作注意事项如下：

(1)遥控器和接收机必须近距离(小于 1 m)；

(2)遥控器在模拟器模式下无法进行对码操作；

(3)附近没有其他天地飞 2.4 GHz 系统正在对码；

(4)附近没有高频高压干扰源(如高压电线、电视塔和移动基站等);

(5)在进行对码的过程中,如需退出对码,请长按退出键即可(EXIT 长按即可)。

对码的操作步骤如下:

(1)将发射机和接收机放在一起,两者距离在 1 m 以内,接收机上电后长按对码键(SET 按键,3～4 s),橙色灯慢速闪烁,等待发射机发射信号;

(2)打开发射机电源开关,发射机进入菜单,如图 3-61 所示;

图 3-61 发射机设置

(3)点击对码,使发射机进入对码状态,如图 3-62 所示,接收机将寻找与之最近的遥控器对码;

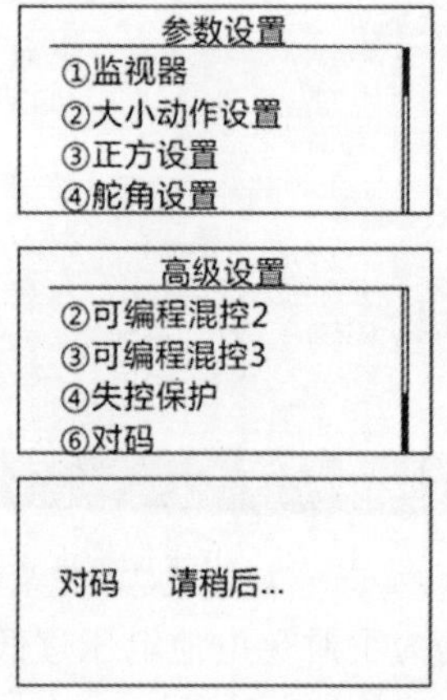

图 3-62 发射机进入对码状态

(4)若对码成功,发射机绿灯长亮,接收机指示灯灭,如图 3-63 所示。

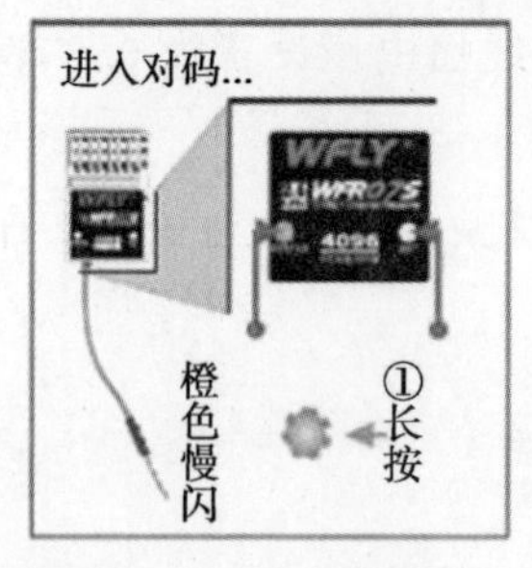

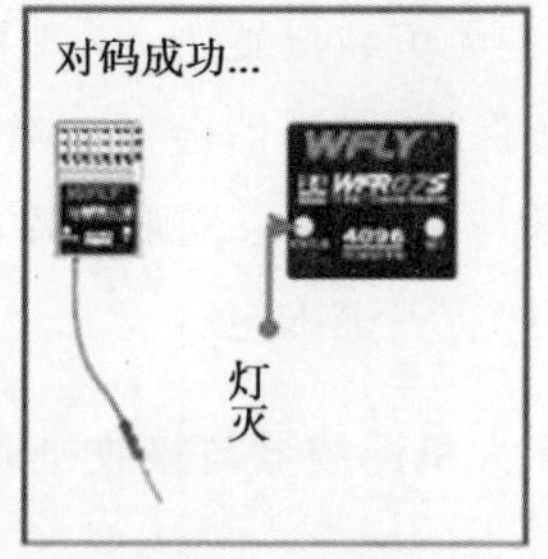

图 3-63 对码成功

2. 遥控器设置

(1)模型选择和机型选择。在发射机设置模式下,遥控模式可用滚轮选择 4 种模式,分别为"模式 1、模式 2、模式 3、模式 4",各种模式如图 3-64 所示。

升降舵
油门
方向舵
副翼
油门
升降舵
方向舵
副翼
升降舵
油门
副翼
方向舵
油门
升降舵
副翼
方向舵

(a)　(b)　(c)　(d)

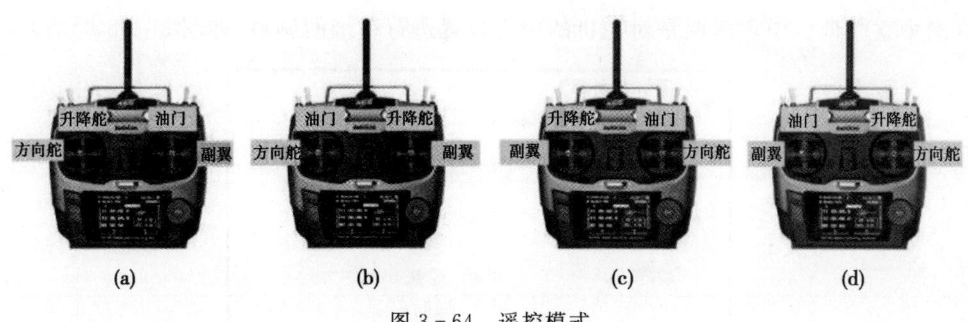

图 3-64　遥控模式

(a)模式 1;(b)模式 2;(c)模式 3;(d)模式 4

模型选择是指一个遥控器配对多个飞行器的接收机，将每个接收机保存为一种模型，机型选择则是指每一个模式里面的机型，比如固定翼、直升机和多旋翼等。乐迪遥控器模型选择如图 3-65 所示，机型选择如图 3-66 所示。

【模型选择】
选择：01　(Model-001)
拷贝：01→01　(Model-001)
名字：Model-001

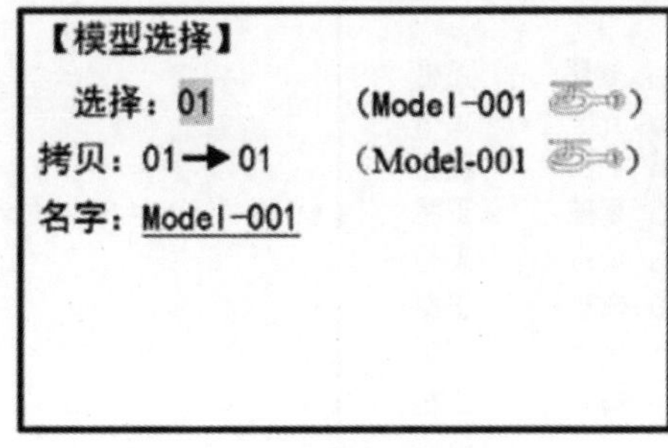

图 3-65　模型选择

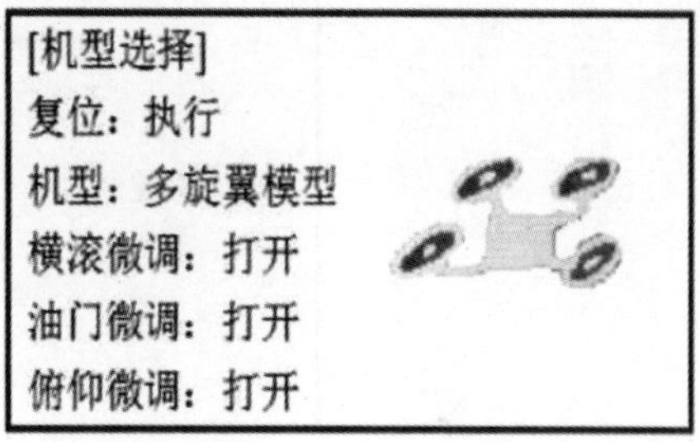

[机型选择]
复位：执行
机型：多旋翼模型
横滚微调：打开
油门微调：打开
俯仰微调：打开

图 3-66　机型选择

(2)舵机行程量设置。舵机行程量是指在一定范围内调节舵机的动作角度。在固定翼无人机里，当改变连接头不能达到正确的行程时，可通过“双向动作行程比例”调整来“精确”调整两个方向的行程，可执行最灵活的行程调整，如图 3-67 所示。

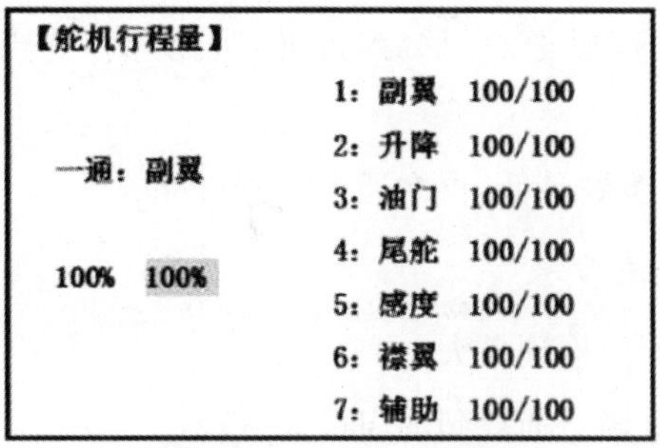

【舵机行程量】
一通：副翼
100%　100%
1：副翼　100/100
2：升降　100/100
3：油门　100/100
4：尾舵　100/100
5：感度　100/100
6：襟翼　100/100
7：辅助　100/100

图 3-67　舵机行程量

(3)中立微调。中立微调是对舵机的中立位置进行精细的调整，如图 3－68 所示。

【中立微调】

	→ 1：副翼	0
	2：升降	0
	3：油门	0
一通：副翼	4：尾舵	0
0	5：感度	0
	6：陀螺	0
	7：辅助一	0
	8：辅助二	0

图 3－68　舵机行程量

(4)舵机相位设置。舵机相位设置用来改变舵机响应发射机控制输入的方向。设置方向功能后，应检查模型上的所有控制是否以正确的方向运动，确定没有反向某个舵机，除非是自身需要设定舵机方向，如图 3－69 所示。

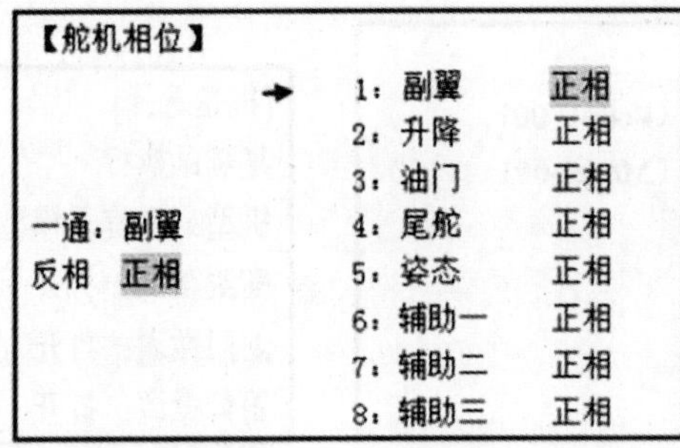

图 3－69　舵机相位

3.3.5　多旋翼无人机动力系统调试

1. 电调调试步骤

(1)将遥控器油门摇杆拨到最高，4 轴无人机通电；

(2)注意观察飞控 LED 红橙蓝灯亮后，断电(油门保持最大)再次给无人机通电；

(3)听见电调“滴滴”两声后把油门拉到最低，听见“滴”一声(声音根据电调而定)，断开电源；

(4)将遥控器油门摇杆拨到最低，再次通电，完成校准。

2. PIXHAWK 电调校准步骤

(1)先打开遥控器，将油门推到最大；

(2)给飞控供电，此时电调会捕捉到油门最大行程；

(3)保持遥控器不变，飞控断电，然后再次飞控上电，接着按下安全开关直至稳定点亮；

(4)将遥控器油门推到最小，电调捕捉后，完成校准。

3. APM 电调校准步骤

(1)方法一:4 个电调一起校准。就是 4 个电调一块校准,将飞控电源与电调电源分离开,只给飞控上电。飞控解锁后,油门推到最大,再给电调上电,此时若听到电调发出“滴滴”两声后,证明遥控器油门的最大行程获取成功并已记录下来,然后再瞬间将油门推到最低挡位,将油门的最小值记录下来。此时,其最大最小值分别获取完毕,再将油门轻轻推上去,电机开始转起来,4 个电调校准完毕。

具体校准步骤如下:

1)打开你的发射机,并将油门摇杆置于最大。

2)连接电池。飞控上的红、蓝、黄 LED 灯会以循环模式亮起。这说明 APM 已准备好在下一次你再连接时进入电调校准模式。

3)油门依然保持高,断开然后重新连接电池。APM 现在进入了电调校准模式,并让你的油门通过它直达电调(你可能会注意到红色和蓝色的 LED 的灯交替闪烁,就像警车一样)。PX4 用户另外需要按下安全按钮。

4)等待你的电调发出音乐声,“滴”音数量通常表明你的电池芯数(即 2S 为 2 声,3S 为 3 声),接下来另外两个“滴”音表示最大油门已被捕获。

5)马上将油门推到最小,电调会发出长音,表示成功捕获油门的最小值。

6)把油门放低然后断开并重新连接电池。

此时,再将油门轻轻推上去,电机开始转起来,4 个电调校准完毕。

(2)方法二:4 个电调单个校准。就是逐个对 4 个电调进行校准,其方法与 4 个电调一起校准大同小异,只是看哪个方便而已。

具体校准步骤如下:

1)将电调的信号线与接收机的第 3 通道(即油门通道)连接,此时第 3 通道可以直接给电调信号。

2)将油门推到最大,给电调上电(连上电池),你会听到一段音乐声而后有两个“滴”音,表示成功捕获最大值。

3)在两个“滴”音之后,再将油门摇杆拨到最低,然后你会听到几声“滴”音(每一声代表你所使用的电池的一节),随后一个长“滴”声表示终点已被设定而且电调已校准。

4)拔下电池。

此时,1 个电调油门行程已校准完毕,另外 3 个重复以上步骤即可。

如果出现电调不能校准,说明发射机上的油门通道可能需要反向。如果你在尝试了这些方法之后仍遇到问题(例如电调仍旧响个不停),请尝试调低你的油门(微调 50%),另外可以尝试在插上锂电池之前先通过 USB 给你的 APM 飞控板供电启动它,一起校准。

4. 电机调试

查看电机转向是否正确,切记调试时不要装桨,判断电机转向是否正确,如果发现不对,则对调任意两根与电调相连的线就可以改变电机的转向。

3.3.6 多旋翼无人机飞行调试

1. 选择飞行场地

选择一个开阔的、人流量少、无水潭的场地。天气尽量是无风或微风的晴天。

2. 首飞前再次进行各项检查

(1)检查机架螺丝是否松动;

(2)检查飞控、电机和螺旋桨是否完好、牢固;

(3)检查电调是否完好;

(4)检查飞行器和遥控器电池电量是否充足,或者有无鼓包及其他异常;

(5)检查线路是否有损伤或者短接。

3. 接通电源

打开遥控器电源,接通飞行器电源,并插上低电压报警器。

4. 解锁飞控

先让附近非操作人员离开,确保飞行安全。具体解锁方式为保持 throttle(油门)通道最低,yaw(偏航)通道最右。

5. 起飞

慢慢推动油门,在刚离开地面时,控制飞行姿态,平稳起飞。然后稍微调整油门,尝试将飞行器平稳地飞行在某个高度。

6. 油门测试

油门直接控制的是 4 个电机的转速。转速越高提供的升力越大。

在忽略风对飞行器的影响的前提下,只需要提供与飞行器重力等大的升力,就可以将飞行器稳定在一定高度。推高油门,飞行器上升;拉低油门,则飞行器下降。

油门操作杆的作用就是保持、提高和降低飞行器的高度。进行测试时围绕这 3 点推高、拉低油门进行测试。同时也要兼顾其他 3 个通道,防止飞行器乱飞。

7. 偏航测试

偏航就是偏离航行方向,即飞行器机头的朝向发生改变,飞行器随之改变飞行前进方向。

4 轴飞行器改变航向是通过改变电机的转速来完成的。螺旋桨旋转时,机架会受到一个力矩,会带动机身跟随螺旋桨一起转动,产生扭矩。飞行器完成偏航,就是利用这种力矩。

测试偏航时需要左右摆动偏航通道的摇杆,其他摇杆也要配合以保持飞行器稳定。在没有拨动升降通道摇杆时,左右拨动偏航通道摇杆,会使飞行器原地自旋。在拨动升降通道摇杆时,再拨动偏航通道摇杆就会出现转弯的效果。

8. 俯仰测试

俯仰是飞行器前进后退的操作,即通过升降通道来控制。当机头俯下就会前进,机头仰起就会后退。

在4轴飞行器中实现前进后退也是通过电机的转速来控制的，即机头仰起，则尾部电机转速降低，头部电机转速升高，同时对角线上的电机转速比相同，保证了机头的仰起，而又不会出现偏航。机头俯下则与之相反。

测试时，反复推动升降通道进行试验，出现异常则进行调整后再次测试。

9. 滚转测试

滚转的操作原理与俯仰的操作原理类似，只是其运动方向有所改变。滚转操作时4轴飞行器的一侧电机转速会下降，另一侧电机转速会增加。

测试时，同俯仰测试方法类似，但操作幅度不宜过大，操作时间不宜过长，避免飞行器移动距离过远。

【任务实施】

综合技能训练任务：调试多旋翼无人机

1. 实训目的

通过多旋翼无人机调试练习，掌握多旋翼无人机的飞控系统调试、遥控器与接收机的调试、动力系统的调试以及飞行调试的方法和步骤，能够独立地选择和安装多旋翼无人机调试软件并完成多旋翼无人机的调试，培养多旋翼无人机的调试技能。

2. 实训任务工单（见表3-5）

表3-5　调试多旋翼无人机实训任务工单

任务名称	调试多旋翼无人机		
工具/设备/材料			
类 别	名 称	单 位	数 量
设备	电脑	台	1
	遥控器	个	1
	四旋翼无人机	台	1
	APM 飞控	套	1
工具	数字水平仪	套	1
	直角尺	个	1
	电压计	个	1
材料	尼龙扎带	套	若干
	3M 胶	卷	1
	USB 数据线	根	1
	锂电池	组	1
1. 工作任务			
调试多旋翼无人机			

续表

2. 工作准备
(1)准备好设备,检查设备的有效性; (2)准备好工具和材料,检查工具的有效性,材料应符合标准; (3)安装 Mission Planner 地面站控制与驱动软件; (4)将所需的工具与耗材摆放好
3. 工作步骤
(1)USB 连接电脑刷写四轴固件; (2)选择正确的 COM 口,连接飞控; (3)进行 APM 飞控加速度计校准; (4)用数字水平仪将 APM 飞控放置水平,点击"校准水平"; (5)保持飞控处于水平状态,点击"校准加速度计",提示水平放置飞控,点击"完成",进行下一步校准; (6)上一步点击"完成"后提示将飞控左边朝下放置,使用直角尺,使得 APM 飞控左边朝下放置,静置 2~3 s 便于飞控识别,点击"完成",进行下一步校准; (7)上一步点击"完成"后提示将飞控右边朝下放置,使用直角尺,使得 APM 飞控右边朝下放置,静置 2~3 s 便于飞控识别,点击"完成",进行下一步校准; (8)上一步点击"完成"后提示将飞控头部朝下放置,使用直角尺,使得 APM 飞控头部朝下放置,静置 2~3 s 便于飞控识别,点击"完成",进行下一步校准; (9)上一步点击"完成"后提示将飞控头部朝上放置,使用直角尺,使得 APM 飞控头部朝上放置,静置 2~3 s 便于飞控识别,点击"完成",进行下一步校准; (10)上一步点击"完成"后提示将飞控背部朝上放置,使用直角尺,使得 APM 飞控背部朝上放置,静置 2~3 s 便于飞控识别,点击"完成",加速度计校准完成; (11)点击"指南针(磁罗盘)校准",选择外部安装指南针(磁罗盘),安装方向选择 roll 180°,即罗盘绕滚转轴旋转 180°; (12)点击"现场校准",此时地面站提示至少绕所有轴旋转一周,点击"OK",根据提示绕 APM 飞控所有轴旋转一周以上,完成后飞控会自动记录数据,指南针(磁罗盘)校准完成; (13)进入遥控器校准页面,点击"开始校准",此时拨动遥控器摇杆和通道开关,完成后点击"完成时点击",地面站会自动记录遥控器摇杆与通道阈值; (14)设置飞行模式,点击进入飞行模式设置页面,默认通道开关是第五通道,也可在全部参数表修改 FLTMDOE 参数,第一个模式设置为姿态模式,第二个模式设置为定高模式,第三个模式设置为 RTL 返航模式; (15)故障保护设定,点击进入故障保护设置页面,电池故障保护与遥控器故障保护设置为 RTL 返航模式,并勾选上地面站故障保护; (16)F450 首飞测试,选择空旷人流量少的场地,油门杆最低,方向杆最右解锁飞控,将油门慢慢调至 20%,确保所有电机正常工作,测试滚装方向、俯仰方向和偏航方向有无错误; (17)测试无误后可慢慢推动遥控器油门摇杆,慢慢起飞
4. 结束工作
(1)清点工具和设备; (2)清扫现场

3. 实训任务评价（请登录工大书苑网页端 http://nwpup.iyuecloud.com/，搜索本书书名下载相关表格）

【课程思政】

阅读以下教学案例，结合本项目所学习的专业知识和技能，从社会主义核心价值观、民族精神和创新思维等方面，按照“三全育人”的要求，分析案例中所蕴含的社会责任感、民族自信和创新思维等思政元素。

大疆公司的互联网+技术创新

深圳市大疆创新科技有限公司以创新为剑，在不到 10 年的时间里建立了一支优秀的研发团队，推出了多款机型，是全球领先的无人飞行器控制系统及无人机解决方案的研发和生产商，客户遍布全球 100 多个国家。通过互联网+技术创新，成为全球民用无人机领域的领军者。缔造了一个个传奇的故事，值得我们深入探究。

习　题

1. 简述多旋翼无人机的组成。
2. 简述电池动力系统的组成。
3. 简述多旋翼无人机的组装步骤。
4. 无刷电调的作用有哪些？
5. 螺旋桨有哪些材质？各有什么特点？
6. 简述无桨调试的主要内容。
7. 简述有桨调试的主要内容。
8. 多旋翼无桨调试前需要做哪些检查？
9. 简述 APM 飞控的调试步骤。
10. 简述 NAZA 飞控的调试步骤。
11. 简述天 7 遥控器的对码操作步骤。
12. 简述 APM 电调的校准步骤。

项目4　固定翼无人机组装与调试

【知识目标】

(1)掌握固定翼无人机的基本组成;

(2)掌握固定翼无人机的组装方法和步骤;

(3)掌握固定翼无人机的调试方法和步骤。

【能力目标】

(1)能够熟练地组装固定翼无人机;

(2)能够熟练地对固定翼无人机进行飞控调参;

(3)能够对固定翼无人机进行调试。

【素质目标】

(1)树立航空产品质量第一的意识,培养安全文明生产的职业素养;

(2)培养吃苦耐劳的精神和严谨细致、规范操作的工作态度;

(3)具有环保意识、信息素养和工匠精神;

(4)具有耐心细致、精益求精的工作态度,养成科学务实的工作作风;

(5)具有团结协作、勇于创新的精神。

任务4.1　认识固定翼无人机

【任务引入】

现有一架固定翼无人机,需要认识该无人机的各组成部件。

【任务分析 】

随着无人机应用技术的发展,固定翼无人机已在航测、救援和侦查等许多领域中得到了广泛的应用,对于无人机应用人员来说,必须能够认识固定翼无人机,学习了解固定翼无人机的结构组成及各组成部件的功能,才能够正确地识别无人机,从而为后面学习固定翼无人机的组装与调试打好基础。

【相关知识】

固定翼无人机大多数都由机翼、机身、尾翼、起落装置和动力装置 5 个主要部分组成 ,固定翼无人机结构组成如图 4 - 1 所示 。

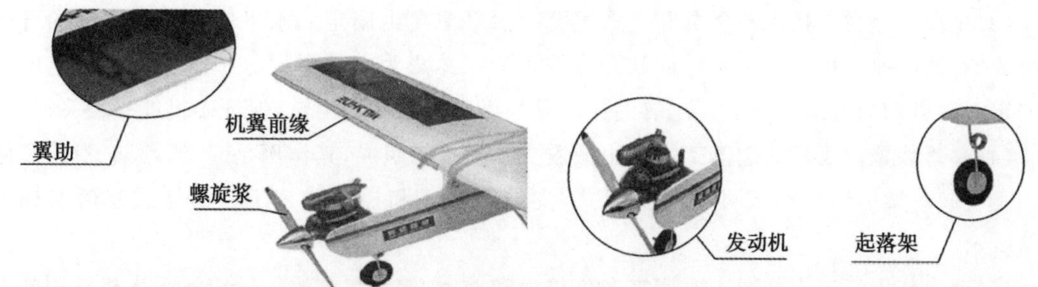

图4-1　固定翼无人机的结构组成

(1)机翼。机翼是无人机在飞行时产生升力的装置,并能保持无人机飞行时的横滚安定。机翼的结构元件主要包括翼梁、前纵墙、后纵墙、普通翼肋、加强翼肋、对接接头、蒙皮和桁条,如图4-2所示。

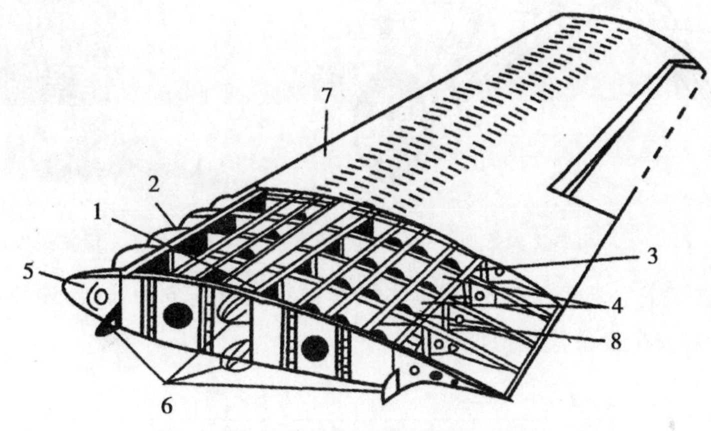

图4-2　机翼的典型结构元件

1—翼梁;2—前纵墙;3—后纵墙;4—普通翼肋;5—加强翼肋;6—对接接头;7—蒙皮;8—桁条

(2)机身。机身的主要功用是装载乘员、旅客、武器、货物和各种设备,将飞机的其他部件连接成一个整体。机身的骨架有沿机体纵轴方向的桁梁、桁条和沿横轴方向的隔框。桁梁式机身如图4-3所示。

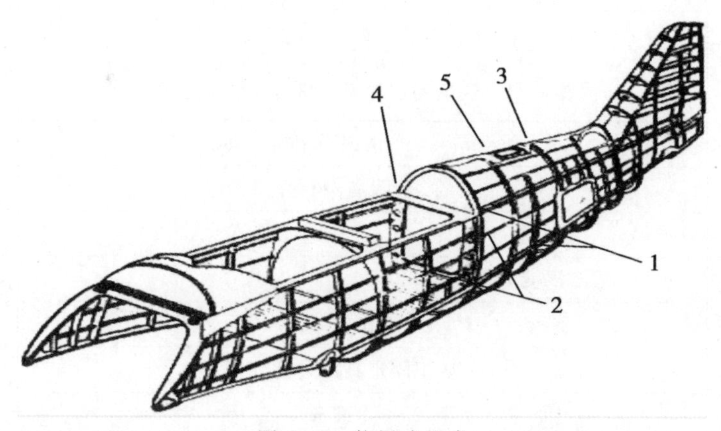

图4-3　桁梁式机身

1—桁梁;2—桁条;3—蒙皮;4—加强隔框;5—普通隔框

(3)尾翼。尾翼包括水平尾翼和垂直尾翼。水平尾翼由固定的水平安定面和可动的升降舵组成,有的高速飞机将水平安定面和升降舵合为一体成为全动平尾。垂直尾翼由固定的垂直安定面和可动的方向舵组成。尾翼的作用是操纵飞机俯仰和偏转,保证飞机能平稳飞行。

(4)起落装置。飞机的起落架大都由减震支柱和机轮组成,其作用是起飞、着陆、滑跑和停放。飞机起落架的结构型式可分为构架式、支柱套筒式和摇臂式三类。构架式起落架如图4-4所示。

(5)动力装置。动力装置主要用来产生拉力和推力,使飞机前进。固定翼无人机常用的发动机有活塞式发动机和喷气式发动机。活塞式发动机如图4-5所示。

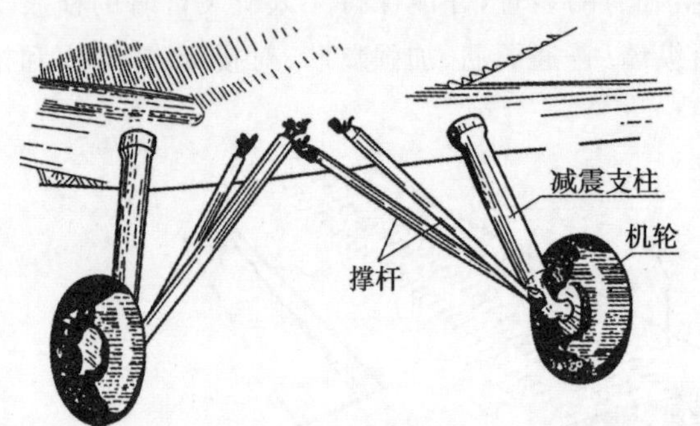

图4-4　构架式起落架

图4-5　活塞式发动机

飞机上除了这5个主要部分以外,根据飞机操作和执行任务的需要,还装有各种仪表、通信设备、领航设备和安全设备等其他设备。

【任务实施】

综合技能训练任务:认识固定翼无人机

1.实训目的

通过认识固定翼无人机的各组成部件,掌握固定翼无人机的结构组成及各组成部件的功能,能够独立地识别固定翼无人机的组成部件名称及功用,为后续固定翼无人机的组装和调试工作打下基础。

2.实训任务工单(见表4-1)

表4-1　认识固定翼无人机实训任务工单

<table>
<tr><td>任务名称</td><td colspan="3">认识固定翼无人机</td></tr>
<tr><td colspan="4">工具/设备/材料</td></tr>
<tr><td>类别</td><td>名称</td><td>单位</td><td>数量</td></tr>
<tr><td>设备</td><td>固定翼无人机</td><td>架</td><td>1</td></tr>
<tr><td colspan="4">1.工作任务</td></tr>
<tr><td colspan="4">认识固定翼无人机</td></tr>
<tr><td colspan="4">2.工作准备</td></tr>
<tr><td colspan="4">准备好固定翼无人机</td></tr>
</table>

续表

3.工作步骤
(1)在固定翼无人机上指出机身部位并说出其材质； (2)在固定翼无人机上指出机翼部位并说出其功用； (3)在固定翼无人机上指出尾翼部位并说出其功用； (4)在固定翼无人机上指出垂尾部位并说出其功用； (5)在固定翼无人机上指出起落装置部位并说出功用； (6)在固定翼无人机上指出动力装置部位并说出功用； (7)在固定翼无人机上指出飞控系统部位并说出功用
4.结束工作
(1)清点工具和设备； (2)清扫现场

3.实训任务评价(请登录工大书苑网页端 http://nwpup.iyuecloud.com/,搜索本书书名下载相关表格)

任务 4.2　组装固定翼无人机

【任务引入】

现根据无人机应用企业或事业单位需求,配置和组装一台固定翼无人机。

【任务分析】

当前固定翼无人机在军用和民用无人机领域应用都相当普遍,组装固定翼无人机是无人机应用人员一项最基本的技能。学习了解固定翼无人机的配置方法以及组装流程,才能掌握固定翼无人机正确的组装方法,为后续的固定翼无人机调试奠定基础。

【相关知识】

下面以塞斯纳固定翼练习机为例来介绍固定翼无人机的组装方法和步骤,其零部件清单见表 4-2。

表 4-2　塞斯纳固定翼练习机零部件清单

部　位	零部件名称	规格或型号	数　量
机体系统	主翼	翼展 0.96 m	2
	副翼	轻木	2
	机身	轻木	1
	垂直尾翼	轻木	1
	水平尾翼	轻木	1
	机头罩	轻木	1
	前起落架	铝合金	2

续表

部　位	零部件名称	规格或型号	数　量
机体系统	后起落架	鋁合金	1
	电动机座	轻木	1
	舵机底座	轻木	4
	蒙皮	—	若干
	合页	—	若干
	螺丝	各种规格	若干
	胶水	502	若干
动力系统	电子调速器	无刷电调 30 A	1
	电动机	2212/1 400 kV	1
	电池	1 500 mA·h	1
	螺旋桨	木制，15 in×8 in	1
	舵角	塑料	4
	快速调节器	塑料	4
	舵机连杆	钢丝	4
	摇臂	塑料	4
飞控系统	MINI PIX	—	1
	遥控接收机	—	1
	舵机	SG90，9 g	4
遥控系统	遥控器	9 通道、2.4 GHz	1

1. 机身安装

(1)大梁、隔框及底座安装。将大梁和隔框组装，使零件保持竖直，不要点胶水，如图 4-6 所示。

安装底板，如图 4-7 所示。

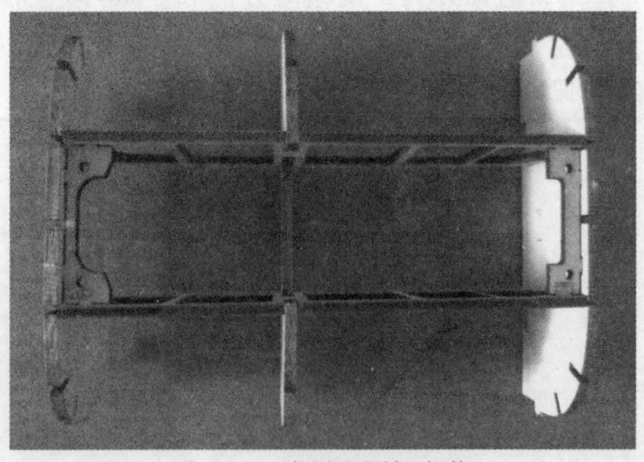
图 4-6　大梁和隔框安装

图 4-7　底板安装

升降舵底座如图 4-8 所示。安装升降舵和方向舵底座，并点胶水固定，如图 4-9 所示。

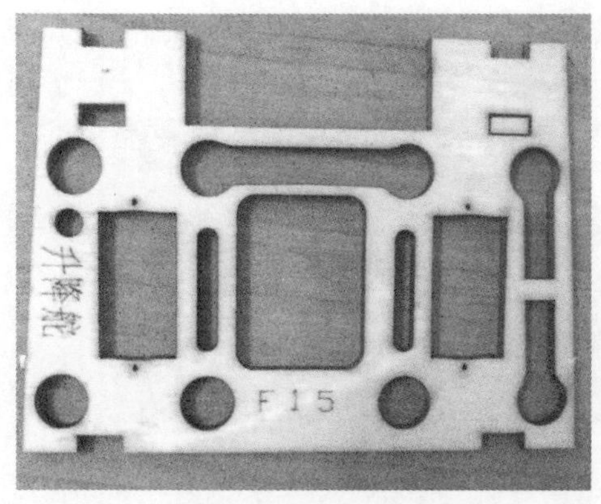

图 4 - 8　升降舵底座

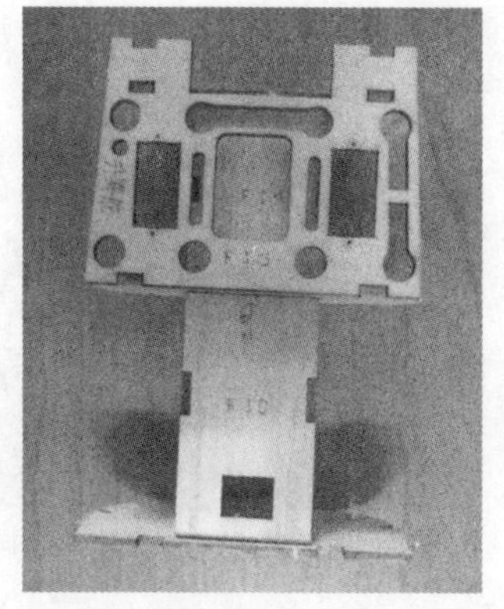

图 4 - 9　安装升降舵和方向舵底座

(2)侧板和加强片安装。取出机身侧板和加强片,如图 4 - 10 和图 4 - 11 所示。

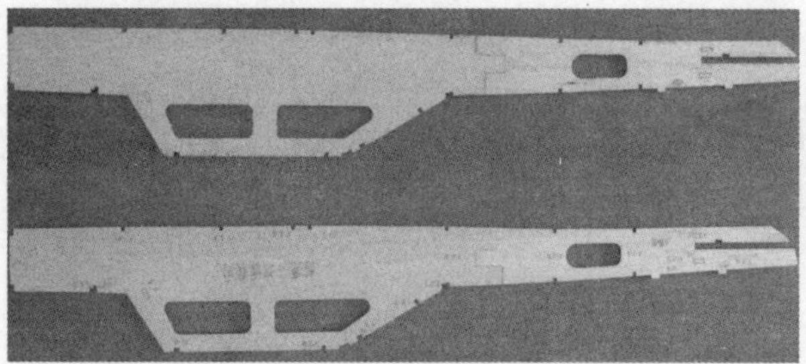

图 4 - 10　侧板

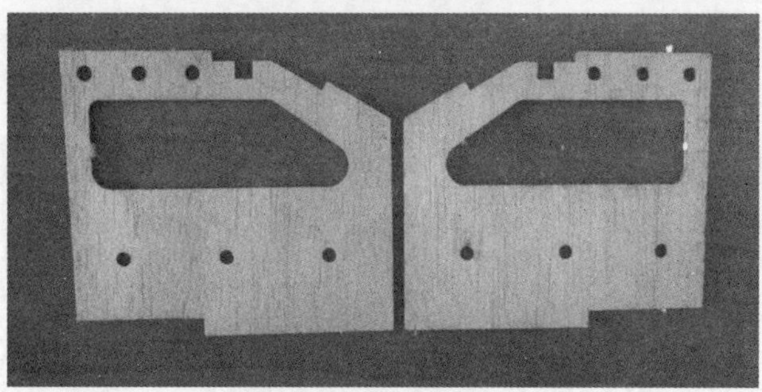

图 4 - 11　加强片

使加强片与机身窗口位置处对齐,在机身侧板窗口位置安装加强片,在点胶孔里点上胶水,固定加强片,如图 4 - 12 所示。

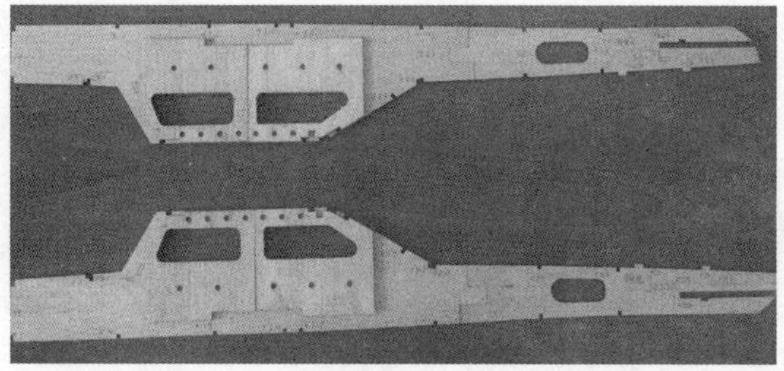

图 4 - 12　在机身侧板窗口位置安装加强片

安装机身侧板，点胶水时要注意机身侧板两边是否对齐，如图 4－13 和图 4－14 所示。

图 4－13　安装机身一边侧板

图 4－14　安装机身两边侧板

将木板安装在侧板上，插到机身尾部上，如图 4－15 所示，点胶固定。

图 4－15　木板插到机身尾部上

装上方向舵及升降舵隔框，如图 4－16 所示。

图 4－16　方向舵及升降舵隔框安装

将这3个隔框装上，并将这3块木条依次安装在机身顶部，并点上胶水固定，如图4-17所示。

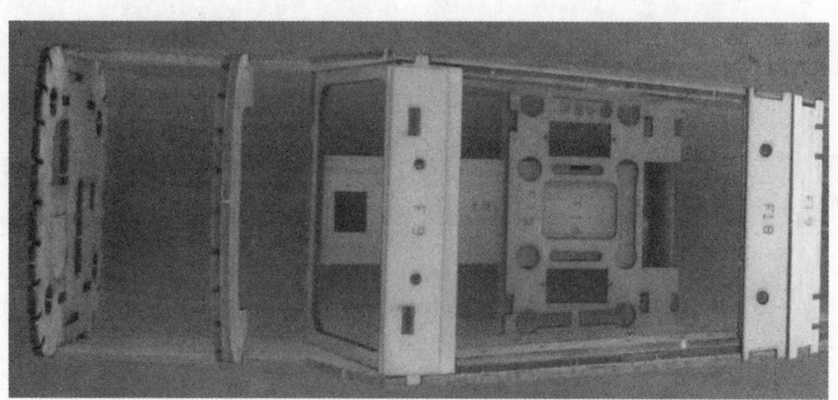

图4-17　隔框和木条安装

侧窗安装加强片，如图4-18所示。

图4-18　侧窗安装加强片

(3)蒙条和蒙板安装。开始安装蒙条，并用胶水固定，如图4-19所示。

图4-19　蒙条安装

取出蒙板，如图 4-20 所示。安装蒙板并点上胶水固定，如图 4-21 所示。

图 4-20　蒙板

图 4-21　蒙板安装

(4)头罩安装。将这 3 个隔框装上，并将这 3 块木条依次安装在机身顶部，并点上胶水固定，如图 4-22 所示。

开始安装蒙条，并用胶水固定，如图 4-23 所示。

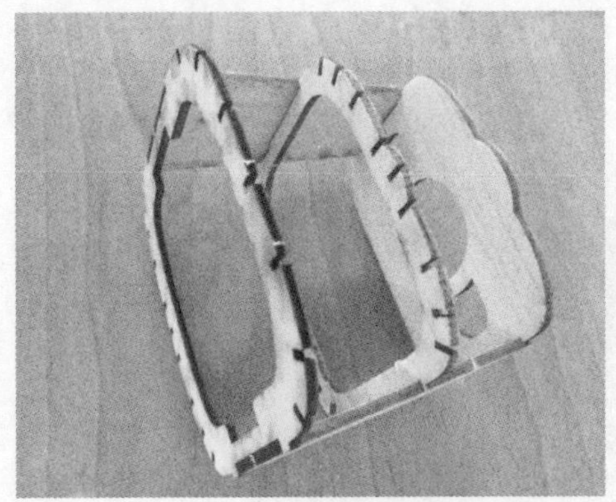

图 4-22　头罩隔框安装

图 4-23　头罩蒙条安装

取出蒙板，安装蒙板并点上胶水固定，如图 4-24 所示。

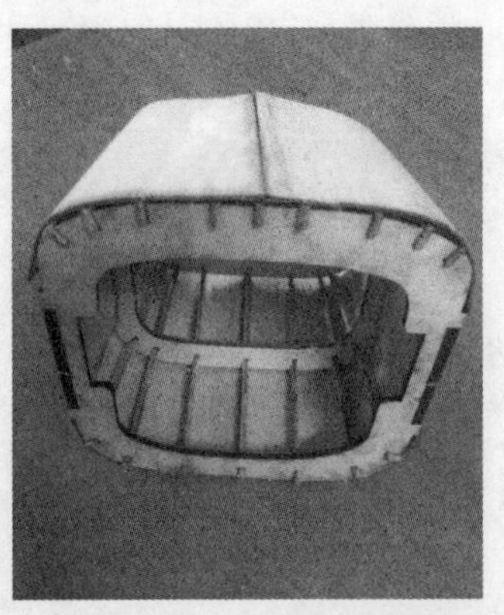

图 4-24　头罩蒙皮安装

2.起落架安装

取出起落架，如图 4-25 所示。

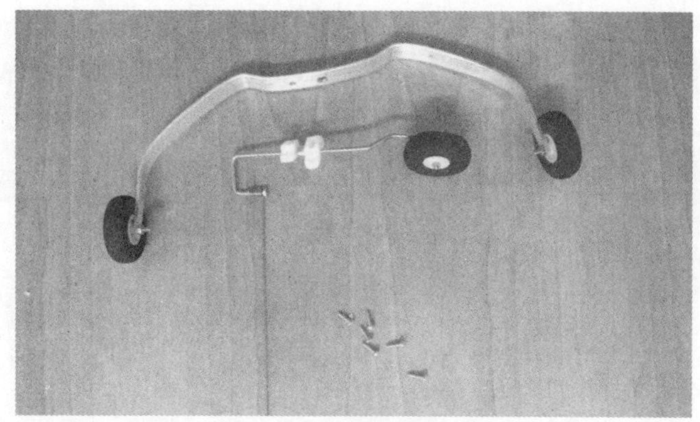

图 4 - 25　起落架零配件

将后起落架安装在机身下部，如图 4 - 26 所示。

将前起落架安装在机身头部的下方，如图 4 - 27 所示。

图 4 - 26　后起落架安装

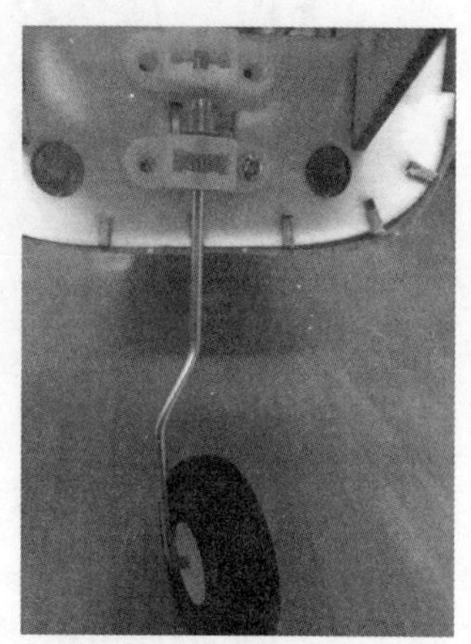

图 4 - 27　前起落架安装

机身安装完毕后开始用砂纸打磨机身。

3. 机翼安装

(1)主机翼安装。将翼肋和翼梁组合在一起，安装左机翼框架，如图 4 - 28 所示。

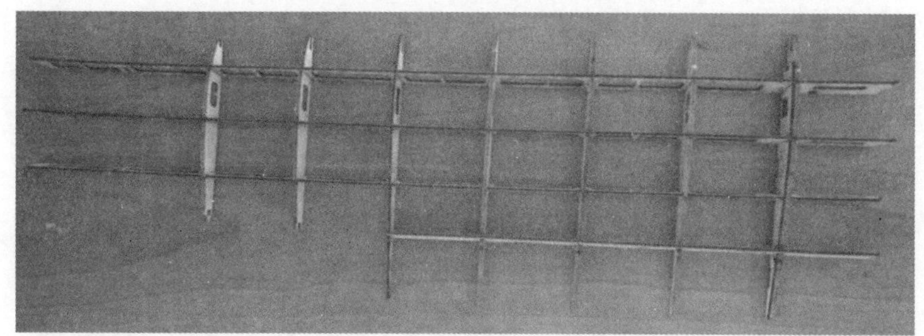

图 4 - 28　安装左机翼框架

安装左翼尾，装好点胶水，如图 4 - 29 所示。

图 4－29　安装左翼尾

安装左尾翼加强片，装好点胶水，如图 4－30 所示。

安装翼尖，装好点胶水，如图 4－31 所示。

图 4－30　安装左尾翼加强片

图 4－31　安装翼尖

安装顶部蒙板以及机翼前缘上、下蒙板，如图 4－32 所示。

图 4－32　安装蒙板

安装左翼尖蒙板，如图 4－33 所示。

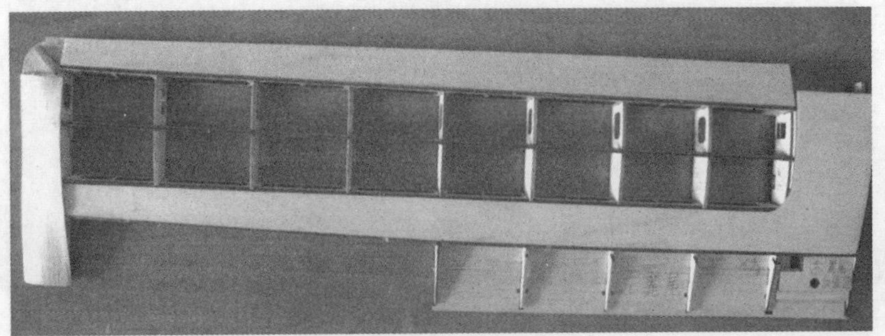

图 4－33　安装左翼尖蒙板

安装左副翼舵机底座，如图 4－34 所示。

图 4－34　安装左副翼舵机底座

左翼组装完毕，依照同样的方法安装完毕右翼，如图 4－35 所示。

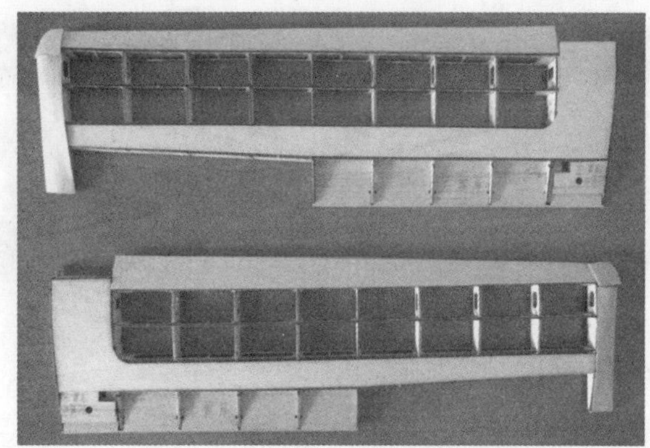

图 4－35　安装完毕的左右机翼

将左、右翼安装在机身上，取出最长的蒙板，如图 4－36 所示，将其装上，如图 4－37 所示。

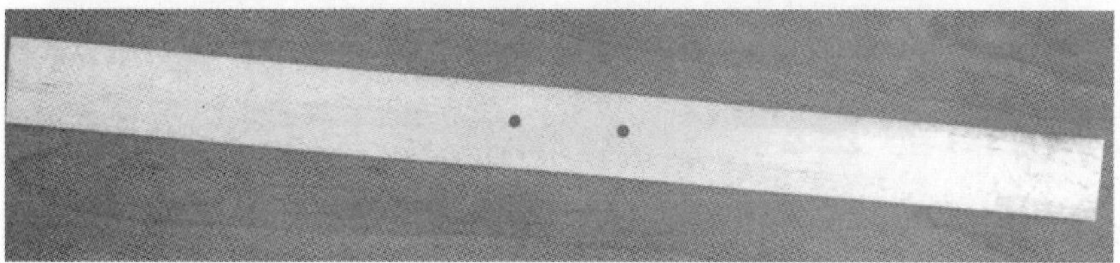

图 4－36　最长的蒙板

图 4－37　最长的蒙板安装

(2)主机翼上的副翼安装。取出左副翼零件,如图 4 - 38 所示。

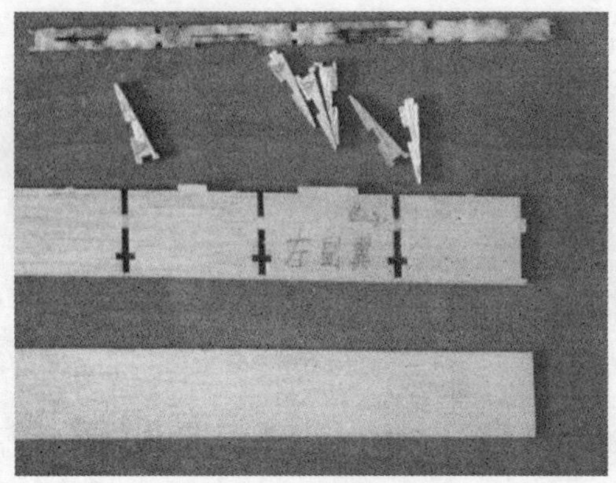

图 4 - 38　左副翼零件

安装左副翼,如图 4 - 39 所示。

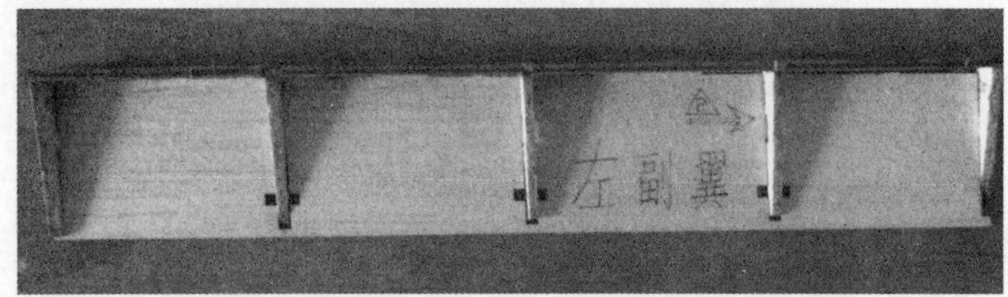

图 4 - 39　安装左副翼

安装蒙板,装好点胶水,如图 4 - 40 所示。

图 4 - 40　安装蒙板

取出合页,如图 4 - 41 所示。

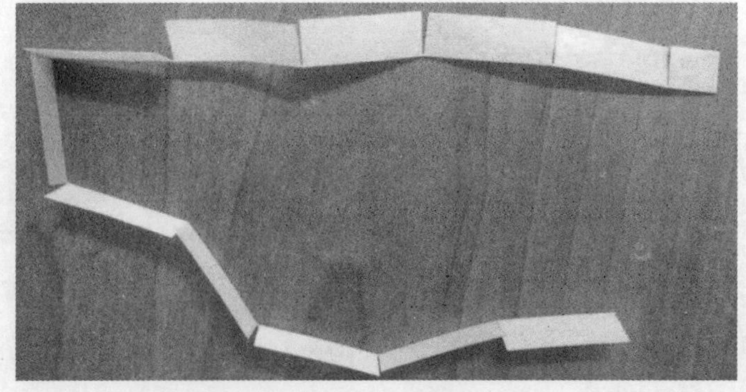

图 4 - 41　合页

插入合页，安装左副翼，如图 4 - 42 所示。

左副翼组装完毕，依照同样的方法安装完毕右副翼，如图 4 - 43 所示。

图 4 - 42　插入合页，安装左副翼

图 4 - 43　安装完毕的左、右副翼

4. 尾翼安装

(1)水平尾翼安装。取出水平安定面组件，如图 4 - 44 所示。

将 3 片组件依次重叠在一起，点上胶水，固定起来，如图 4 - 45 所示。

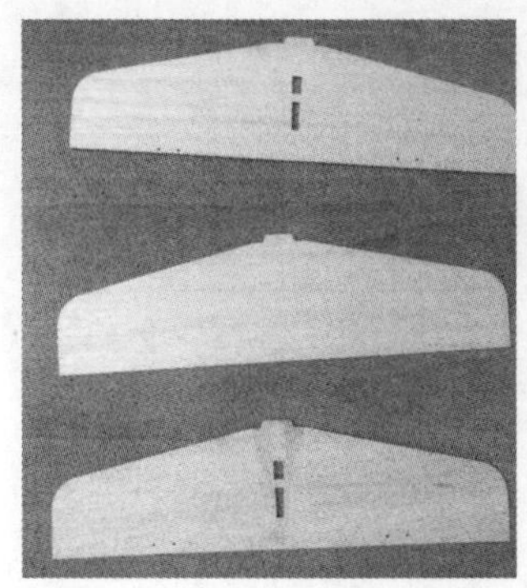

图 4 - 44　水平安定面组件

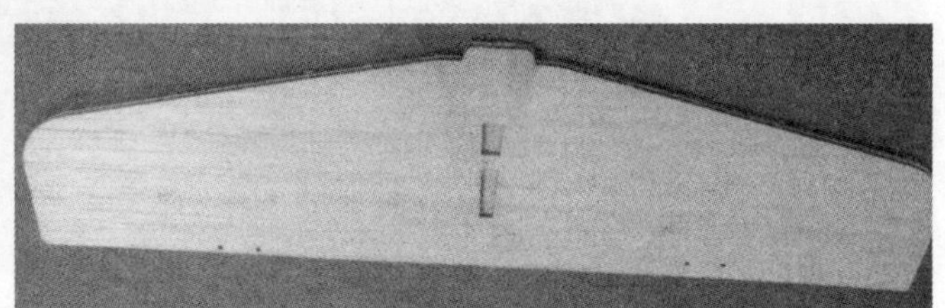

图 4 - 45　重叠并固定水平安定面组件

取出升降舵组件，如图 4 - 46 所示。

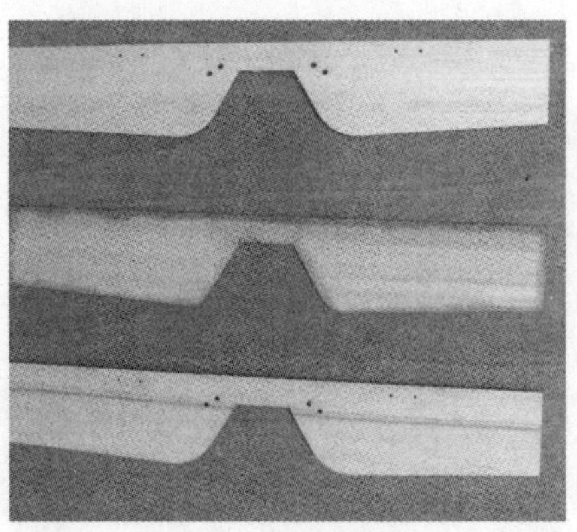

图 4 - 46　升降舵组件

将 3 片组件依次重叠在一起，点上胶水，固定起来，如图 4 - 47 所示。

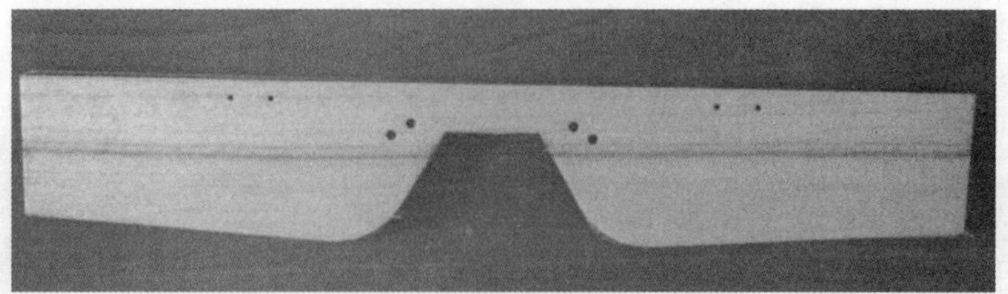

图 4-47　重叠并固定升降舵组件

取出合页，插入合页，如图 4-48 所示。

图 4-48　插入合页

将水平安定面与升降舵连接起来，如图 4-49 所示。

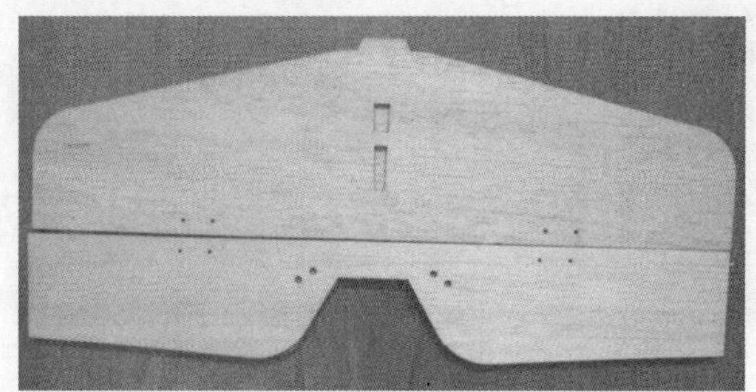

图 4-49　连接水平安定面与升降舵

将水平尾翼固定在机身上，如图 4-50 所示。

图 4-50　固定水平尾翼在机身上

(2)垂直尾翼安装。取出垂直安定面组件，如图 4-51 所示。

将 3 片组件依次重叠在一起，点上胶水，固定起来，如图 4 - 52 所示。

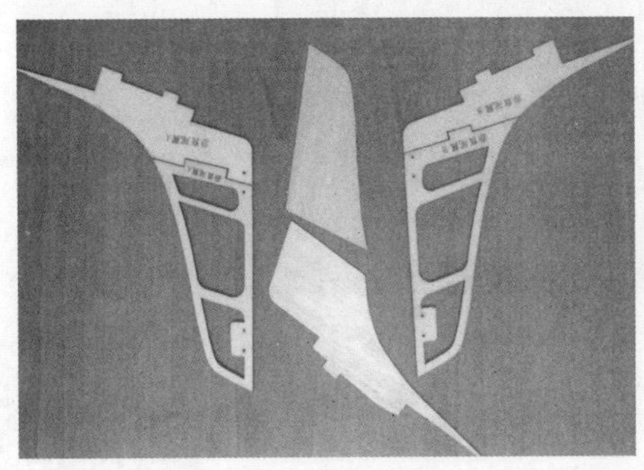

图 4 - 51 垂直安定面组件

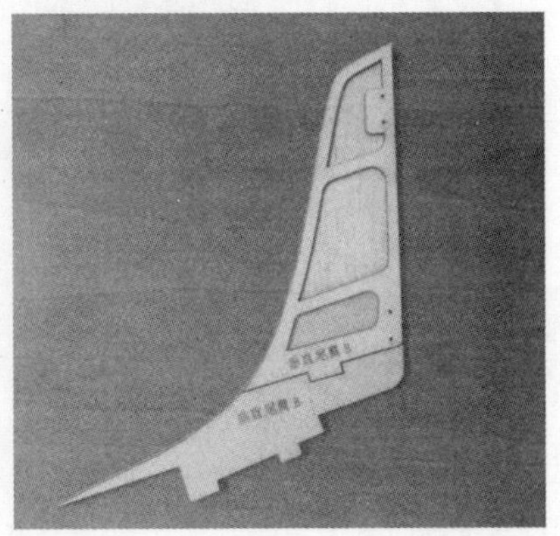

图 4 - 52　垂直安定面组件重叠固定

取出方向舵组件，如图 4 - 53 所示。

将 3 片组件依次重叠在一起，点上胶水，固定起来，如图 4 - 54 所示。

图 4 - 53　方向舵组件

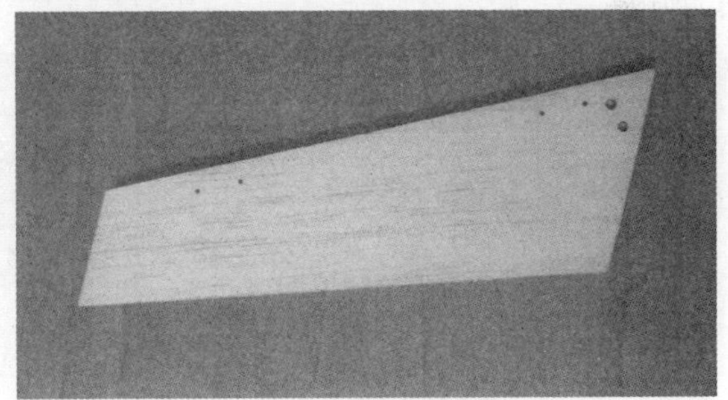

图 4 - 54　方向舵组件重叠固定

取出合页，插入合页，如图 4 - 55 所示。

将垂直安定面与方向舵连接起来，如图 4 - 56 所示。

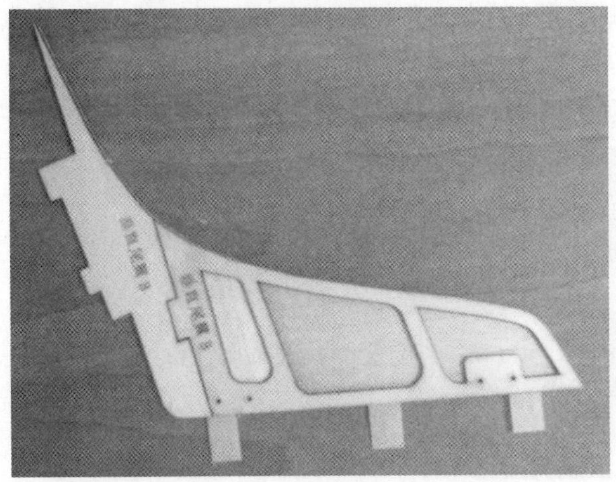

图 4 - 55　插入合页

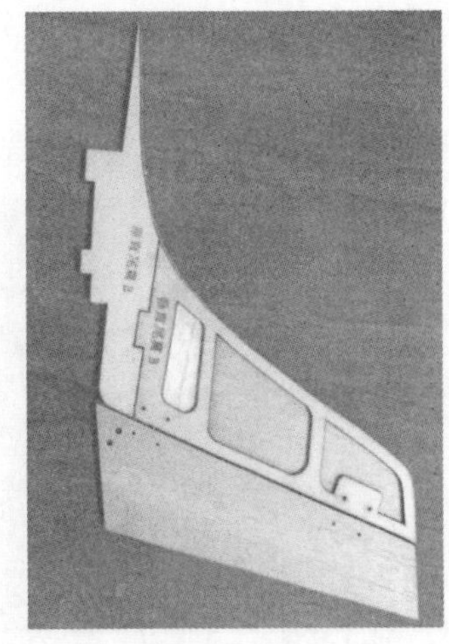

图 4 - 56　连接垂直安定面与方向舵

将垂直尾翼固定在机身上，如图 4 - 57 所示。

图 4-57 垂直尾翼固定在机身上

5.电子设备安装

固定翼无人机舵机安装

(1)安装舵机。

1)安装升降舵机。将舵机用金属螺丝固定在机身仓内部的升降舵机底座上,如图 4-58 所示。

将升降舵上的钢丝一端用钳子折一个直角,穿入舵机摇臂上的孔里即可,如图 4-59 所示。

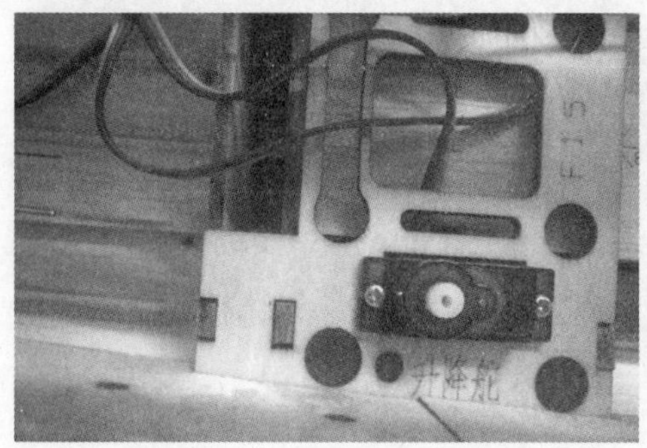

图 4-58 固定升降舵机

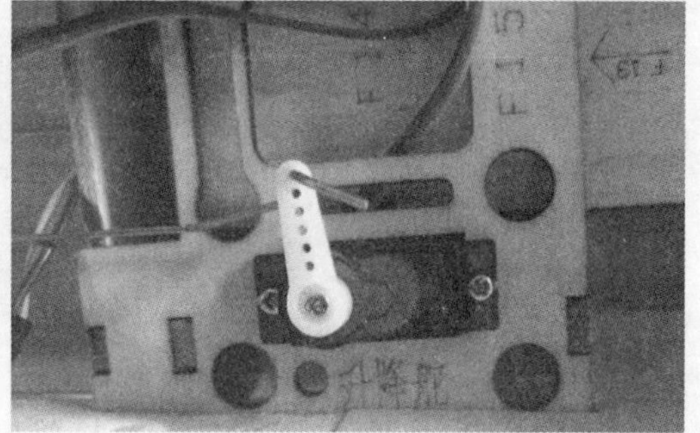

图 4-59 安装升降舵机摇臂

2)安装方向舵机。将舵机用金属螺丝固定在机身仓内部的方向舵底座上,将前起落架上的钢丝以及方向舵上的钢丝一端分别用钳子折一个直角,穿入舵机摇臂上的孔里即可,如图 4-60所示。

找出舵角和塑料夹头快速调节器,如图 4-61 所示。

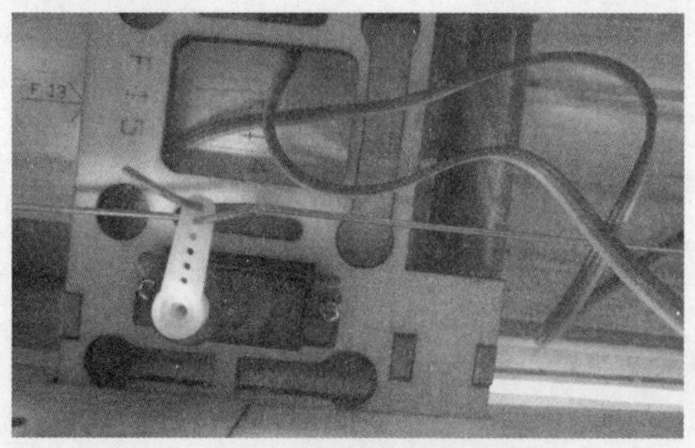

图 4-60 安装方向舵机和摇臂

图 4-61 舵角和快速调节器

分别在方向舵面以及升降舵面的适当位置固定舵角和快速调节器,并将方向舵机及升降舵机摇臂上的钢丝另一端穿入相应舵角的快速调节器孔里，如图 4－62 所示。

3)安装副翼舵机。将舵机用金属螺丝固定在副翼舵机底座上，如图 4－63 所示。

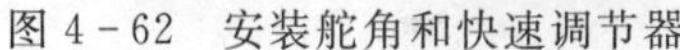

图 4－62　安装舵角和快速调节器

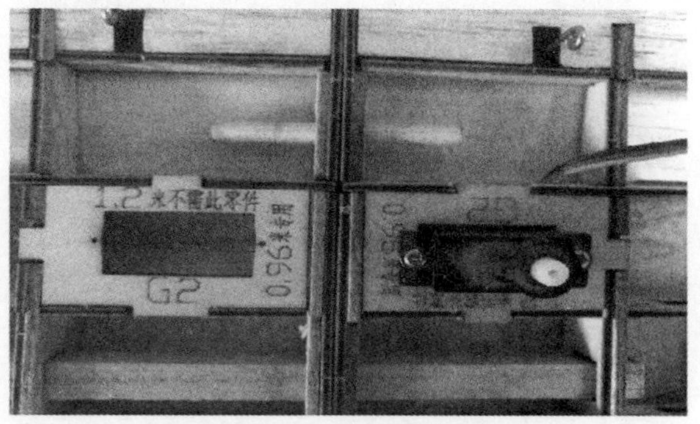

图 4－63　固定副翼舵机在底座上

将左、右副翼摇臂上的钢丝另一端穿入相应舵角的快速调节器孔里，如图 4－64 所示。

图 4－64　钢丝一端穿入相应舵角的快速调节器孔里

固定翼无人机
动力系统安装

(2)安装电机。取出电机及固定螺丝，如图 4－65 所示。

用螺丝将电机基座连接在电机上，如图 4－66 所示。

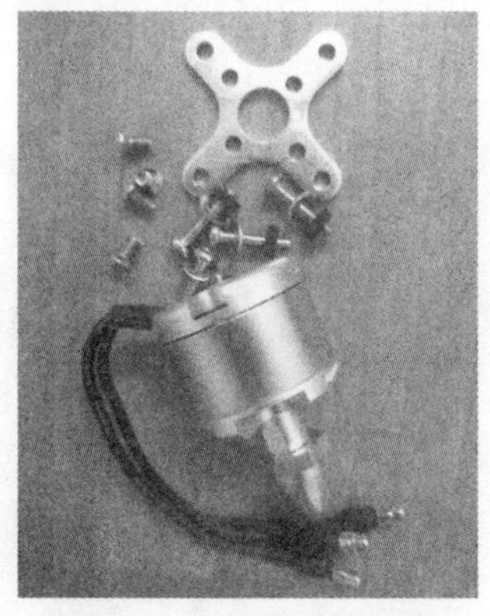

图 4－65　电机及固定螺丝

图 4－66　电机基座连接在电机上

在机身头部找到电机座，如图 4－67 所示。

将电机用4个金属螺丝固定在机身头部的电机座上，如图4-68所示。

图4-67　电机座位置

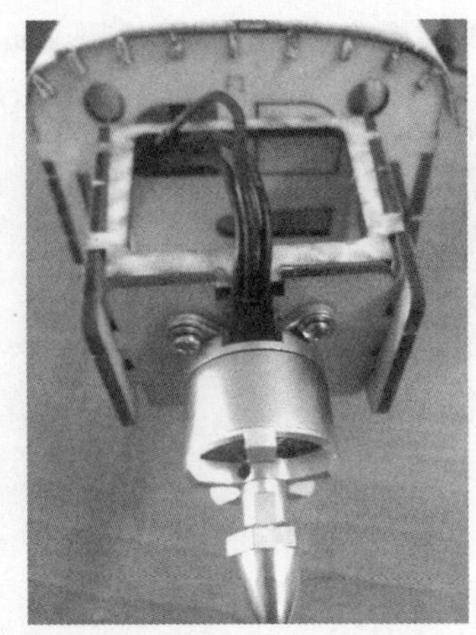

图4-68　将电机安装在电机座上

(3)安装电调。取出电调，如图4-69所示。

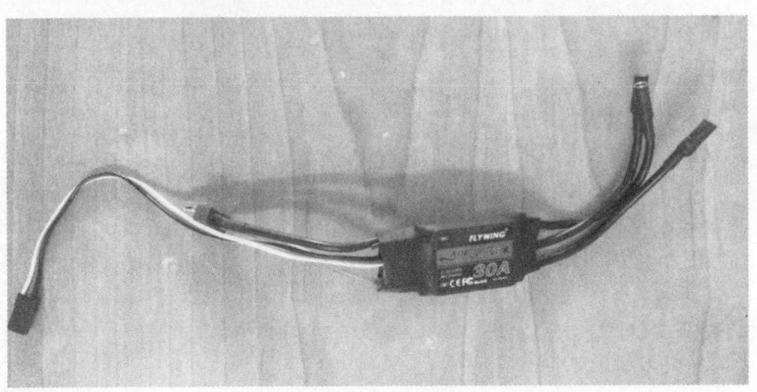

图4-69　电调

将电调的3根输出线与电机的3根输入线分别相连，如图4-70所示。

将电调放入机舱内部，如图4-71所示。

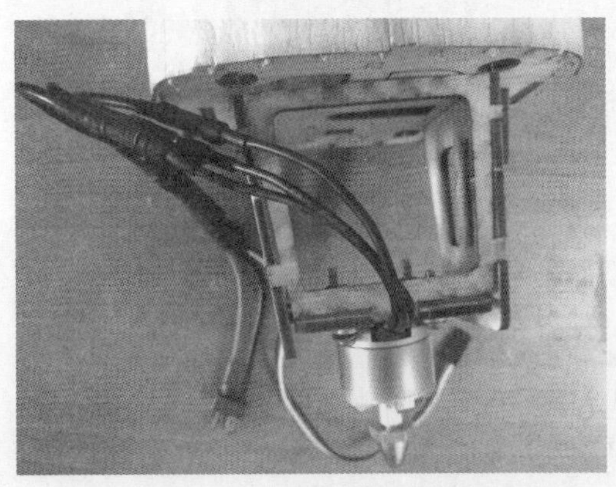

图4-70　电调与电机连接

图4-71　将电调放入机舱

(4)飞控与接收机的连接。这里使用乐迪 Mini Pix 飞控与乐迪 R9DS 接收机相连接，乐迪 Mini Pix 飞控的各个端口如图 4－72 所示。

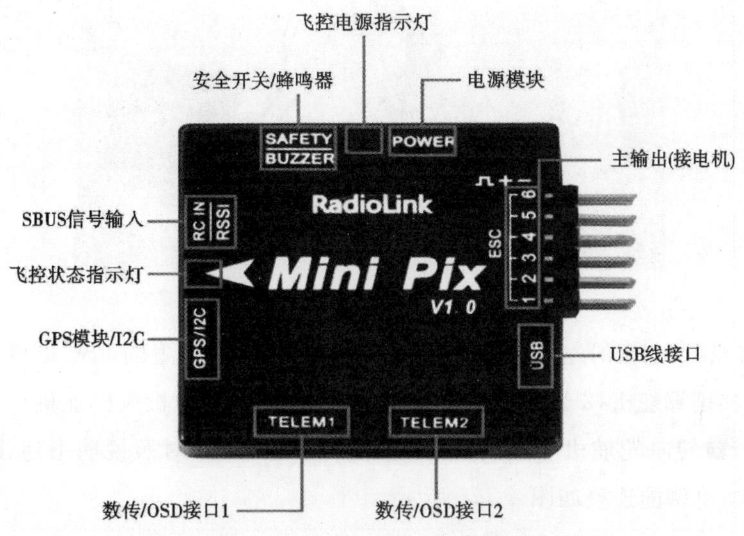

图 4－72　乐迪 Mini Pix 飞控端口

乐迪 Mini Pix 飞控各个端口与电源、传感器、通信以及动力等电子电气部件的连接如图 4－73所示。

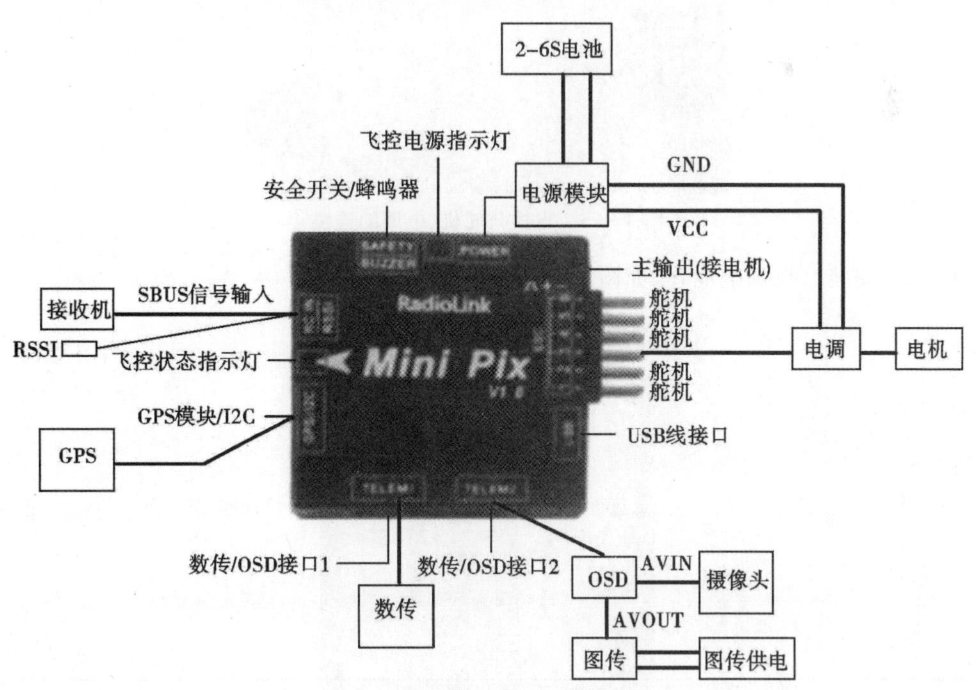

图 4－73　乐迪 Mini Pix 飞控连接示意图

乐迪 R9DS 接收机应与乐迪 Mini Pix 飞控左上角位置的 RC IN/RSSI 端口相连接，如图 4-74 所示。

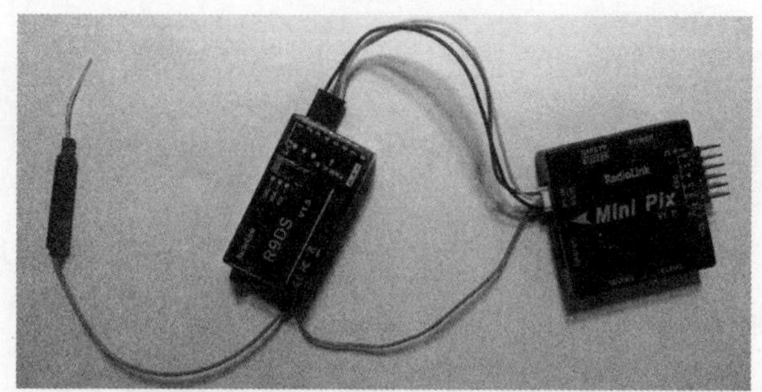

图 4-74　飞控与接收机的连接

(5)飞控与舵机、电调的连接。乐迪 Mini Pix 飞控右上角位置的 ESC 端口可以与舵机、电调相连接，1 号接副翼舵机，2 号接升降舵机，3 号接电调或发动机风门舵机，4 号接方向舵舵机，5 号接电显、前转向轮舵机等(具体型号不同有所差异，要对照说明书连接)。乐迪 Mini Pix 飞控与舵机、电调的连接如图 4-75 所示。

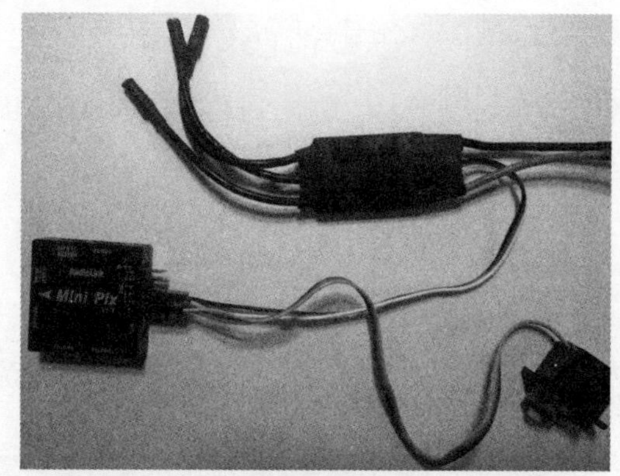

图 4-75　飞控与舵机、电调的连接

(6)电池安装。找到电池仓，如图 4-76 所示。

图 4-76　电池仓

装上电池,如图 4-77 所示。

盖上电池仓盖,如图 4-78 所示。

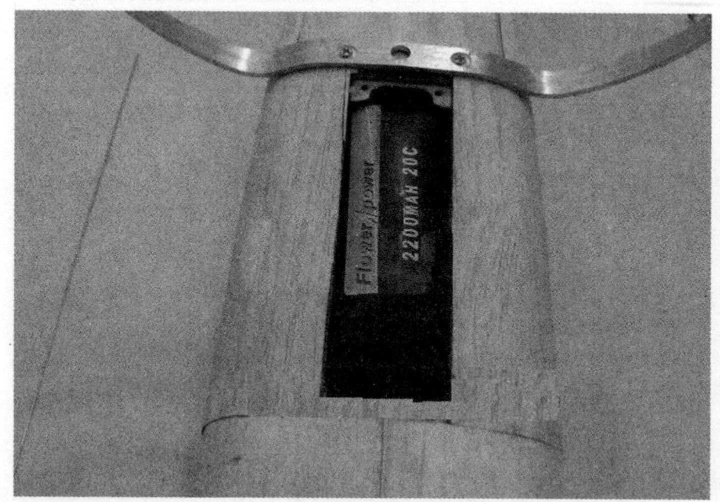

图 4-77　将电池安装在电池仓里面

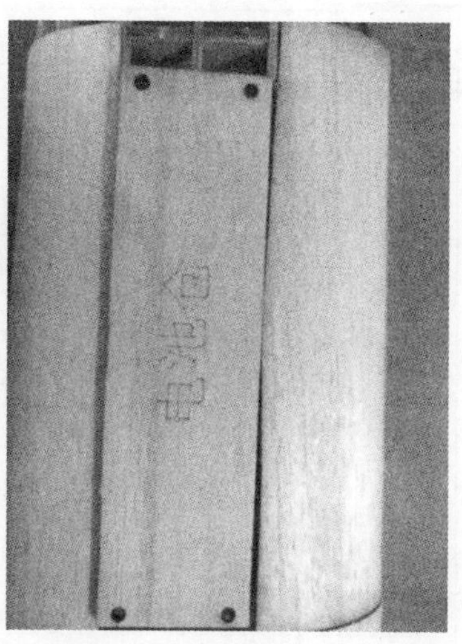

图 4-78　盖上电池仓盖

(7)安装螺旋桨。取出机头罩,如图 4-79 所示。

盖上机头罩,并在电机轴上安装螺旋桨,如图 4-80 所示。

图 4-79　机头罩

图 4-80　安装螺旋桨

【任务实施】

综合技能训练任务:组装固定翼无人机

1. 实训目的

通过固定翼无人机的组装练习,掌握固定翼无人机的配件选型、组装方法以及组装流程,能够独立地选择固定翼无人机装配组件并完成固定翼无人机的组装,培养固定翼无人机组装技能,为后续固定翼无人机的调试工作打下基础。

2. 实训任务工单(见表 4-3)

表 4-3　组装固定翼无人机实训任务工单

任务名称	组装固定翼无人机		
工具/设备/材料			
类 别	名 称	单 位	数 量
设备	塞斯纳无人机套件	套	1
工具	电烙铁	把	1
	六角扳手	把	1
	斜口钳	把	1
	剥线钳	把	1
材料	胶水	瓶	1
	螺丝	个	若干
	螺母	个	若干
1. 工作任务			
组装固定翼无人机			
2. 工作准备			
(1)准备好设备,检查设备的有效性; (2)准备好工具和材料,检查工具的有效性,材料应符合标准; (3)将所需的工具与耗材摆放好			
3. 工作步骤			
(1)机翼安装:将棍子插入事先打好的孔上,然后再将机翼上预留的合页孔与棍子对接,确认固定后,再用泡沫胶粘贴好,等待固定; (2)尾翼安装:检查尾翼的安装角度,粘结尾翼之前,先将尾翼插进机身槽口,仔细检查尾翼的安装角度是否准确; (3)安装螺旋桨,安装时须注意电机轴朝外; (4)安装起落架与尾翼尾轮; (5)安装舵机:预留舵机口,装上舵机,用热熔胶枪使舵机固定,待胶干即可; (6)舵角安装:将舵角连接在舵机处,注意舵角在和舵机连接时,舵机一定要让接口回到正中心处,连接舵角时一定要垂直安装; (7)检查舵机接线; (8)飞控、电调接线与安装; (9)安装机头; (10)安装完成后进行整机检查			
4. 结束工作			
(1)清点工具和设备; (2)清扫现场			

3. 实训任务评价(请登录工大书苑网页端 http://nwpup.iyuecloud.com/,搜索本书书名下载相关表格)

任务 4.3　调试固定翼无人机

【任务引入】

将前面组装好的固定翼无人机通电，用遥控器操控无人机，发现无人机并不能起飞。

【任务分析】

随着无人机应用技术的发展，固定翼无人机无论是在军用无人机领域还是在民用无人机领域都得到了比较广泛的应用。仅仅组装好的固定翼无人机并不能够工作，需要对无人机飞控系统、动力系统等进行调试后才能够工作，固定翼无人机调试是无人机应用人员一项最基本的技能。学习了解固定翼无人机的飞行平台调试、动力系统调试、飞控系统调试，才能掌握固定翼无人机正确的调试方法，通过大量的任务练习，培养固定翼无人机的调试技能。

【相关知识】

4.3.1　飞行平台调试

1. 重心调试

装好电池之后，双手托举机翼的前 1/3 处查看是否水平，偏差不大即可。对于电动无人机，一般通过调整电池的安装位置来调整重心。若还不能满足要求，则可以通过调整无人机上的电子设备来配合调整。

2. 气动舵面的调试

查看舵面偏转方向是不是与操作方向一致，避免反舵现象发生。

4.3.2　动力系统调试

1. 电机的调试

查看电机转向是否正确，切记调试时不要装桨，根据固定翼无人机是前推式还是后拉式来判断电机转向是否正确，如果发现不对，则对调任意两根与电调相连的线就可以改变电机的转向。

2. 电调的调试

开启遥控器将油门推到最高点，给电调通电，等待 2 s，会听到“滴滴”两声，这是油门最高点确认音。将油门推到最低点，等待 1 s，听到一声“滴”，这是油门最低点确认音，然后会有一段音乐响起，此时电调校准完成。

4.3.3　地面站调试

对于 px4 固件，其对应选择的一般是 QGroundControl 地面站（APM 一般使用 Mission Planner）。本次调试的固件版本是 1.6.5dev（最新的固件并不稳定，可能会有 bug）。QGroundControl 地面站菜单如图 4-81 所示。

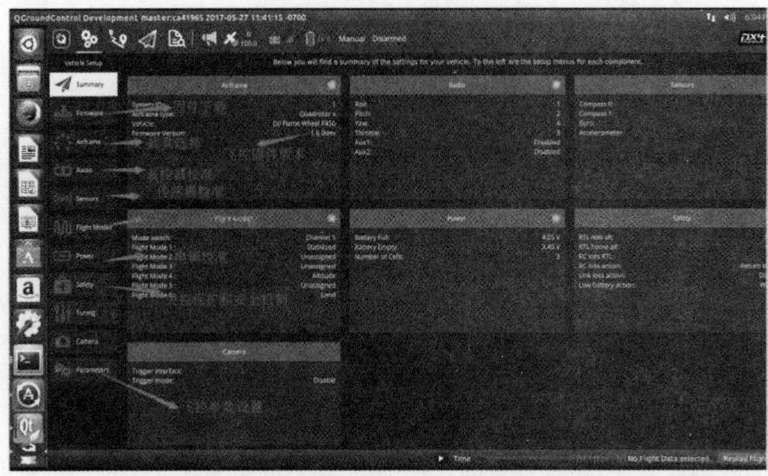
图 4-81　QGroundControl 地面站菜单

QGroundControl 地面站基本的调试流程如下。

(1)机身类型选择。选择 Airframe,这里选择标准的固定翼,如图 4-82 所示。

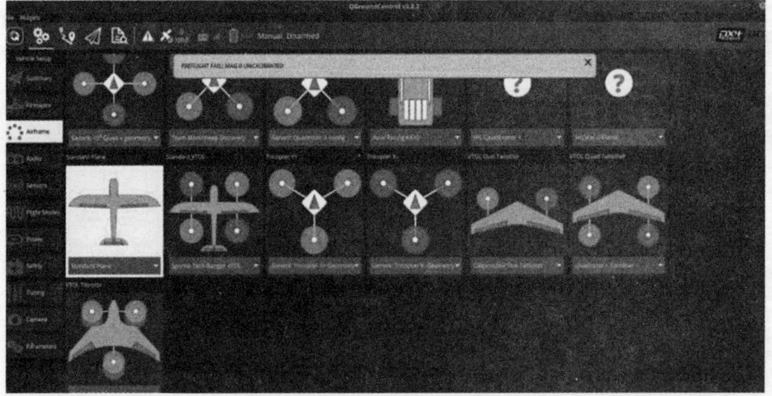
图 4-82　机身类型选择

(2)遥控器的校准。遥控器的校准,如图 4-83 所示。

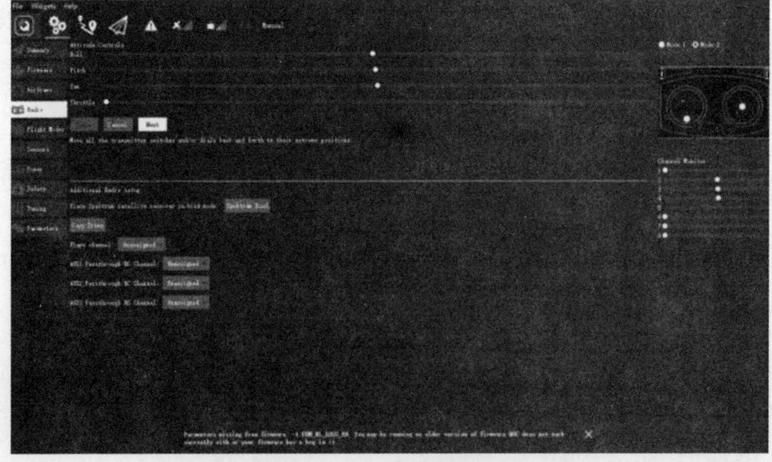
图 4-83　遥控器校准

(3)传感器的校准。传感器的校准需要注意的是固定翼的空速计，可以在 Parameters 中的 Circuit Breaker 中选择禁用相关的空速计和安全开关等，如图 4－84 所示。

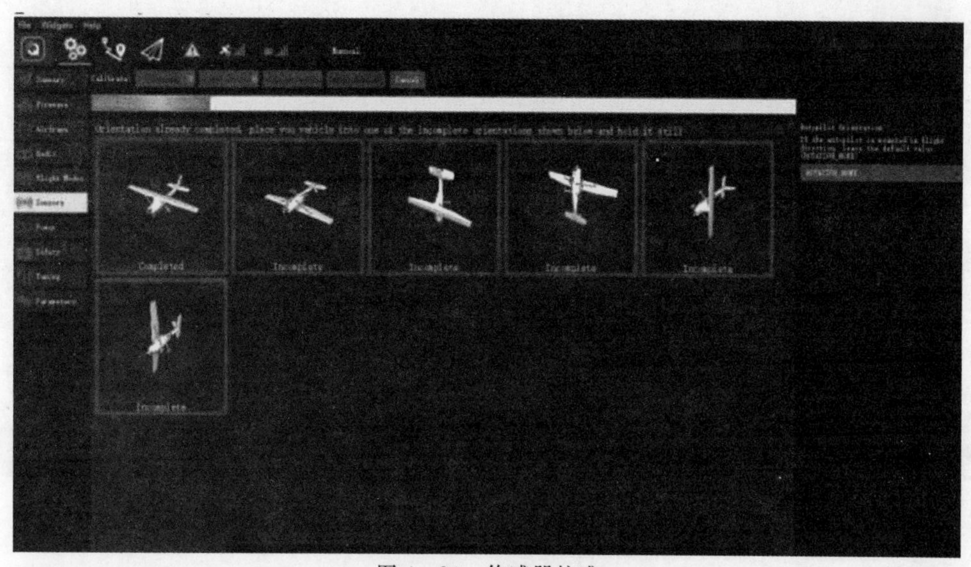

图 4－84　传感器校准

(4)遥控器的设置。通道简称通(CH)，遥控器的通道数是指遥控器能控制的功能数量。可以简单地理解为发射机与接收机上一对对应的接口(接收机在非 S. BUS 模式下)。一般地，一架固定翼飞机至少需要 3 个通道(油门、方向、升降)才能完成飞行，4 通道的飞机增加的是控制副翼的通道。遥控器上一般有 4 个固定的通道，它们是 CH1、CH2、CH3 和 CH4。这 4 个通道按照不同的操作模式分配给 2 个摇杆，因为不可以更改到用其他开关控制，所以称作固定通道，如图 4－85 所示。

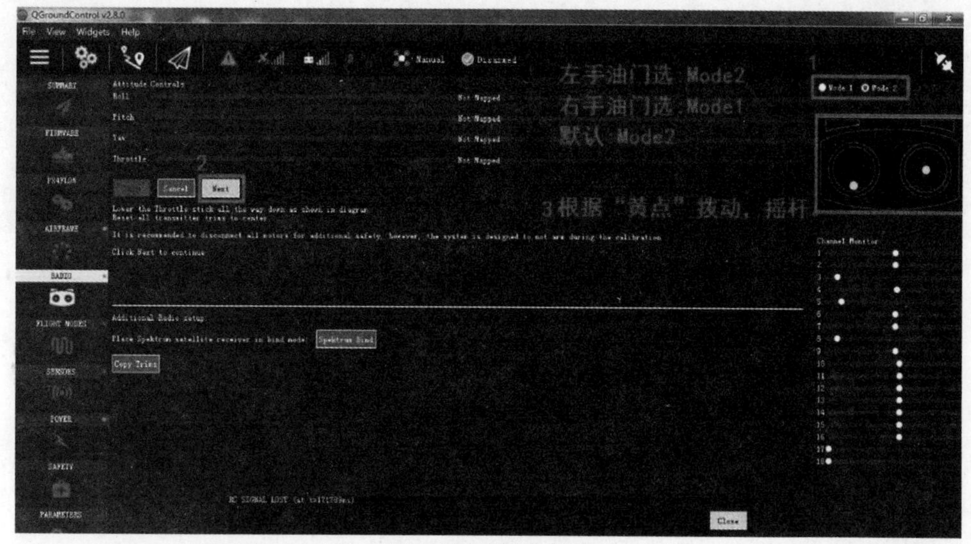

图 4－85　固定通道

遥控器模式的设置如图 4-86 所示。

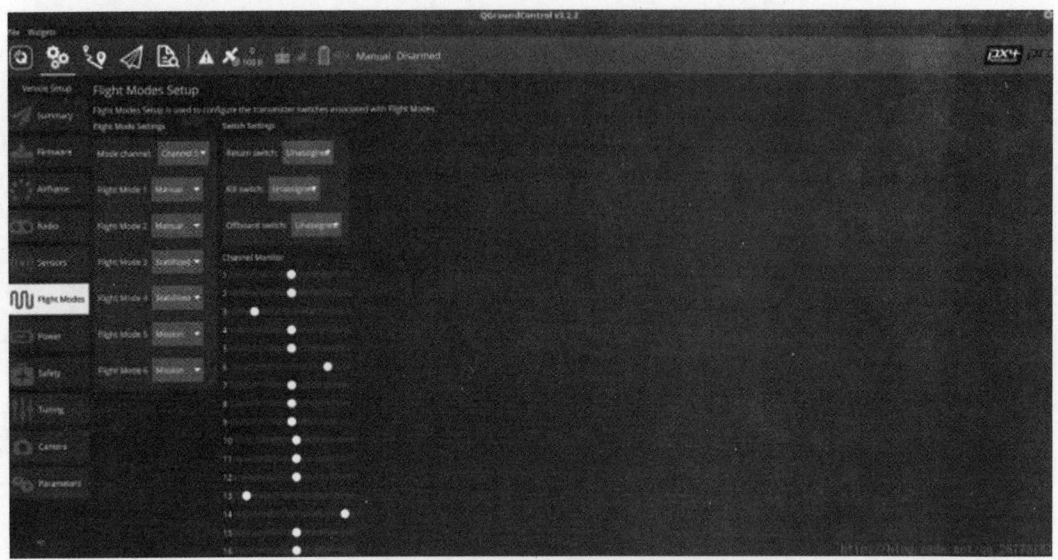

图 4-86 遥控器模式的设置

(5)电调的校准。电调的校准如图 4-87 所示。

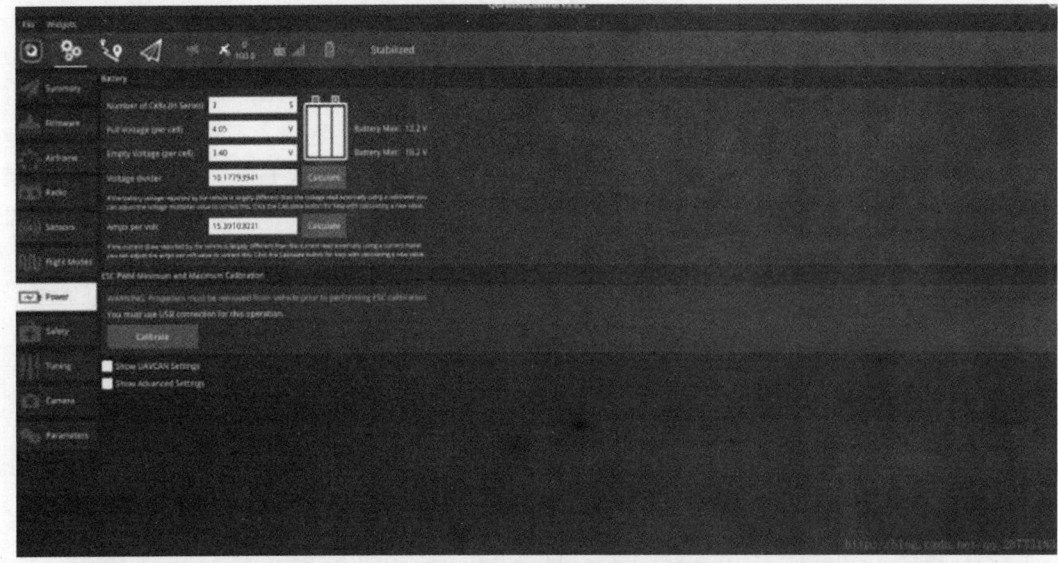

图 4-87 电调的校准

【任务实施】

综合技能训练任务:调试固定翼无人机

1. 实训目的

通过固定翼无人机调试练习,掌握固定翼无人机的飞行平台调试、动力系统调试、飞控系统调试的方法和步骤,能够独立地选择和安装固定翼无人机调试软件并完成固定翼无人机的调试,培养固定翼无人机的调试技能。

2. 实训任务工单(见表 4-4)

表 4-4　调试固定翼无人机实训任务工单

<table>
<tr><td>任务名称</td><td colspan="3">调试固定翼无人机</td></tr>
<tr><td colspan="4">工具/设备/材料</td></tr>
<tr><td>类 别</td><td>名 称</td><td>单 位</td><td>数量</td></tr>
<tr><td rowspan="4">设备</td><td>电脑</td><td>台</td><td>1</td></tr>
<tr><td>固定翼无人机</td><td>架</td><td>1</td></tr>
<tr><td>遥控器</td><td>台</td><td>1</td></tr>
<tr><td>Pixhawk 飞控</td><td>套</td><td>1</td></tr>
<tr><td>工具</td><td>Mission Planner 软件</td><td>套</td><td>1</td></tr>
<tr><td rowspan="2">材料</td><td>锂电池</td><td>组</td><td>1</td></tr>
<tr><td>数据线</td><td>根</td><td>1</td></tr>
<tr><td colspan="4">1. 工作任务</td></tr>
<tr><td colspan="4">调试固定翼无人机</td></tr>
<tr><td colspan="4">2. 工作准备</td></tr>
<tr><td colspan="4">(1)准备好设备和材料,检查设备的有效性,材料应符合标准;
(2)安装好调试软件;
(3)将飞控与飞机用数据线连接</td></tr>
<tr><td colspan="4">3. 工作步骤</td></tr>
<tr><td colspan="4">(1)选择飞机类型;
(2)对加速度计进行校准;
(3)对遥控器进行校准;
(4)对罗盘进行校准;
(5)调试飞行模式;
(6)对电调进行校准;
(7)PID 调参;
(8)进行试飞,查看飞机能否顺利飞行</td></tr>
<tr><td colspan="4">4. 结束工作</td></tr>
<tr><td colspan="4">(1)清点工具和设备;
(2)清扫现场</td></tr>
</table>

3. 实训任务评价(请登录工大书苑网页端 http://nwpup.iyuecloud.com/,搜索本书书名下载相关表格)

【课程思政】

阅读以下教学案例,结合本项目所学习的专业知识和技能,从民族精神、工匠精神、劳动精神和创新精神等方面,按照"三全育人"的要求,分析案例中所蕴含的爱国情感、精益求精和创新思维等思政元素。

大国工匠洪家光，获国家科技二等奖

当今的中国已经有多项科研走在了世界前列，我国在世界上的地位越来越举足轻重，在这繁荣富强的背后，不知有多少具有“匠人精神”的人们在默默付出，正如“哪有什么岁月静好，只是有人在替你负重前行”。

大国工匠洪家光以精妙绝伦的手艺和孜孜不倦的钻研精神，致力于我国航空发动机精密加工以及相关技术的研究，洪家光虽然出身贫寒，但是在多年的工作生涯中，秉持着“匠人精神”，潜心钻研，一举打破了西方技术垄断的局面。

习 题

1. 简述固定翼无人机的基本组成及各部分功用。
2. 简述固定翼无人机常见翼型及其特点。
3. 简述飞控系统的作用。
4. 简述舵机的组成。
5. 舵机的性能参数有哪些？
6. 无人机遥控器有什么作用？它是由哪几个部分组成的？
7. 简述固定翼无人机的组装步骤。
8. 装调固定翼无人机时需要做哪些方面的调试？
9. 简述固定翼无人机飞控调参流程。
10. 画出乐迪 Mini Pix 飞控的连接示意图。

项目5　无人直升机组装与调试

【知识目标】

(1)掌握无人直升机的基本组成；

(2)掌握无人直升机的组装方法和步骤；

(3)掌握无人直升机的调试方法和步骤。

【能力目标】

(1)具备熟练地组装无人直升机的技能；

(2)具备熟练地对无人直升机进行飞控调参的技能；

(3)能够对无人直升机进行调试。

【素质目标】

(1)树立航空产品质量第一的意识，培养安全文明生产的职业素养；

(2)培养吃苦耐劳的精神和严谨细致、规范操作的工作态度；

(3)具有环保意识、信息素养和工匠精神；

(4)具有耐心细致、精益求精的工作态度，养成科学务实的工作作风；

(5)具有团结协作、勇于创新的精神。

任务5.1　认识无人直升机

【任务引入】

现有一架无人直升机，需要说出无人机各组成部件的名称及功用。

【任务分析】

与多旋翼无人机和固定翼无人机相比，无人直升机的应用并没有那么广泛，但还是会在诸如农业植保、应急救援等领域中有所应用。因此对于无人机应用人员来说，认识无人直升机也是十分必要的。学习了解无人直升机的结构组成及各组成部件的功能，才能够正确地识别无人直升机，从而为后面学习无人直升机的组装与调试打好基础。

【相关知识】

无人直升机是具有一副或两副主旋翼，通过旋翼的倾斜、转速的调整来产生各个运动方向的力的无人驾驶航空器。

无人直升机的主要结构有机身、动力系统、传动系统、旋翼系统、航电系统、尾翼和起落架等，如图 5-1 所示。

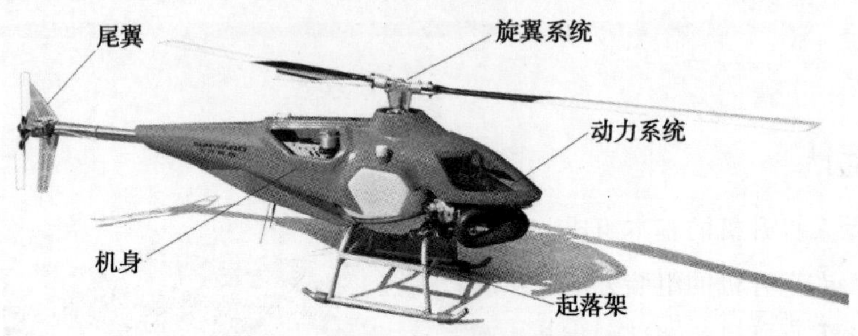

图 5-1　无人直升机的主要结构

(1)机身。无人直升机机身有桁架式结构(见图 5-2)、薄壁式结构(见图 5-3)和复合材料夹层结构(见图 5-4)。

图 5-2　桁架式结构

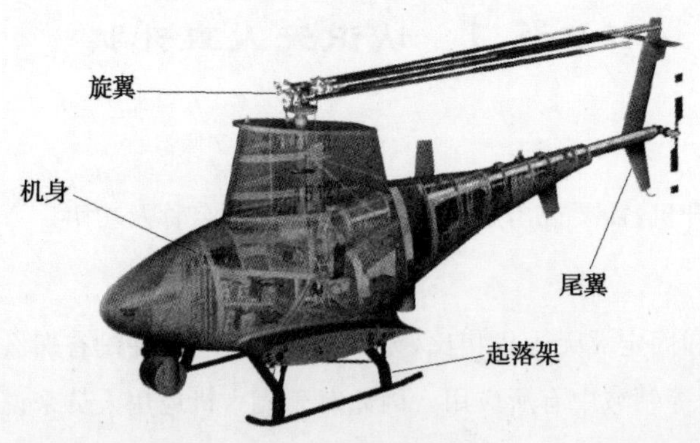

图 5-3　薄壁式结构

图5-4　复合材料夹层结构

(2)旋翼。旋翼有全铰接式(见图5-5)、跷跷板式(见图5-6)、柔性铰式(见图5-7)和无轴承式(见图5-8)4种结构。

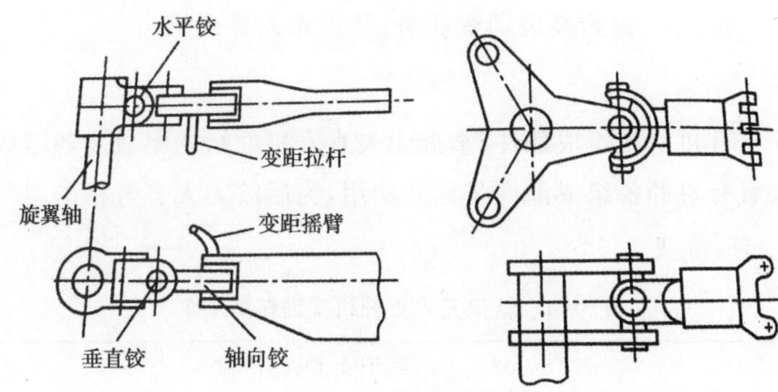

图5-5　全铰接式结构

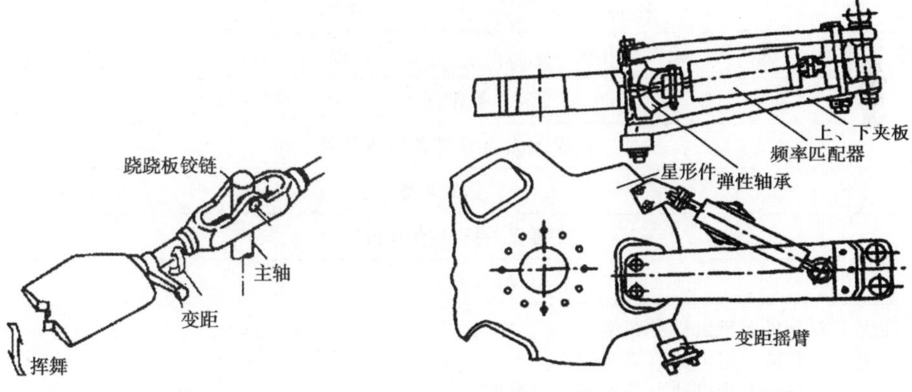

图5-6　跷跷板式结构　　图5-7　柔性铰式结构

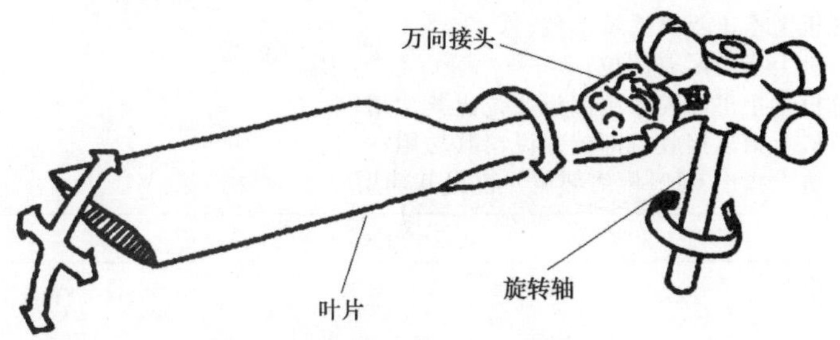

图5-8　无轴承式结构

(3)尾翼。直升机尾翼包括垂尾、平尾和尾桨,如图 5-9 所示。

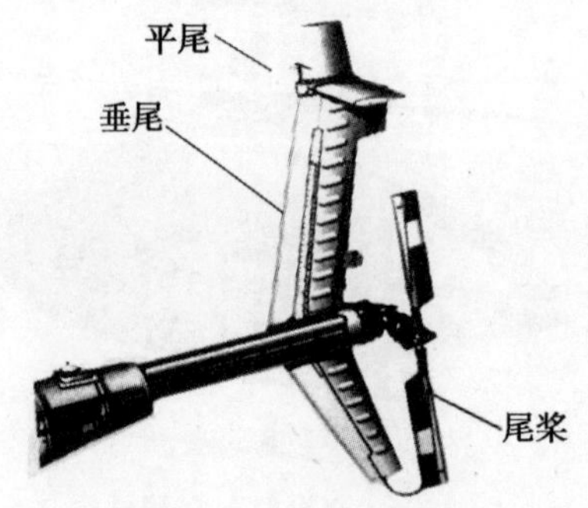

图 5-9　直升机尾翼

【任务实施】

综合技能训练任务:认识无人直升机

1. 实训目的

通过认识无人直升机的各组成部件,掌握无人直升机的结构组成及各组成部件的功能,能够独立地识别无人直升机的各组成部件名称及功用,为后续无人直升机的组装工作打下基础。

2. 实训任务工单(见表 5-1)

表 5-1　认识无人直升机实训任务工单

任务名称	认识无人直升机		
工具/设备/材料			
类 别	名 称	单 位	数 量
设 备	无人直升机	架	1
1. 工作任务			
认识无人直升机各组成部件			
2. 工作准备			
准备好无人直升机			
3. 工作步骤			
(1)在无人直升机上指出机身部位; (2)在无人直升机上指出起落架部位; (3)在无人直升机上指出动力装置部位和类型; (4)在无人直升机上指出传动系统部位; (5)在无人直升机上指出旋翼系统部位; (6)在无人直升机上指出尾翼部位; (7)在无人直升机上指出飞控系统部位并说出其功用; (8)在无人直升机上指出接收机部位并说出其功用; (9)在无人直升机上指出 GPS 模块部位并说出其功用			
4. 结束工作			
(1)清点工具和设备; (2)清扫现场			

3.实训任务评价(请登录工大书苑网页端 http://nwpup.iyuecloud.com/,搜索本书书名下载相关表格)

任务5.2　组装无人直升机

【任务引入】

现根据无人机应用企业或事业单位需求,配置和组装一台无人直升机。

【任务分析】

当前无人直升机在某些领域还有所应用,组装无人直升机是无人机应用人员一项最基本的技能。学习了解无人直升机的组装方法、流程及注意事项,才能掌握无人直升机正确的组装方法,为后续的无人直升机的调试奠定基础。

【相关知识】

5.2.1　零部件清单

这里以亚拓450为例介绍无人直升机的组装流程,零部件清单见表5-2。

表5-2　亚拓450零部件清单

部　位	零部件	数　量
机体系统	机身中心板	1
	机身侧板	2
	陀螺仪固定座	1
	锁尾舵机盒	1
	起落架	1
	机头罩	1
	主轴固定座	2
	电动机固定座	1
	电池固定座	1
	尾管固定座	1
	机身底板	1
	尾管	1
	定风翼	1
	尾部平衡翼	1
	尾部支撑架	2
	螺钉	若干

续表

部 位	零部件	数 量
动力系统	电动机	1
	电子调速器	1
	电池	1
	电动机齿轮	1
	大齿盘	1
	主旋翼总成	1
	总成固定板	1
	尾管传动杆组件	1
	尾波箱总成	1
	尾舵控制杆组件	1
	主旋翼	2
	尾旋翼	2
飞控系统	陀螺仪	1
	遥控接收机	1
	舵机	4
遥控系统	遥控器	1

5.2.2 注意事项

(1)要仔细阅读组装无人直升机所用零部件的用户使用手册、使用或安装说明书组装图样,详细了解和熟悉其品牌、型号、规格、性能以及安装注意事项等。

(2)清点所有组装零件,备齐所有使用工具,并整齐划分工具区和配件区,做到配件和工具左右分明,中间区域可平铺一个桌布或者厚大的毛巾,用于放置专用存放螺钉的盒子,防止螺钉掉落及散乱。

(3)一般产品组装会划分几个板块,每个板块组装完成后可进行统一拼装,要按照产品手册检查每个板块中零部件有无缺失和损坏情况。

(4)T形头组件的整体安装要根据图样中的顺序安装,轴承一般为推力轴承,安装时注意正反面。拧紧螺栓时一般要两边同时拧紧,确保两侧转矩大小相同,避免出现甩桨现象。

(5)安装无人直升机机身各部件时,应按照组装手册的要求,螺钉不要直接拧紧,遇到两侧同时需要安装多个螺钉的情况,需要遵循X形交替拧螺钉的原则。

(6)无人直升机飞行振动大,因此需要在十字盘、球头、尾波箱组件、主轴锁紧扣、电动机固定座以及机身上金属与金属连接固定的连接螺纹上涂抹2～3 mm螺钉胶,以获得更稳定的锁紧力。

(7)安装电动机需要调节电动机安装座,以确保电动机齿轮与飞机大齿盘/传动带结合适当,二者结合过紧会造成大齿盘挤压、飞行卡顿使耗电量增大,二者结合过松会造成大齿盘打滑,传动带安装好后按压传动带,通过反弹力度的大小确定安装是否适中。

(8)丁形头与十字盘之间的球头拉杆需要用游标卡尺测量,应尽可能贴近产品手册上的数值,注意在两侧同时有螺纹的情况下,需要两侧保留相间的螺纹长度。

(9)安装尾杆需要使用水平尺,将其安装水平,避免尾部受力偏移,造成无人直升机飞行摆尾。

(10)无人直升机组装好后需要合理布局飞行线路,留一个水平且相对电动机电磁干扰较小的部位来安装陀螺仪。

无人直升机旋翼头与机身组装

5.2.3　组装步骤

1. 旋翼头的安装

先将旋翼头零件包装袋撕开,检查各组装零件,确保零件没有缺失,如图 5-10 所示。

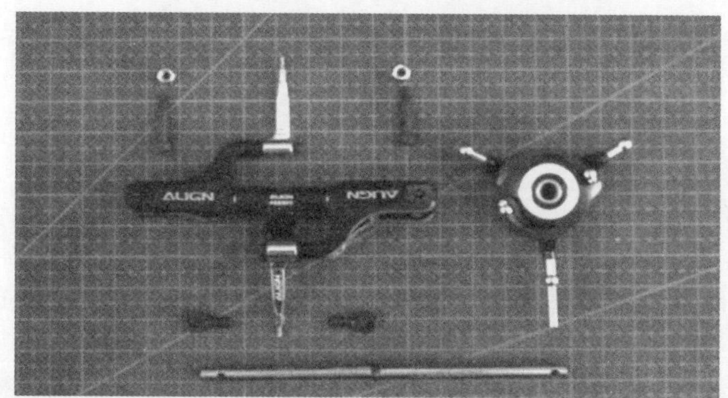

图 5-10　旋翼头零件

把止推轴承按在横轴上,这里要注意止推轴承两端的垫片上内径较小的那个安装在里面(上面写 IN),内径较大的那个安装在外面(上面写 OUT)。同时,要在止推轴承两端涂上适量的润滑油,装好后将轴承、垫圈也按照顺序装进横轴,再塞进大桨夹里,将横轴穿入中联,在横轴表面涂抹适当润滑油,把主旋翼固定座也穿过横轴装好,这里要记得在大桨夹与固定座接触的那一端要装一个轴承,另一边的大桨夹与止推轴承也按顺序弄好,如图 5-11 所示。

十字盘装上球头,同时将主旋翼夹连杆装好,然后将主轴插入十字盘,由于主轴中间有一圈小的凸起,所以十字盘穿过主轴后会被固定在中间,之后将主轴穿入主旋翼固定座用螺丝拧紧就行,如图 5-12 所示。

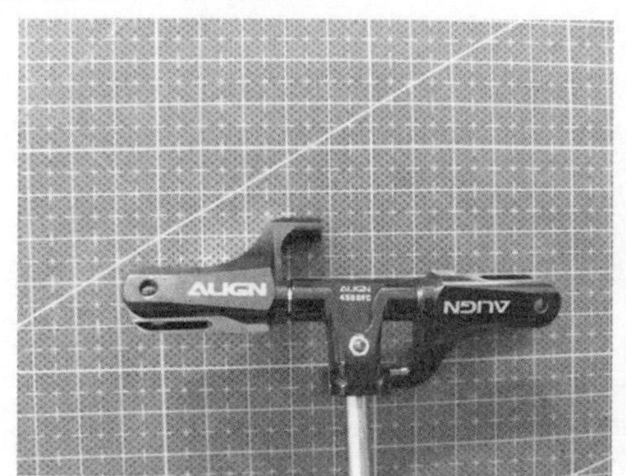

图 5—11　横轴与中联及大桨夹间的组装

图 5-12　组装好的旋翼头

2. 齿盘的安装

由于先装机身,大、小齿盘就不好装,所以应先将大、小齿盘装在主轴上。先组装大、小齿盘，将单向轴承套按进小齿盘里，另一边将单向轴承和大齿盘固定座用螺丝固定在大齿盘上，然后把小齿盘装到大齿盘上，这样就将大、小齿盘装好了。而主轴固定座与斜盘舵机在主轴上位于小齿盘之上，因此先将两个舵机装在两个主轴固定座之间用螺丝固定住，然后从主轴下方插入，再将大、小齿盘安装在主轴底部，如图 5 - 13 所示。

图 5 - 13　大、小齿盘装与主轴的组装

3. 机身的组装

下面就应该开始组装机身了，先将调速器座与机身右侧板用螺丝固定，如图 5 - 14 所示。

然后将上面组好的主旋翼部分放在右侧板中部，将左侧板与右侧板对齐装好，将螺丝拧紧。将主轴固定座先安装在侧板上，暂时不锁紧固定螺丝，如图 5 - 15 所示。

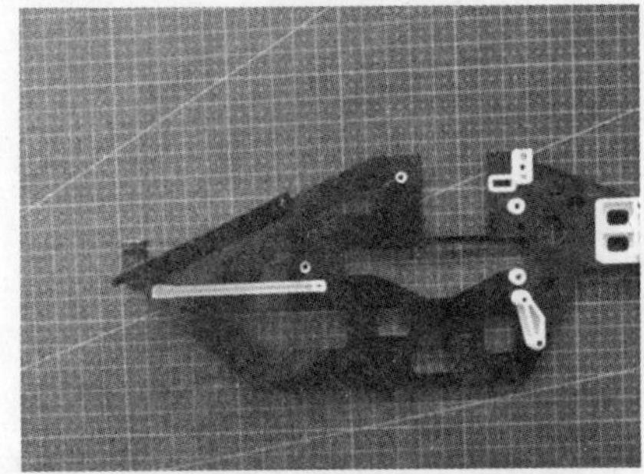

图 5 - 14　调速器座与机身右侧板固定

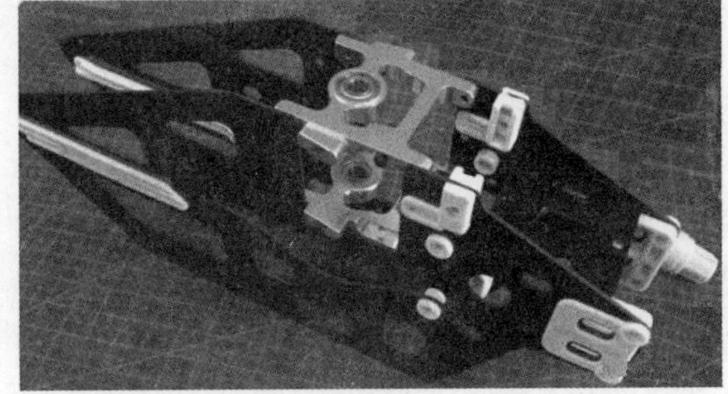

图 5 - 15　左、右侧板与主轴固定座组装

4. 起落架的组装

将脚架与底板用螺丝固定，组装好的起落架如图 5 - 16 所示。

将组装好的起落架固定在机身上，如图 5 - 17 所示。在机身上部将十字盘导板安装好。

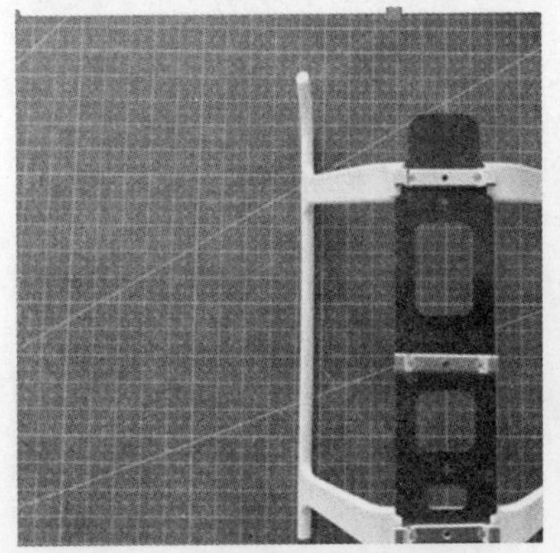

图 5 - 16　组装好的起落架

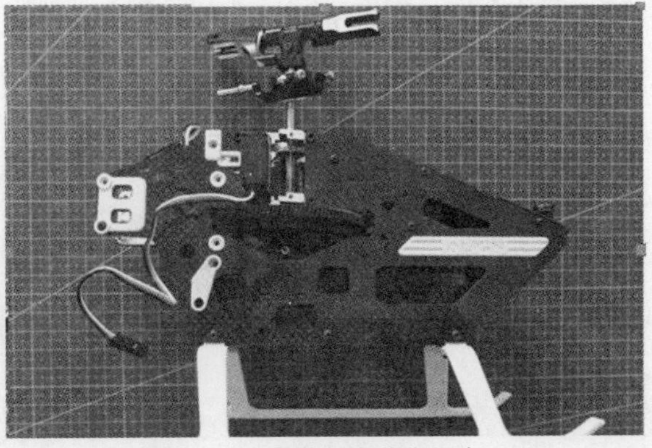

图 5 - 17　起落架安装在机身上

5. 电机的安装

将机身装好之后，就可以开始安装电机了。首先，将电机安装在电机座上，用螺丝固定好。然后，就可以安装电机齿了，这里要注意一下，电机齿的顶丝安装一般都是非常顺滑的，能十分轻松地拧入，如果拧入时手感较重，就要退出重新安装，不可强行拧入，否则，会造成齿轮丝口滑丝，电机齿装好后如图 5－18 所示。

随后，将电机安装在机身上，电机安装时要注意电机齿下缘要与大、小齿盘组下缘接触，适当调节间隙的大小，装好后如图 5－19 所示。

图 5－18　将电机齿安装在电机上

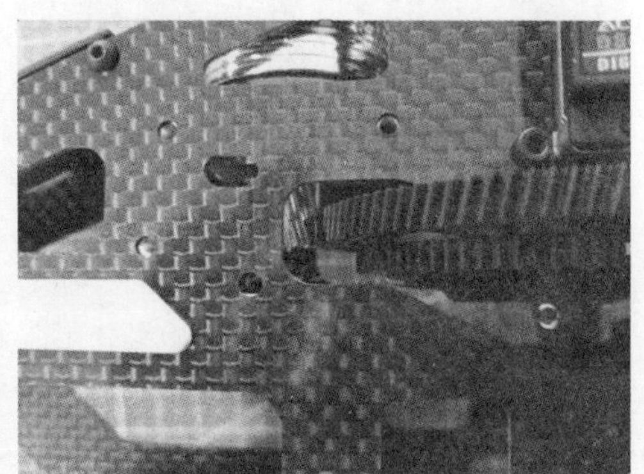

图 5－19　将电机安装在机身上

无人直升机尾部部件组装

6. 尾部的安装

将机身安装好后就应该安装尾部了，尾管固定座如图 5－20 所示。

将尾管固定座安装在机身上，如图 5－21 所示。

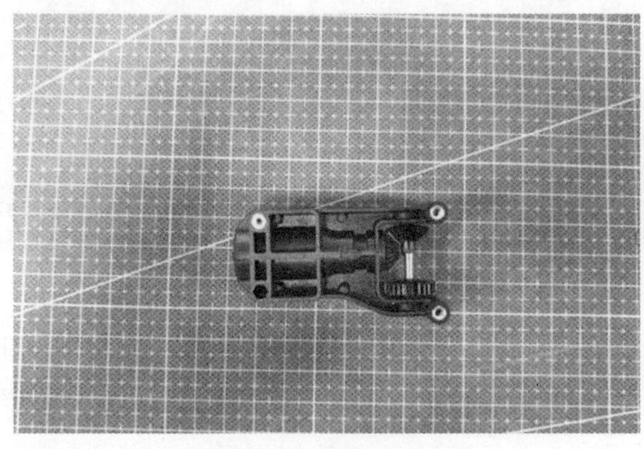

图 5－20　尾管固定座

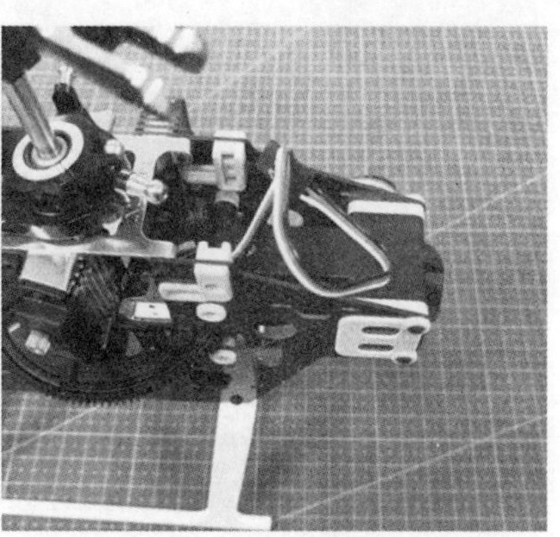

图 5－21　将尾管固定座安装在机身上

安装好尾管固定座后，就要开始着手尾舵机的安装了，先将尾舵机安装在舵机架上，如图

5－22所示。

加电回中，然后把十字舵臂装上，同时把球头装在90°的那个安装角上，如图5－23所示。

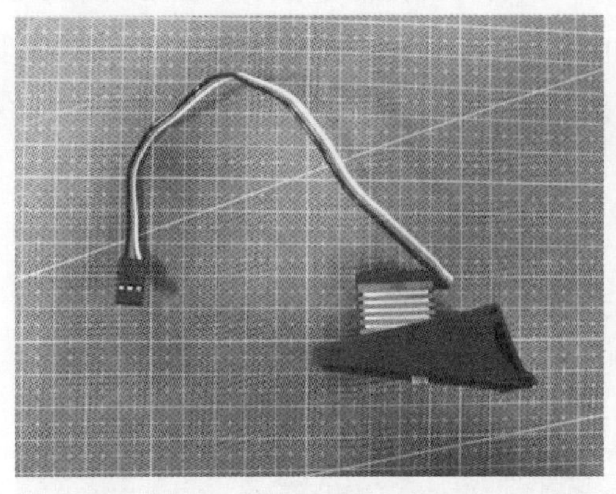

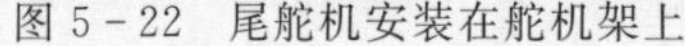
图5－22　尾舵机安装在舵机架上

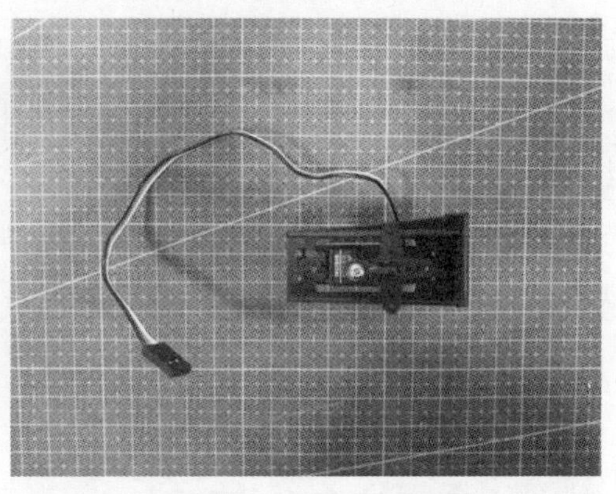

图5－23　安装十字舵臂

将尾舵机安装到机身上，如图5－24所示。这样安装尾部的前置工作就完成了。

尾部前置工作做好后，就要开始组装尾部了，这里先从尾波箱总成开始组装。在组装尾波箱总成的伞齿时，要前推到底，避免齿咬合不顺畅。同时要注意尾控制连杆有些微干涉、动作不顺畅，都将影响尾舵锁定效果，因此，但凡尾控制连杆有一点不顺畅都要拆掉重新装，避免影响尾舵。装好尾波箱总成后将尾桨装上。之后就应该开始安装传动轴，将轴承套在传动轴上。这里要注意得把轴承装在传动轴中心，套上橡皮套，还得涂些润滑油。随后，就可以将传动轴套进尾杆，尾杆的一段要装进尾波箱总成，这里注意尾杆上的小孔要和尾传动轴对齐，然后将尾波箱总成与尾杆用螺丝固定住，再将垂直尾翼也装好，如图5－25所示。

图5－24　尾舵机安装在机身上

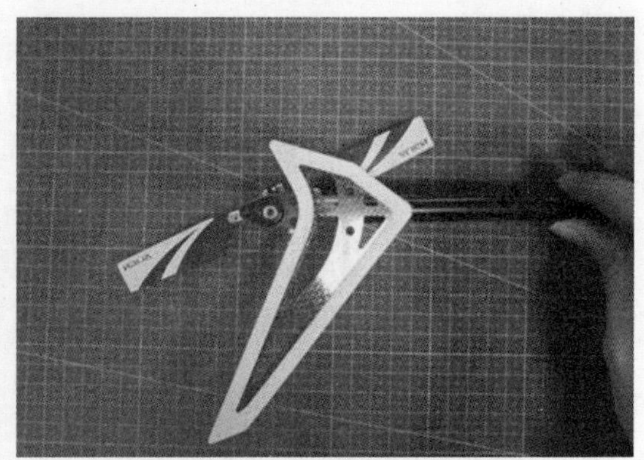

图5－25　尾波箱总成部分的安装

鼎尾波箱总成装好后，就可以开始着手处理尾杆上的其他部分了。首先，将尾舵机拉杆固定环穿过尾杆，然后从尾椎拉钢丝穿过固定环，稍微调整一下长度，以确保尾舵机在中立点时尾变距的滑块处于尾轴的中间，将钢丝的两端套上球头扣，分别固定在尾舵机和尾波箱总成上，随后将尾杆的另一端插入尾管固定座，注意要对准缺口插入，确保插入后尾管无法转动，然后用螺丝拧紧，如图5－26所示。

将水平翼安装在尾杆上，如图 5－27 所示。

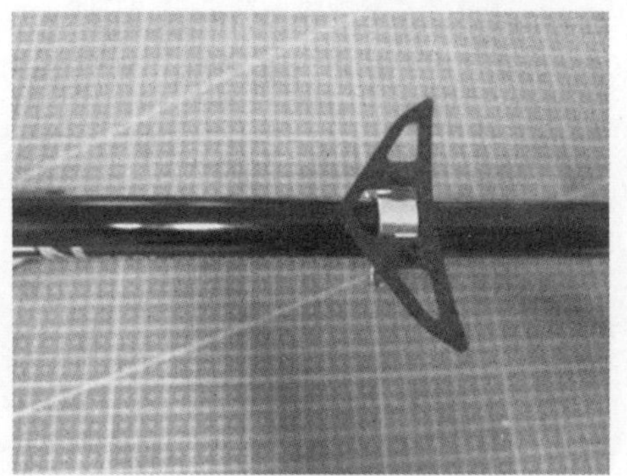

图 5－26　安装好的尾杆

图 5－27　安装好的水平翼

将尾杆支撑组另一端安装在机架与机身交界处，如图 5－28 所示。

将尾杆支撑组另一端安装在水平翼上，如图 5－29 所示。

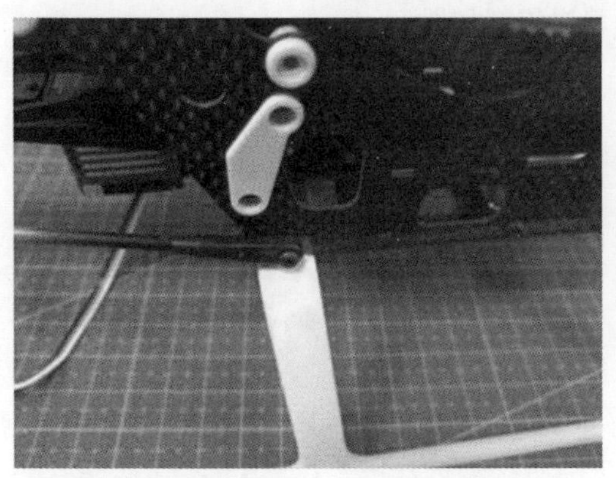

图 5－28　尾杆支撑组一端安装在机身上

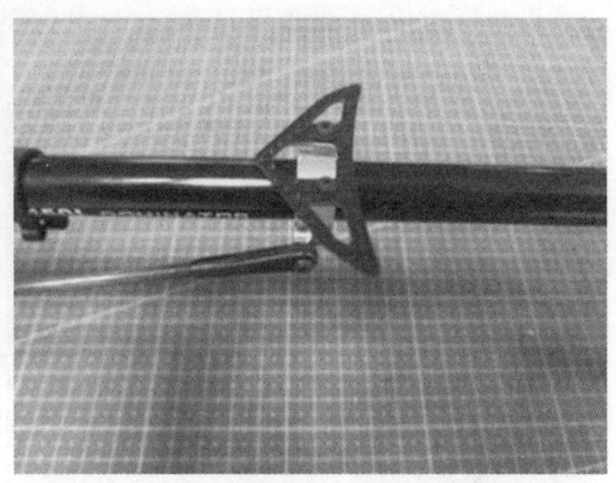

图 5－29　尾杆支撑组另一端安装在水平翼上

将尾杆支撑组安装好后开始安装尾支撑杆固定片，这里要注意在尾支撑杆固定片上，两条凹陷组成的梯形的较宽的那一边对着机头，安装好后如图 5－30 所示。

图 5－30　尾支撑杆固定片的安装

舵机摇臂如图 5－31 所示。将装好球头的舵机摇臂安装在舵机上，如图 5－32 所示。

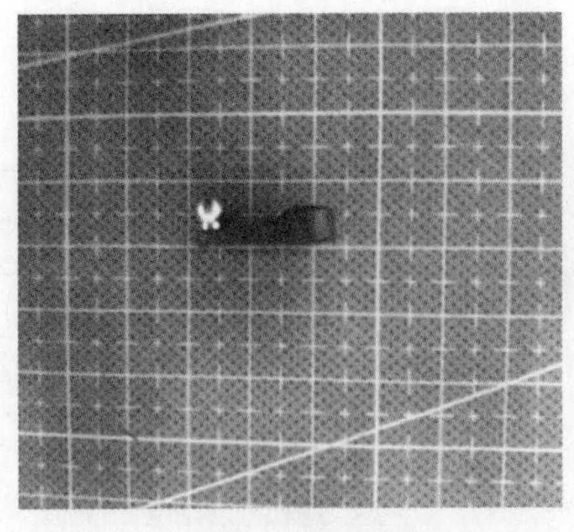

图 5－31　舵机摇臂

图 5－32　舵机摇臂的安装

将最后一个舵机装好，这个舵机装在机身右侧、另一个舵机旁，这里要注意这个舵机的摇臂是向着机身内部安装的，如图 5－33 所示。

舵机装好之后，开始组装球头连杆，装好的球头连杆如图 5－34 所示。

图 5－33　舵机的安装

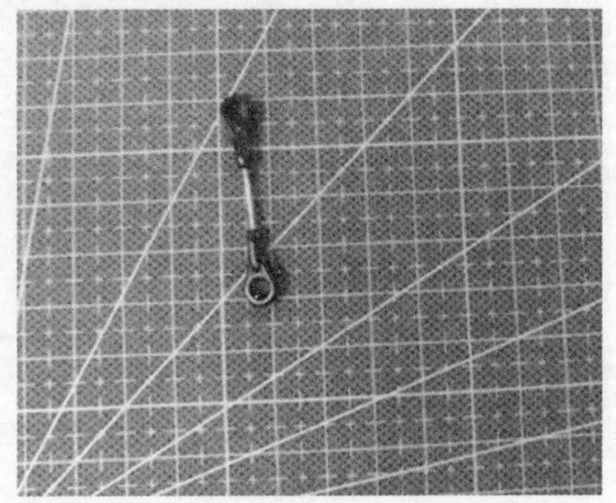

图 5－34　球头连杆

装好球头连杆后，将球头连杆一端扣在三个舵机的球头上，另一端扣在十字盘的三个球头上，装好后如图 5－35 所示。

图 5－35　球头连杆的安装

将主旋翼总成的DFC连杆(见图5-36)装好，扣入十字盘剩下的两个球头上，装好后如图5-37所示。

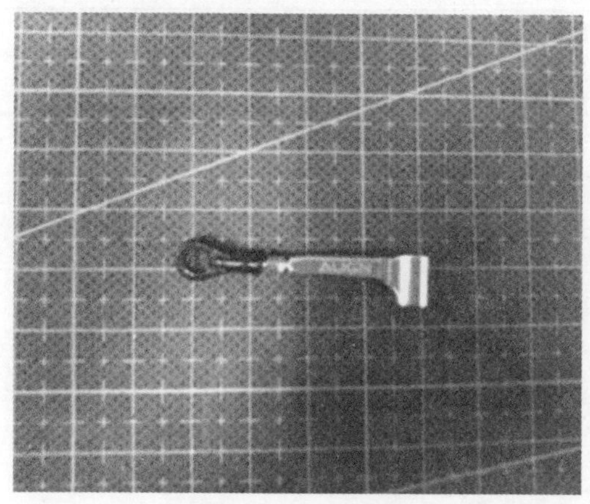

图5-36　DFC连杆

图5-37　DFC连杆的安装

将大桨、电调和接收机装好，套上机头罩，组装就完成了，如图5-38所示。

图5-38　安装好的亚拓450直升机

【任务实施】

综合技能训练任务:组装无人直升机

1.实训目的

通过无人直升机的组装练习，掌握无人直升机的组装方法、流程及注意事项，能够独立地选择无人直升机装配材料并完成无人直升机的组装，培养无人直升机的组装技能，为后续无人直升机的调试工作打下基础。

2. 实训任务工单(见表5-3)

表5-3 组装无人直升机实训任务工单

任务名称	组装无人直升机		
工具/设备/材料			
类 别	名 称	单 位	数 量
设备	舵机测试仪	台	1
工具	内六角螺丝刀	把	1
	电烙铁	把	1
	尖嘴钳	把	1
	直尺	把	1
	数字螺距尺	把	1
材料	无人直升机套件	套	1
	润滑脂	瓶	1
	螺丝胶	瓶	1
	扎带	根	若干
1. 工作任务			
组装无人直升机			
2. 工作准备			
(1)准备好设备,检查设备的有效性; (2)准备好工具和材料,检查工具的有效性,材料应符合标准; (3)将需要安装的无人直升机零件分类摆放; (4)检查使用的工具是否损坏; (5)检查是否有零件缺失			
3. 工作步骤			
(1)取出分类中的旋翼头零件,将横轴垫圈装入中联,将止推轴承组装好,并依次将轴承、大桨夹、中联穿入横轴进行组装,横轴另一边也依次进行组装; (2)将十字盘球头打胶重装,将DFC连杆拧入大桨夹连杆,并安装DFC球头扣,将两个DFC连杆都组装好; (3)将主轴穿入十字盘,并安装好中联,将组装好的球头扣拧入十字盘球头,拧上螺丝,这样旋翼头就组装好了; (4)将侧板与主轴固定座进行安装,安装陀螺仪固定座,再安装机身补强片,这样机身就组装好了; (5)将舵机安装到机身,将电机安装到电机座并装上电机齿,将电机安装到机身; (6)组装好舵机摇臂,对舵机进行回中,安装舵机摇臂,组装好球头连杆,将大齿轮组与旋翼头组安装到机身,安装球头连杆,调整电机齿与大齿盘的间隙; (7)将前伞齿波组安装到机身,对舵机线做标记,将电调焊好插头,将电调安装到机身,用扎带对电调线、舵机线进行固定,安装十字盘导盘; (8)将尾舵机安装到舵机架并进行加电回中,将十字陀臂安装到尾舵机,将尾舵机安装到机身,将3GX按要求连线,并安装到机身,将脚架与底板组装好安装到机身; (9)将尾桨夹组装好,将双推组件组装好,将两者组装到一起,组装成尾波箱总成; (10)组装好尾传动轴,并穿入尾管,将尾管装入尾波箱总成,安装垂直尾翼,将尾舵机拉杆固定环穿入尾管,将组装好的尾巴总成插入到机尾管夹座; (11)安装尾管支撑架,安装水平尾翼固定座,安装水平尾翼,安装尾撑杆夹座组以及尾撑夹座,将尾推拉钢丝穿入固定环,装上尾桨,粘上头罩固定泡棉,最后安装大桨与头罩,450L就组装好了			
4. 结束工作			
(1)清点工具和设备; (2)清扫现场			

3.实训任务评价(请登录工大书苑网页端 http://nwpup.iyuecloud.com/,搜索本书书名下载相关表格)

任务5.3　调试无人直升机

【任务引入】

将前面组装好的无人直升机通电,用遥控器操控无人机,发现无人机并不能起飞。

【任务分析】

目前无人直升机还会在诸如农业植保、应急救援等领域中大量应用。仅仅组装好的无人直升机并不能够工作,需要对无人直升机的飞控系统、动力系统等进行调试后才能够工作,无人直升机调试是无人机应用人员一项最基本的技能。学习了解无人直升机的飞行平台调试、遥控器调试、飞控系统调试以及飞行调试,才能掌握无人直升机正确的调试方法。通过大量的任务练习,培养无人直升机的调试技能。

【相关知识】

5.3.1　调试步骤

1.检查陀螺仪与接收机的连接

检查无人直升机上的3GX陀螺仪与无人直升机上的接收机的连接是否连接正确,如图5-39所示。

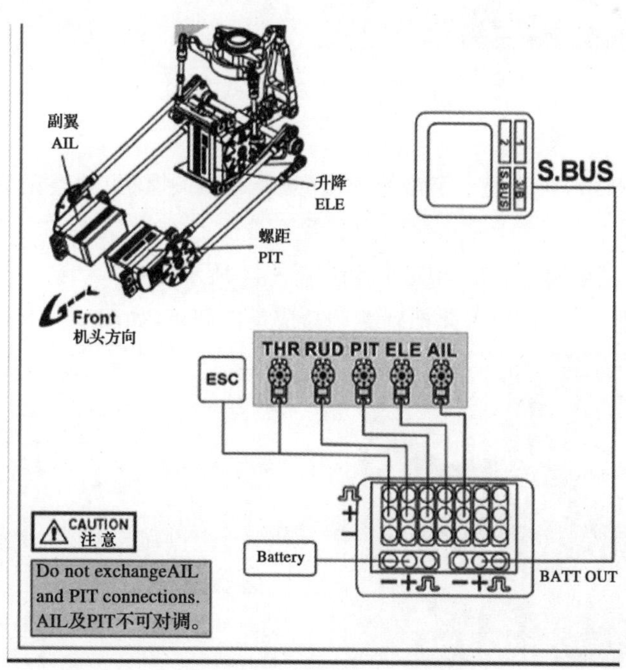

图5-39　陀螺仪与接收机的连接

2. 基本机体设定

拔出马达线，打开遥控器，使用 3GX 陀螺仪，开始遥控器必须选择 120°CCPM 十字盘（在 Futaba 通常称为 HR3 十字盘），如图 5-40 所示。

进行以下相关设定。按住 3GX SET 键不放，如图 5-41 所示。

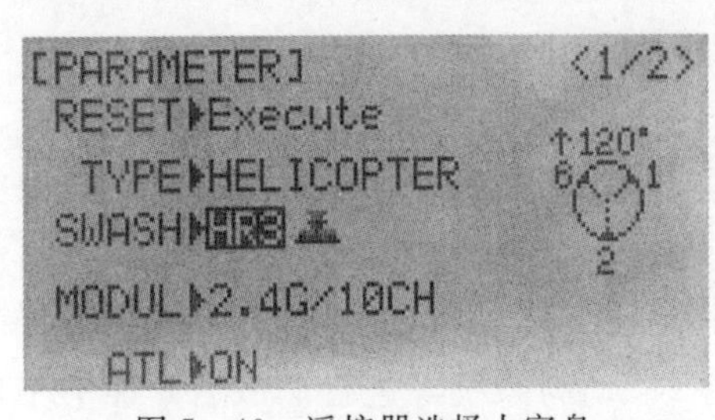

图 5-40 遥控器选择十字盘

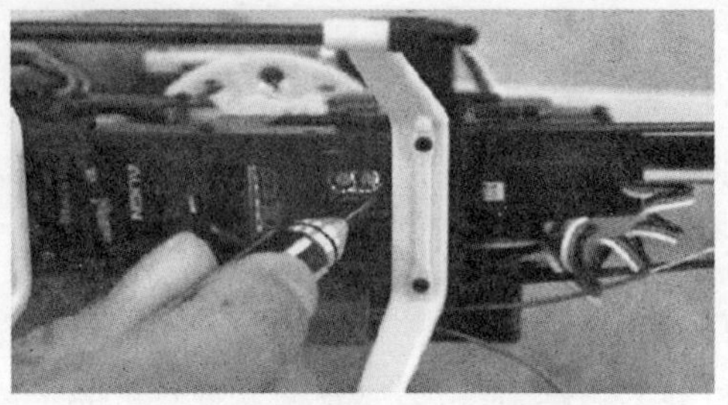

图 5-41 按住 3GX SET 键

开启直升机电源，如图 5-42 所示。

3GX 上的 5 个 LED 灯会依次亮起，在灯灭前放开 SET 键就会进入基本机体的设定，如图 5-43 所示。基本机体设定的第 I 项设定为 DIR 机械行程与中立点设定。

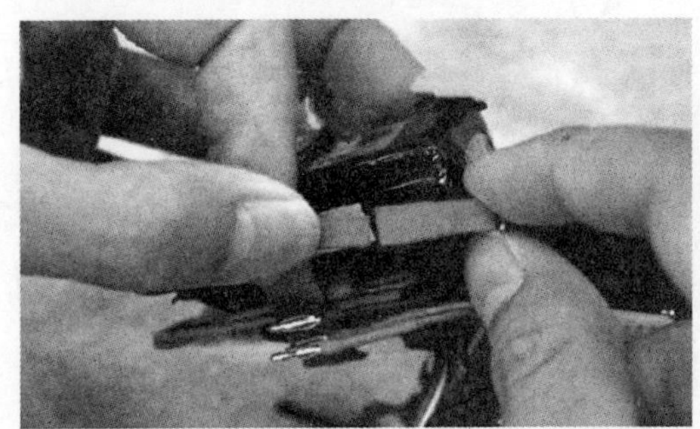

图 5-42 连接电源

图 5-43 3GX LED 灯亮

3. 十字盘调整

在 DIR 设定一开始，要先把十字盘的动作（升降、副翼、螺距）调整正确，调整方式很简单，只要把油门摇杆往上推，查看十字盘哪颗伺服器不是往上推的，之后在遥控器里的“伺服器正反向”把该颗伺服器频道调整成反向即可，如图 5-44 所示。

发现副翼伺服器动作错误，因此把副翼调整成反向即可，如图 5-45 所示。

图 5-44 副翼伺服器方向错误

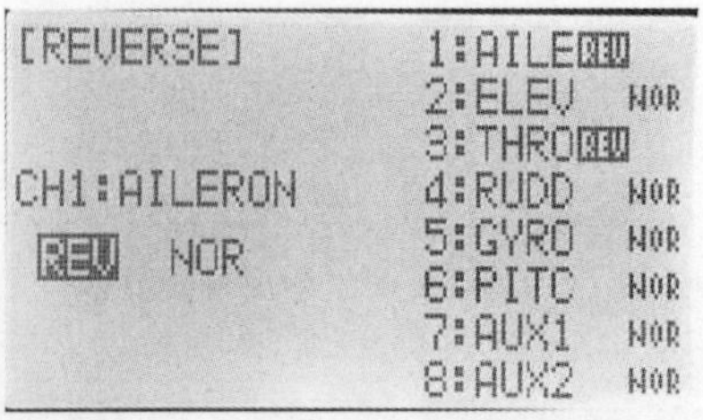

图 5-45 遥控器上副翼调整反向

完成后，再推油门确认十字盘动作跟副翼与升降舵是否正确。如果发现十字盘动作正确但动作方向相反，可以调整遥控器 SWASHAFR 里各动作行程数值前的"＋""－"来修正正确方向，如图 5－46 所示。

十字盘向左倾斜
副翼舵向左

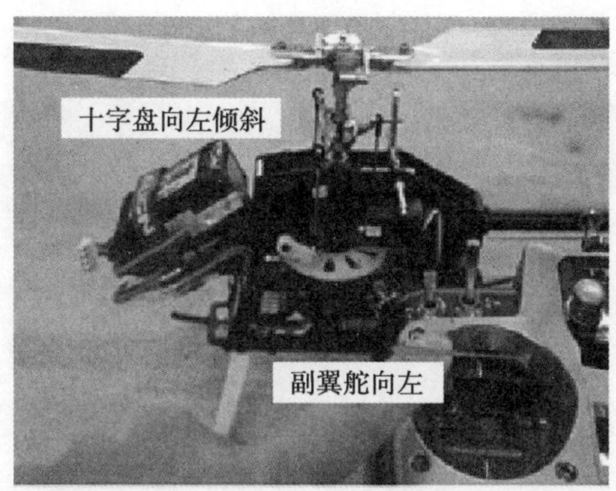

图 5－46　十字盘向左倾斜

4. 调整伺服器中立点

调整伺服器中立点，先把遥控器油门摇杆推至中间位置，此时螺距曲线应为默认值斜直线设定，如图 5－47 所示。

T10CHP

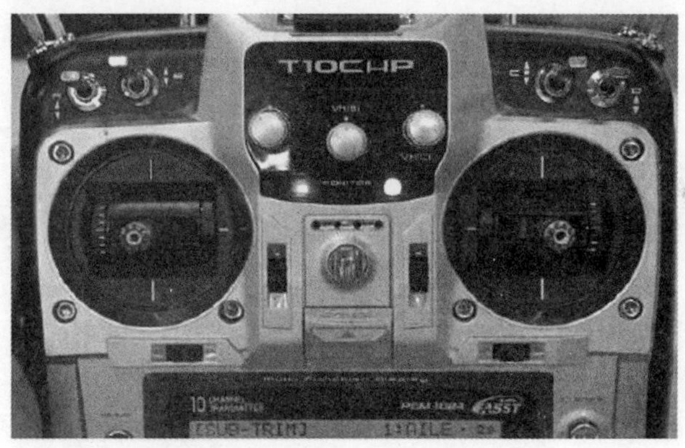

图 5－47　油门摇杆推至中间位置

使用遥控器微调将伺服器摆臂调为水平，如图 5－48 和图 5－49 所示。

水平0°
水平0°

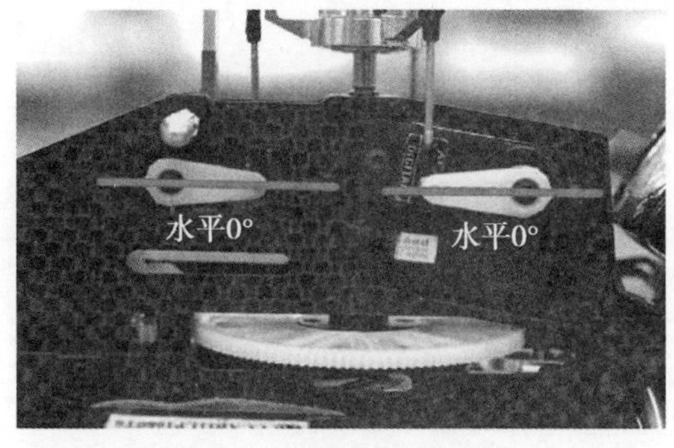

图 5－48　伺服器摆臂调为水平

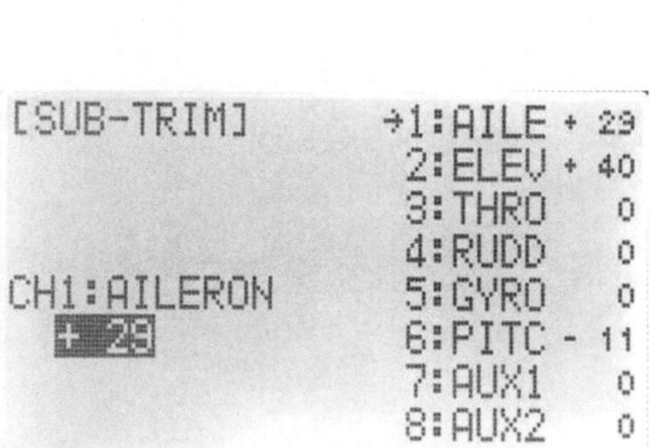

[SUB-TRIM]
→1:AILE + 29
2:ELEV + 40
3:THRO 0
4:RUDD 0
CH1:AILERON
+ 29
5:GYRO 0
6:PITC - 11
7:AUX1 0
8:AUX2 0

图 5－49　遥控器微调伺服器摆臂水平

5. 调整十字盘水平

在伺服器摆臂为水平后，接着调整伺服器连杆让十字盘呈水平。

6. 调整主旋翼角度

调整主旋翼连杆长度，使主旋翼角度为 0°，如图 5－50 所示。

图 5－50　测得主旋翼角度为 0°

7. 设定循环螺距

设定循环螺距为 8°，这主要是让 3GX 内部各项参数有一个基准，以发挥直升机的最佳飞行性能。循环螺距 8°的设定方式如下：将直升机机头朝向自己直放，将螺距推至中间点 0°位置，如图 5－51 所示。然后将副翼打到底量测主旋翼角度，这时的角度就是循环螺距的角度，如图 5－52 所示。

图 5－51　螺距推至中间 0°位置

图 5－52　副翼打到底测量主旋翼角度

调整遥控器 SWASH 功能中的 AILE 数值让循环螺距的角度达到 8°，如图 5－53 和图 5－54所示。

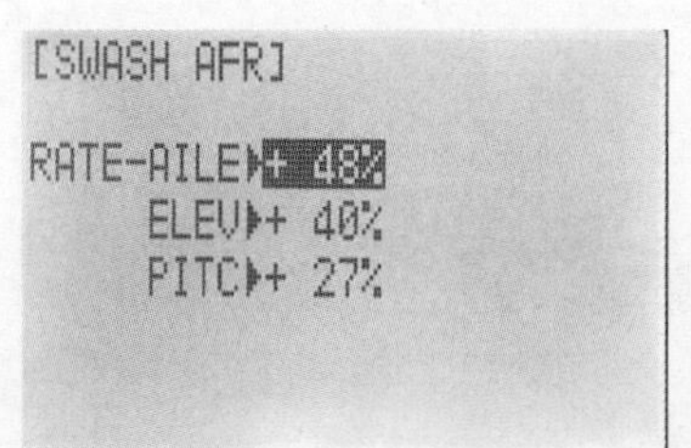

图 5－53　调整 AILE 数值至循环螺距角度为 8°

图 5－54　测得循环螺距为 8°

把 AILE 的数值套用在 ELEV 上就可完成循环螺距 8°的设定，如图 5－55 所示。

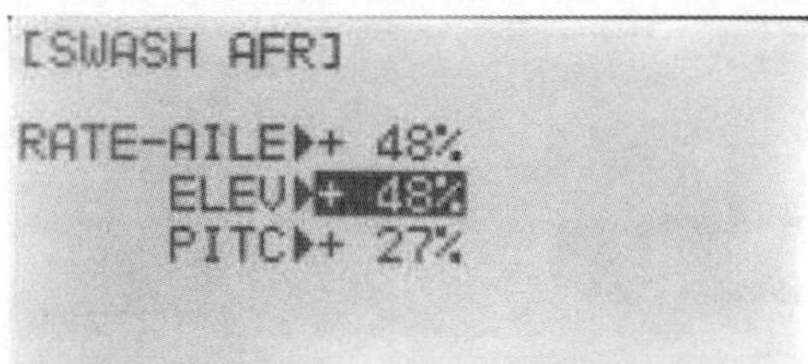

图 5－55　设置 ELEV 数值至循环螺距角度为 8°

8. 十字盘混控与升降行程量设定

设定好 DIR 模式后，按 SET 键就会进入十字盘混控辨识与升降行程量设定，如图 5－56 所示。这个设定的目的是要判别直升机十字盘混控方式与升降舵方向的舵量。这里必须将直升机的螺距设定为 0°，然后推动升降摇杆，再放回中间位置，这个设定就完成了。

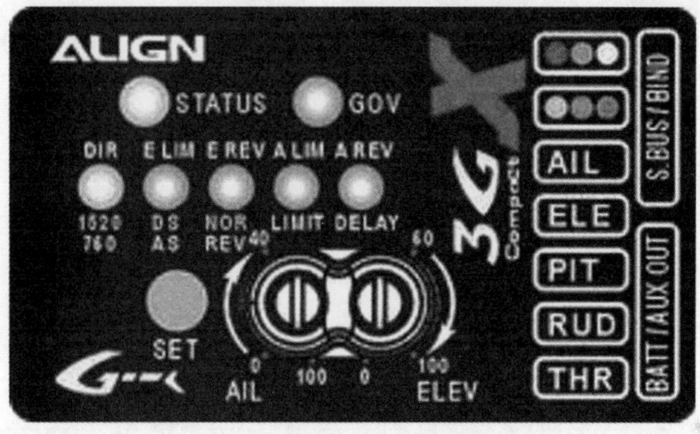

图 5－56　十字盘混控辨识与升降行程量设定

9. 升降舵正反向设定

按 SET 键进入升降舵正反向设定，如图 5－56 所示。这里是在设定十字盘升降陀螺仪的修正方向。在进行升降舵正反向设定时，可以往前摇动直升机，然后查看十字盘的修正方向，修正方向必须与机体倾斜方向相反。如果修正方向错误，可以利用升降舵摇杆来改变修正方向。改变方向时，3GX 面板上的 STATUS 灯的颜色会改变，最后再确认十字盘修正方向是否正确。

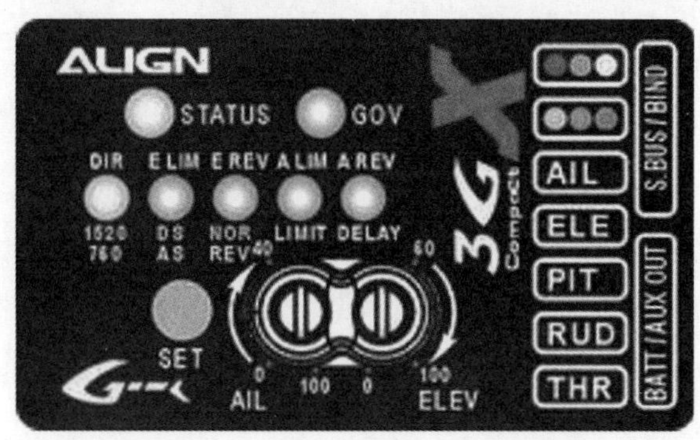

图 5－56　升降舵正反向设定时亮灯

10. 副翼行程设定

按 SET 键进入副翼行程设定,如图 5-57 所示。这里是在设定副翼舵的行程量大小。在进行副翼行程设定时,直升机螺距也要为 0°,然后推动副翼摇杆,再放回中间位置,如图 5-58 所示,这个设定就完成了。

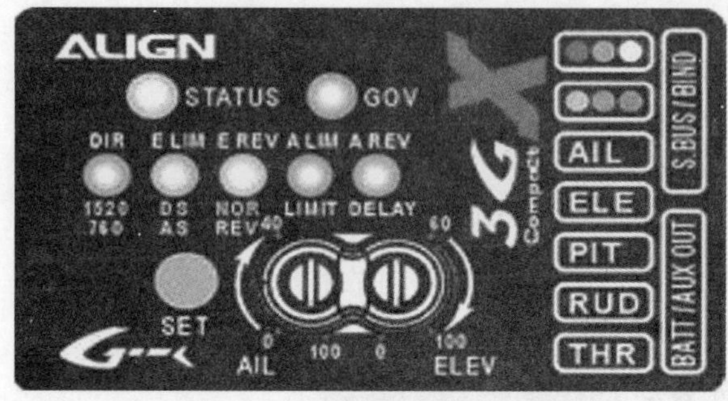

图 5-57 副翼行程设定时亮灯

图 5-58 推动副翼摇杆设置副翼行程

11. 副翼正反向设定

按 SET 键进入副翼正反向设定,如图 5-59 所示。在进行副翼正反向设定时,可以左右摇动直升机,然后查看十字盘修正方向,十字盘修正方向必须与机体倾斜方向相反。如果修正方向错误,可以利用副翼摇杆来改变修正方向。改变方向时,3GX 面板上的 STATUS 灯号颜色会改变,然后确认十字盘修正方向是否正确,最后再按 SET 键就可以完成副翼正反向设定。

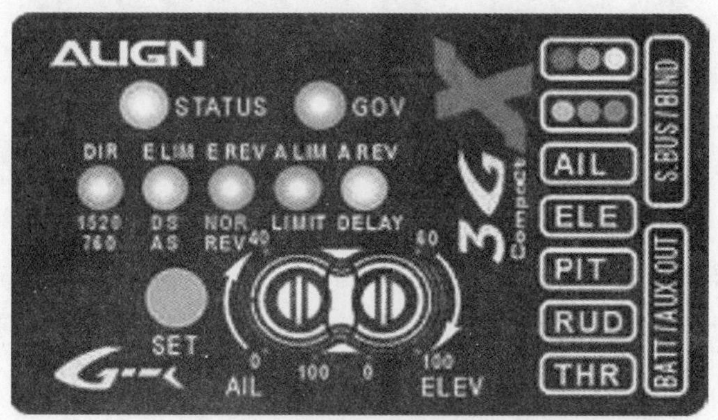

图 5-59 副翼正反向设定时亮灯

12. 尾舵陀螺仪设定

在进行尾舵陀螺仪设定之前,应先确认尾舵动作方向是否正确,如图 5-60 所示,尾舵打舵方向必须与滑套移动方向相反。如果方向错误,可以到遥控器“伺服器正反转”中调整尾舵(RUDD)频道方向。尾舵中立点调整也是进入尾舵陀螺仪设定前必须先调整的部分。首先把遥控器的陀螺仪感度调整到非锁头 Normal 模式,如图 5-61 所示。

图 5-60　确认尾舵动作方向

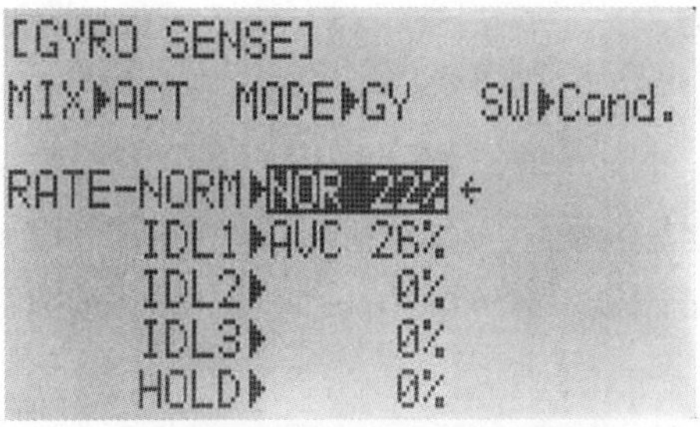

图 5-61　遥控器的陀螺仪感度调整到非锁头模式

如果尾舵在不打舵的情况下才会保持在中立点位置，则当调整完毕后，应再把感度调回锁定模式：将尾旋翼折起，调整尾舵连杆长度至正确，如图 5-62 所示，调整完毕后，记得把遥控器的陀螺仪感度调回锁定模式，如图 5-63 所示。

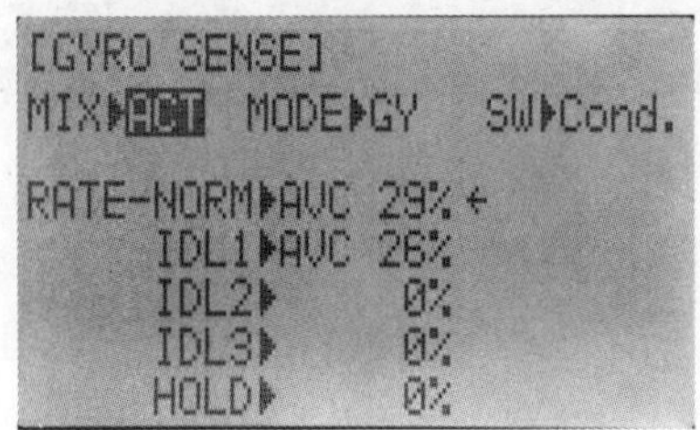

图 5-62 调整尾舵连杆长度

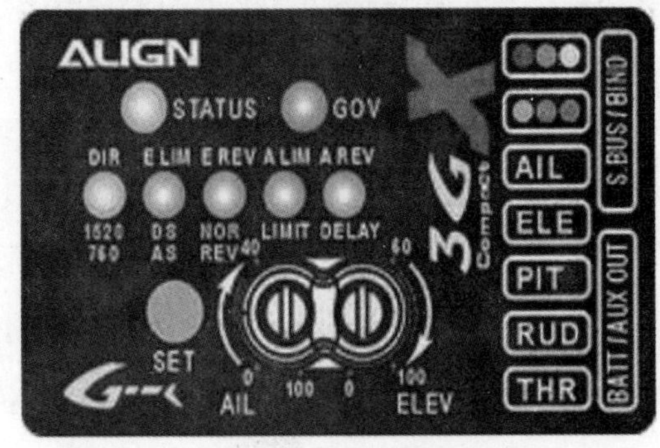

图 5-63　遥控器的陀螺仪感度调回锁定模式

在完成以上调整后，就可以直接进入尾舵陀螺仪设定。在遥控器与直升机开启的情况下，长按 3GX SET 键就可以进入设定程序。第 1 个灯号要设定的是宽频/窄频伺服器，如图5-64 所示。

STATUS 灯显示绿灯为宽频伺服器，红灯为窄频伺服器。如果要更换为窄频伺服器时，可以利用方向舵摇杆往反方向拨动 3 次来改变。完成后按 SET 键进入下一个灯号设定，第 2 个灯号为数位/类比伺服器设定，如图 5-65 所示。

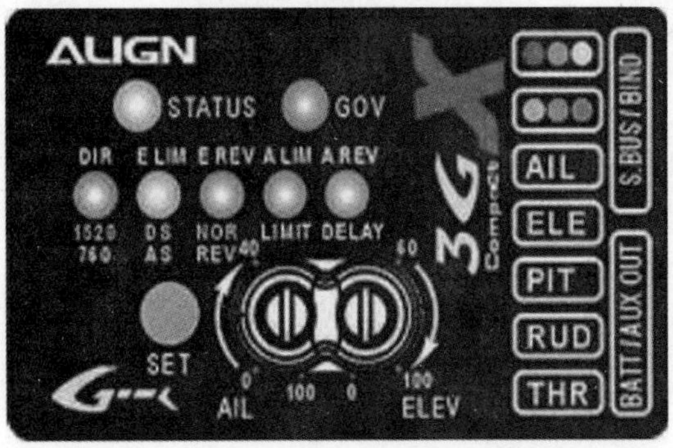

图 5-64　宽频/窄频伺服器设定时亮灯

图 5-65　数位/类比伺服器设定时亮灯

STATUS 灯显示绿灯为数位伺服器，红灯为类比伺服器。可以利用方向舵来改变伺服器种类。完成后按 SET 键进入下一个灯号设定，第 3 个灯号为陀螺仪修正方向设定，如图 5－66 所示。

可以用方向舵来改变修正方向，绿灯为正向，红灯为反向。可以利用移动直升机尾巴的方式来确认修正方向。移动尾巴时，观察尾滑套的移动方向，如果尾滑套方向与尾巴相反，表示为正确的修正方向。完成后按 SET 键进入下一个灯号设定，第 4 个灯号为尾舵行程设定，如图 5－67 所示。

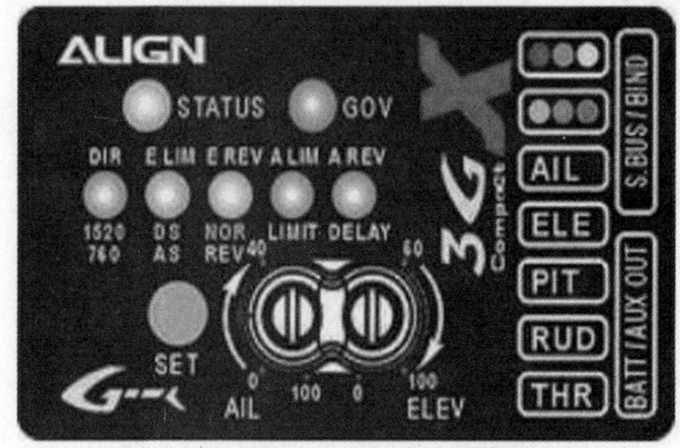

图 5－66　陀螺仪修正方向设定时亮灯

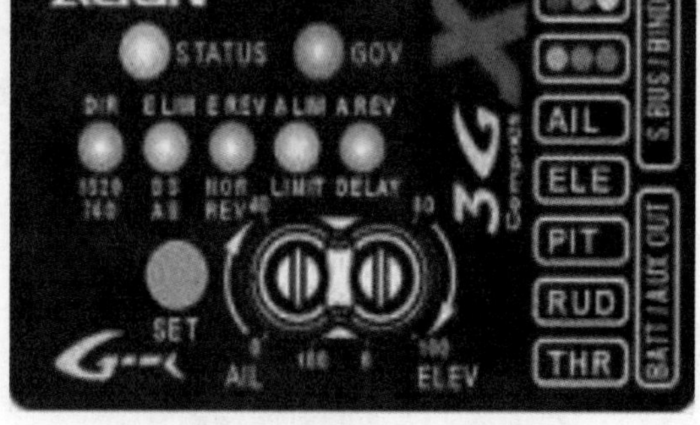

图 5－67　尾舵行程设定时亮灯

这时必须搭配遥控器来设定。这时必须使用尾舵来设定行程，先调整一边的行程，在最大行程时不能产生干涉，确认后停住 2 s，让 3GX 记录行程位置；再设定另一个方向，同样在最大行程时不能产生干涉，确认后停止 2 s，让陀螺仪记录行程设定。完成尾舵行程设定后按 SET 键进入下一个灯号设定，第 5 个灯号为大小直升机模式设定，如图 5－68 所示。

STATUS 灯显示绿灯表示适用 500 级以上大型直升机，红灯适用 450 级以下小型直升机，一样可以使用方向舵来更改设定。完成后按 SET 键进入下一个灯号设定，5 个灯号全亮为陀螺仪正反向安装设定，如图 5－69 所示。同样可以利用方向舵来更改设定。如果陀螺仪是正向安装，STATUS 灯必须为绿灯；陀螺仪为反向/倒着安装，STATUS 灯必须为红灯，正确的设定会让陀螺仪有最佳的自旋表现。最后按 SET 键完成尾舵陀螺仪设定。

图 5－68　大小直升机模式设定时亮灯

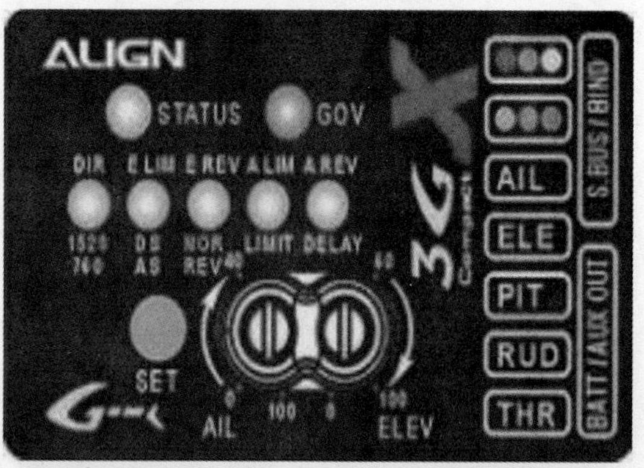

图 5－69　陀螺仪正反向安装设定时亮灯

13. 油门校正

进入油门校正的方式很简单，只要按住 SET 键不放，再开启直升机电源，让 5 个 LED 灯全亮，然后放开 SET 键就可以进入设定程序，如图 5－70 所示。进入之后，只要把油门拨杆往上推至最高点(见图 5－71)，就可以完成油门校正的设定，LED 灯显示如图 5－72 所示。

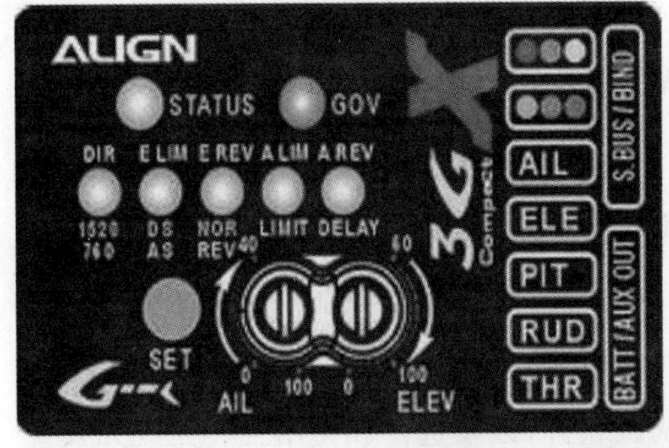

图 5－70　LED 灯全亮

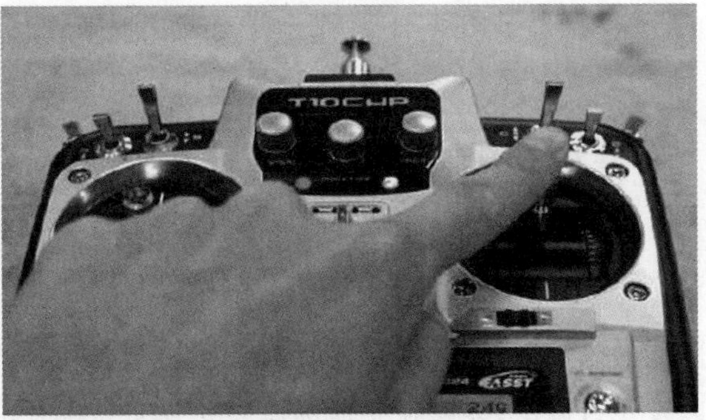

图 5－71　油门拨杆推至最高点

图 5－72　完成油门校正设定亮灯

5.3.2　外场试飞

完成以上步骤之后，就算是调试完毕了，可以拿到空旷处去试飞。飞行前应进行以下舵面检查。

1. 手动遥控舵面检查

(1)系统上电。

(2)保持舵面在中立位，用手在舵面上施加一定工作压力，检查舵面工作是否牢靠。

(3)分别打副翼、升降、螺距、方向舵，检查其工作方向是否正常。副翼左压时，十字盘向左倾斜，向右打舵则十字盘向右倾斜；拉升降舵，则十字盘向后倾斜，推升降舵则十字盘向前倾斜；推油门杆，十字盘上升，风门开度加大，拉油门杆，十字盘下降，风门关闭；向左打方向舵则尾桨向右偏转，向右打方向舵则尾桨向左偏转。

2.舵面反馈检查

(1)检查完手动工作方向之后,接下来应检查舵面的自动修正方向,首先应检查副翼的修正方向。在采用无副翼系统、飞控姿态模式或GPS模式下,把飞机向左倾斜,则十字盘自动向右修正;向右倾斜反之。

(2)把飞机向前倾斜,则十字盘应向后倾斜修正;向后倾斜反之。

(3)把机尾朝左偏转,则尾翼应向右修正;朝右偏转反之。

【任务实施】

综合技能训练任务:调试无人直升机

1.实训目的

通过无人直升机调试练习,掌握无人直升机的飞行平台调试、遥控器调试、飞控系统调试以及飞行调试,能够独立地选择和安装无人直升机调试软件,以及选择和使用工具完成无人直升机的调试,培养无人直升机的调试技能。

2.实训任务工单(见表5-4)

表5-4 调试无人直升机实训任务工单

任务名称	调试无人直升机		
工具/设备/材料			
类别	名称	单位	数量
设备	遥控器	台	1
	T-REX 450L无人直升机	架	1
工具	螺丝刀	把	1
材料	3S电池	组	1
	3GX陀螺仪	个	1
1.工作任务			
调试无人直升机			
2.工作准备			
(1)准备好设备,检查设备的有效性; (2)准备好工具和材料,检查工具的有效性,材料应符合标准; (3)检查遥控器电量是否充足,遥控器是否正常; (4)检查无人直升机解构是否牢固			
3.工作步骤			
(1)打开遥控器,设置遥控器为120°CCPM十字盘; (2)按住3GX SET键不放,连接电源,3GX上的LED亮,进入基本机体设定; (3)将油门杆往上推,观察十字盘伺服器方向是否正确,如果有错误,用遥控器进行修正; (4)将遥控器油门杆推至中间位置,再使用遥控器设置伺服器摆臂为水平; (5)调整伺服器连杆使十字盘呈水平,调整主旋翼角度为0°;			

续表

<table>
<tr><td>(6)使用遥控器设置循环螺距角度为 8°,再按 SET 键进入十字盘混控辨识与升降行程设定,使用升降摇杆进行设定;
(7)再按 SET 键进入升降舵正反设定,使用升降舵进行修正;
(8)再按 SET 键进入副翼行程设置,使用副翼摇杆进行设置,继续按 SET 键进行副翼正、反向设置,用副翼摇杆进行设置,完成后按 SET 键结束;
(9)接下来长按 SET 键进入尾舵陀螺仪设置,第 1 个灯亮时进行宽频/窄频设置,用方向舵进行修改,第 2 个灯亮时进行数比/类比伺服器设置,用方向舵进行修改,第 3 个灯亮时进行陀螺仪正反向设置,用方向舵进行修改,第 4 个灯亮时进行尾舵行程设置,用尾舵摇杆进行修改,第 5 个灯亮时进行大小直升机模式设置,用方向舵来修改。5 个灯全亮时进行陀螺仪正、反向安装设置,用方向舵进行设置,最后按 SET 键进行设置;
(10)按住 SET 键不放,连接电源,当 5 个 LED 灯全亮完时,放开 SET 键进入设置,用油门杆进行设置;
(11)完成后,将调试完的无人直升机拿到空旷的地方进行试飞</td></tr>
<tr><td align="center">4.结束工作</td></tr>
<tr><td>(1)清点工具和设备;
(2)清扫现场</td></tr>
</table>

3.实训任务评价(请登录工大书苑网页端 http://nwpup.iyuecloud.com/,搜索本书书名下载相关表格)

【课程思政】

阅读以下教学案例,结合本项目所学习的专业知识和技能,从创新意识、工作作风等方面,按照“三全育人”的要求,分析案例中所蕴含的创新思维、工作态度等思政元素。

航空工业直升机所在国际无人飞行器创新大奖赛中斩获佳绩

航空工业直升机所的重点实验室有一支以 90 后青年人为主体的创新团队——新型旋翼飞行器研究室。2020 年 10 月,他们组织 2 支队伍参加了第七届国际无人飞行器创新大奖赛并取得佳绩。“惯量变距”旋翼飞行器是他们研发的一款多旋翼飞行器,它采取“惯量变距”控制技术,该技术可有效降低电动直驱变转速旋翼储备功率需求,提升姿态响应速度,降低飞行噪声,促进电动直驱旋翼飞行器向大型化发展。

习　题

1.简述无人直升机的结构组成。

2.无人直升机的机身有哪些结构形式?

3.无人直升机旋翼有哪些结构形式?

4.组装无人直升机时要注意哪些事项?

5.简述旋翼头的组装步骤。

6.简述无人直升机的组装步骤。

7.简述无人直升机的调试步骤。

8.飞行前如何进行舵面检查?

项目6 无人机任务载荷组装与调试

【知识目标】

(1)掌握无人机任务载荷分类及各种任务载荷作用；

(2)掌握航拍类无人机任务载荷的组装方法和步骤；

(3)掌握喷洒类无人机任务载荷的组装方法和步骤；

(4)掌握航拍类无人机任务载荷的调试方法和步骤；

(5)掌握喷洒类无人机任务载荷的调试方法和步骤。

【能力目标】

(1)具备熟练地组装航拍类无人机任务载荷的技能；

(2)具备熟练地组装喷洒类无人机任务载荷的技能；

(3)能够对航拍类无人机任务载荷进行调试；

(4)能够对喷洒类无人机任务载荷进行调试。

【素质目标】

(1)树立航空产品质量第一的意识,培养安全文明生产的职业素养；

(2)培养吃苦耐劳的精神和严谨细致、规范操作的工作态度；

(3)具有环保意识、信息素养和工匠精神；

(4)具有耐心细致、精益求精的工作态度,养成科学务实的工作作风；

(5)具有团结协作、勇于创新的精神。

任务6.1 认识无人机任务载荷

【任务引入】

某无人机应用公司因业务需要,需采购一批无人机任务载荷,因此必须要熟悉任务载荷设备的配置和选型,要认识和了解无人机任务载荷。

【任务分析 】

随着无人机任务载荷技术的发展,无人机的应用越来越广泛,不同的任务载荷,其应用场景不同,因此对于无人机应用人员来说,认识无人机任务载荷是十分必要的。学习了解无人机任务载荷的种类、组成及功能,才能够正确地识别无人机任务载荷,才会选择使用不同的任务载荷,从而为后面学习无人机任务载荷的组装与调试打好基础。

【相关知识】

6.1.1　概述

任务载荷是指那些装备到无人机上为完成某种任务的设备的总称,包括执行电子战、侦察和武器运输等任务所需的设备。无人机的任务载荷的快速发展极大地扩展了无人机的应用领域,无人机根据其功能和类型的不同,其上装备的任务载荷也不同。

无人机支持多种任务载荷,按照载荷种类的不同,无人机任务载荷可分为光学类任务载荷和功能类任务载荷,根据不同场景的应用需求,无人机可选择合适的任务载荷。

6.1.2　光学类任务载荷

光学类任务载荷有倾斜摄影模块、热成像模块、实时视频传输模块、合成孔径雷达模块和侦查取证模块等。

1.倾斜摄影模块

倾斜摄影模块是通过在同一飞行平台上搭载多台传感器,同时从垂直、侧视等不同的角度采集影像,将用户引入符合人眼视觉的真实直观世界,可有效弥补传统正射影像只能从垂直角度拍摄地物的局限。专业倾斜摄影模块由 5 个相机组成,中间相机拍摄正射影像,其余 4 个相机拍摄倾斜影像。倾斜摄影模块如图 6-1 所示。

图 6-1　倾斜摄影模块

其应用领域包括数字城市、城市规划、交通管理、数字公安、消防救护、应急安防、防震减灾、国土资源、地质勘探和矿产冶金等。

2.热成像模块

(1)热成像仪。为了提高无人机全天候实时观测的能力,可将红外热成像技术应用于空中探测,即利用红外热成像仪对具有热泄露的地面物体进行探测,并将温度高于其周围背景的地物通过热白图像实时记录并传输至地面监测设备,或存储在机载电子盘上。

红外热成像仪需要借助一定的稳定转台,用以隔离无人机飞行对航摄的影响,以及根据观测要求实时改变其光学镜头的指向。红外热成像仪如图 6-2 所示。

红外热成像技术已在民用和军事领域都得到了广泛应用,可应用于犯罪嫌疑人夜间搜捕,还可以进行侦察、搜救等,极大地提高了观测系统的全天候侦测能力。

(2)光电吊舱。光电吊舱采用高精度两轴陀螺稳像系统,搭载红外热成像仪和高清可见光，能提供可见光和热成像仪的视频图像，可用于森林火灾隐患巡查、灾情监测和森林生长态势监测。光电吊舱如图 6-3 所示。

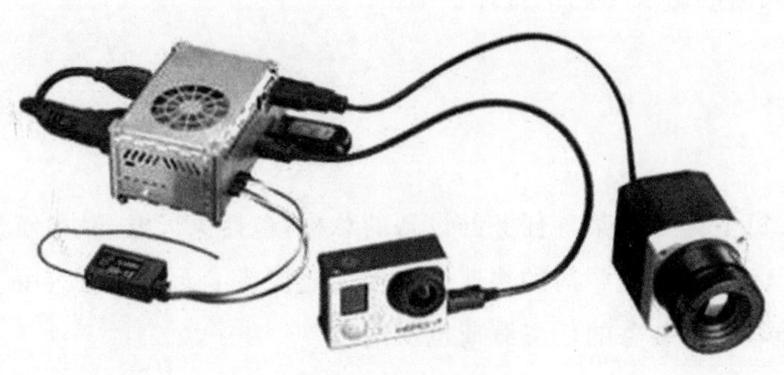

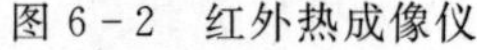

图 6-2 红外热成像仪

图 6-3 光电吊舱

3. 实时视频传输模块

实时视频传输模块又称为图传模块。图传模块的作用是将无人机在空中拍摄的画面实时传输到地面或操控手的显示设备上，使操控手能够身临其境地获得无人机远距离飞行时相机所拍摄的画面，可用于反恐处突、侦察取证、监控监视、维稳和森林防火等任务。

专用数字图传模块的视频传输方式是通过 2.4 GHz 或 5.8 GHz 的数字信号进行的。

专用数字图传模块一般集成在遥控器内，只需在遥控器上安装手机或平板电脑作为显示器即可，图像传输质量较高，分辨率可达 720P 甚至 1 080P，实时回看拍摄的照片和视频较为方便。因为集成在机身内，可靠性较高，一体化设计较为美观。但低端产品的有效距离短，图像延迟问题比较严重，影响飞行体验和远距离飞行安全。无人机图传模块如图 6-4 所示。

4. 合成孔径雷达模块

合成孔径雷达模块一般包括发射器、雷达天线、接收机和记录器 4 部分。合成孔径雷达(SAR)如图 6-5 所示，是一种主动探测方式的微波成像遥感系统，SAR 载荷与无人机相结合使得无人机系统具备了全天候、全天时的探测能力。SAR 具有分辨率高、探测距离远、探测范围大、工作效率高和不受云雾雨雪遮挡等优点。合成孔径雷达可用于无人机空中侦查，也可用于森林病虫害检测、森林树种分类检测等。

图 6-4 无人机图传模块

图 6-5 合成孔径雷达

5. 侦查取证模块

侦查取证模块如图 6－6 所示，该模块使用高清摄像机，挂载云台，支持航向、俯仰和横滚 3 个维度运动，专门为公安部门侦查取证使用，可远程获得高清晰、多角度照片，为案件侦查提供有力图证。

6.1.3　功能类任务载荷

功能类任务载荷有空中喊话模块、空中抛投模块、空中救生模块、空中捕捉网模块、空中探照灯模块、气体探测模块、系留模块、智能避障模块和植保喷洒模块等。

1. 空中喊话模块

空中喊话模块即以飞行器为搭载平台可以无线空中扩音的装置。空中喊话模块如图6－7 所示。目前空中喊话模块具有一定的应用前景，在森林防火、火灾救援、灾区搜救、交通治安、林场看护、大型活动安保及群体性事件的处置等场合可以起到很大的作用。

图 6－6　侦查取证模块

图 6－7　空中喊话模块

2. 空中抛投模块

空中抛投模块如图 6－8 所示。该模块可以携带各种载荷，能够快速反应并在第一时间直接到达投放区域上空，利用远程可视瞄准系统精准投放灭火弹、救援物资等物品。

3. 空中救生模块

空中救生模块如图 6－9 所示。该模块针对水面救援的需求，可以远程投放救生圈，利用机载图像传输瞄准系统将救生圈精准投射至落水救援目标。

图 6－8　空中抛投模块

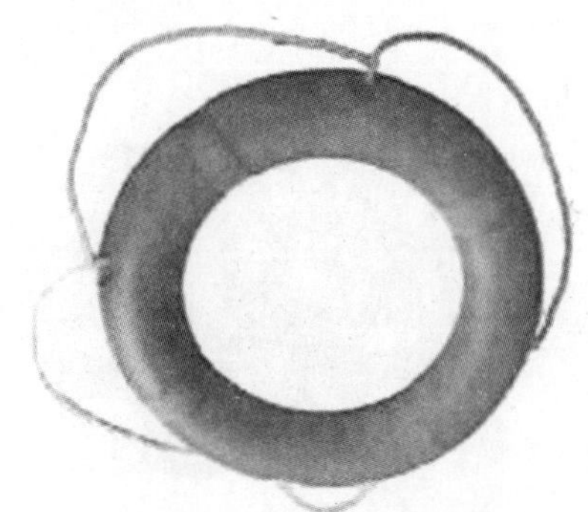

图 6－9　空中救生模块

4. 空中捕捉网模块

空中捕捉网模块如图 6－10 所示。该模块能够利用无人机从空中发射捕捉网，实现对犯罪嫌疑人或肇事无人机的空中撒网抓捕。

5. 空中探照灯模块

空中探照灯模块如图 6－11 所示。空中探照灯模块不仅具有很强的发光方向性和很远的光线投射距离，而且比较容易改变灯光的照射方向。它可利用无人机的机动性，对案发或火灾现场进行照射，方便执法部门在黑暗处执行任务，也可以用于夜间灭火救援、水域救援、山岳救援和现场指挥等方面，为救援人员提供清晰的夜间视野。

图 6－10　空中捕捉网模块

图 6－11　空中探照灯模块

6. 气体探测模块

气体探测模块搭载气体传感器，可识别和自动检测现场 CO、CH_4、SO_2、H_2S、NO_2、PM2.5 等可燃或有毒气体的浓度，其应用场景主要包括空气质量检测、环保监测、应急消防、化工厂污染排查、应急事故火灾等环境突发事件引发的大气环境污染、有毒有害气体的常规巡查和城市低空大气质量状况监测。气体探测模块如图 6－12 所示。

7. 系留模块

系留模块如图 6－13 所示。该模块由系留机载电源、智能电缆收放装置和地面大功率电能变送模组等构成。该模块解决了电池容量对旋翼无人机续航时间的限制，可实现旋翼无人机的长时间滞空，能够用于特殊现场长时间的监控、交通道路远距离监控、赛事长时间现场播报、森林防火及农场监控、工业现场监控及空气质量检测等。

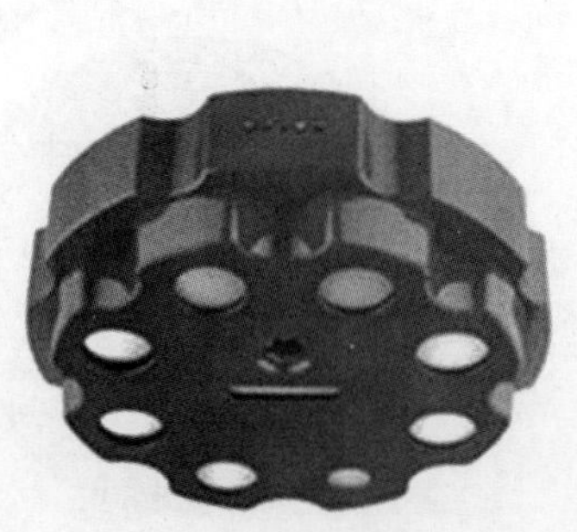

图 6－12　气体探测模块

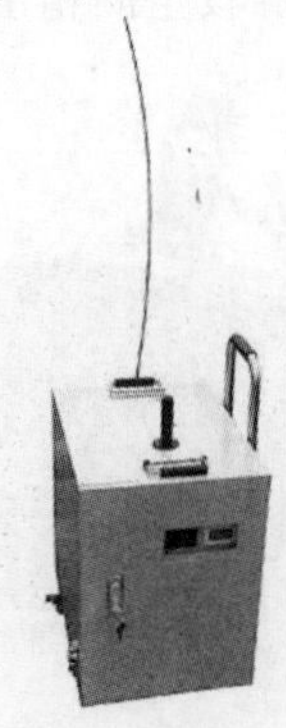

图 6－13　系留模块

8. 智能避障模块

智能避障模块如图 6－14 所示。智能避障模块是利用多个智能避障传感器，实时地检测障碍物与无人机之间的距离，从而实现无人机飞行时的自动避障，为无人机在飞行作业环境恶劣、复杂或者飞行高度较高、距离较远时提供可靠的安全保障。

9. 植保喷洒模块

植保喷洒模块如图 6－15 所示。植保喷洒模块通常由储药箱、农药喷杆、压力喷头、药管快拆连接头、水泵及水泵降压调速器等组成。植保喷洒模块的主要功能是喷药灭虫或喷洒肥料水。将配好的农药装入药箱，水泵提供动力引流，再通过导管到达喷头，将农药均匀喷洒到作物表面。使用植保无人机喷洒农药具有喷洒农药效率高、喷洒效果好、喷洒均匀和成本低等优点。

图 6－14　智能避障模块

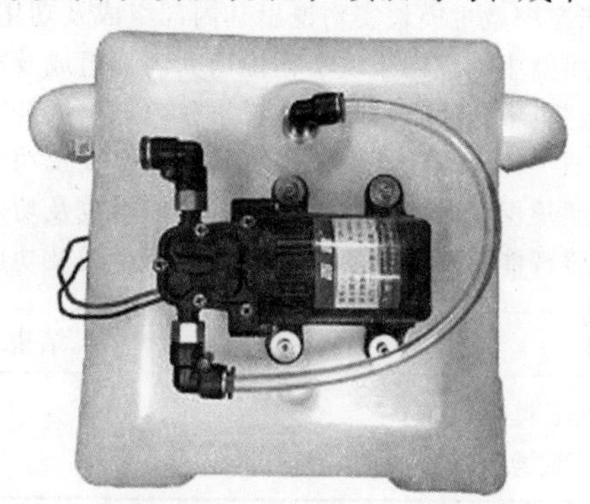

图 6－15　植保喷洒模块

【任务实施】

综合技能训练任务：认识无人机任务载荷

1. 实训目的

通过认识无人机任务载荷，掌握无人机任务载荷的种类、组成及功能，能够正确地识别无人机任务载荷，会选择使用不同的任务载荷，为后续无人机任务载荷的组装和调试工作打下基础。

2. 实训任务工单（见表 6－1）

表 6－1　认识无人机任务载荷实训任务工单

<table>
<tr><td>任务名称</td><td colspan="3">认识无人机任务载荷</td></tr>
<tr><td colspan="4">工具/设备/材料</td></tr>
<tr><td>类 别</td><td>名 称</td><td>单 位</td><td>数 量</td></tr>
<tr><td rowspan="2">设备</td><td>光学类无人机任务载荷</td><td>套</td><td>若干</td></tr>
<tr><td>功能类无人机任务载荷</td><td>套</td><td>若干</td></tr>
<tr><td colspan="4">1. 工作任务</td></tr>
<tr><td colspan="4">识别无人机任务载荷</td></tr>
<tr><td colspan="4">2. 工作准备</td></tr>
<tr><td colspan="4">(1)准备好光学类无人机任务载荷；
(2)准备好功能类无人机任务载荷</td></tr>
</table>

续表

3.工作步骤
(1)对照倾斜摄影模块实物说出其内部组成及功用； (2)对照红外热像仪实物说出其内部组成及功用； (3)对照光电吊舱实物说出其内部组成及功用； (4)对照图传模块实物说出其内部组成及功用； (5)对照雷达模块实物说出其内部组成及功用； (6)对照侦察取证模块实物说出其内部组成及功用； (7)对照喊话器实物说出其内部组成及功用； (8)对照空中抛投模块实物说出其内部组成及功用； (9)对照空中救生模块实物说出其内部组成及功用； (10)对照空中捕捉网模块实物说出其内部组成及功用； (11)对照空中探照灯模块实物说出其内部组成及功用； (12)对照气体检测模块实物说出其内部组成及功用； (13)对照植保喷洒模块实物说出其内部组成及功用； (14)对照智能避障模块实物说出其内部组成及功用
4.结束工作
(1)清点工具和设备； (2)清扫现场

3.实训任务评价(请登录工大书苑网页端 http://nwpup.iyuecloud.com/,搜索本书书名下载相关表格)

任务6.2 组装与调试航拍类无人机任务载荷

【任务引入】

某无人机应用企业接到一项航拍业务,在航拍作业之前,需要将航拍类任务载荷组装到无人机上并进行调试,以确保航拍无人机能够作业。

【任务分析 】

无人机航拍技术可广泛应用于矿产勘探、环境监测、土地利用调查、公共安全、国防事业和广告摄影等领域,有着广阔的市场需求。航拍无人机任务载荷的组装与调试是航拍无人机从业人员一项最基本的技能。学习了解航拍无人机任务载荷的组装与调试方法、流程,并通过大量的装调练习,才能掌握航拍无人机任务载荷的组装与调试技能。

【相关知识】

6.2.1 航拍类无人机任务载荷组装

1.相机安装

先将相机底座安装在云台绕横轴旋转的无刷电机的机臂上,如图6-16所示。须注意防止相机受到外界影响而脱落。

航拍类无人机任务载荷组装

用魔术扎带绕过云台底部固定相机，使得扎带上的圆孔正对相机口，如图 6-17 所示。

图 6-16 云台底座

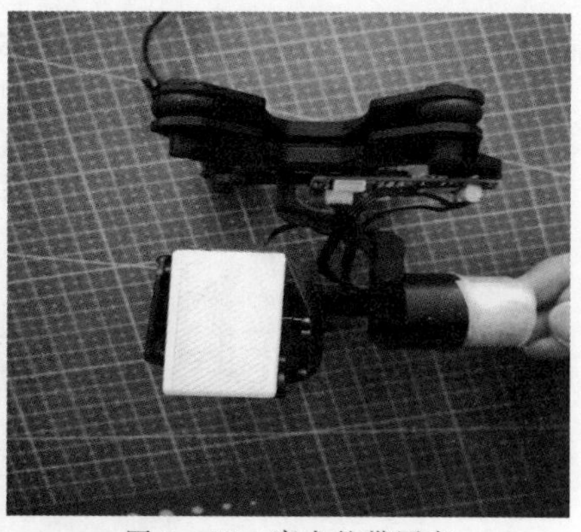

图 6-17 魔术扎带固定

紧固魔术扎带，使得相机牢牢地固定在云台上，如图 6-18 所示。

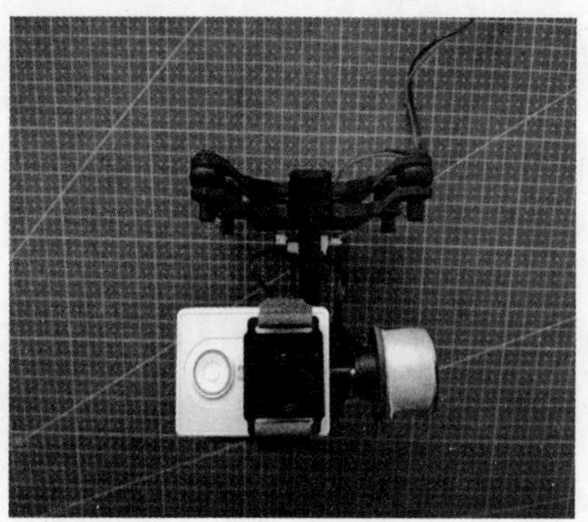

图 6-18 固定相机

2. 云台安装

将减震装置上板的减震球套进减震装置下板的 4 个孔中，确保所有的减震球安装牢固，如图 6-19 所示。

将 2 个云台防脱落扣安装在机架底部，用 M3 螺柱和 M3 螺母安装到机架底部和云台顶部，将相机云台顶固定在机架上即可，如图 6-20 所示。

图 6-19 减震装置

图 6-20 固定云台

3. 接线

选择 2 根杜邦线，连接云台控制板的输入端，如图 6－21 所示。

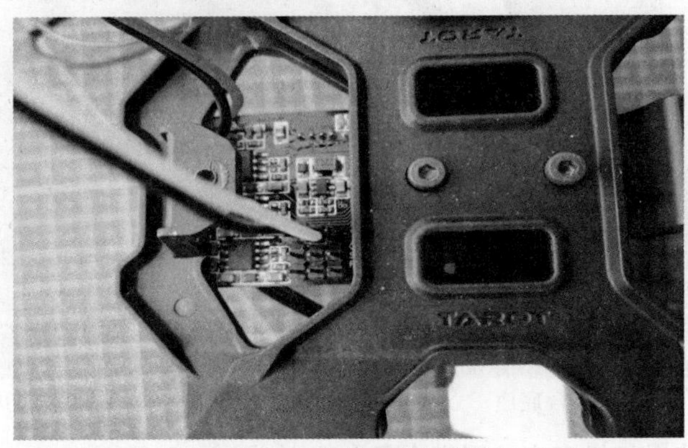

图 6－21　接线至主控板上

用杜邦线连接 RC－0 输入端来控制云台俯仰轴，维持相机的稳定，另一端连接接收机的 8 通道。用另一根杜邦线连接 RC－1 输入端来控制滚转轴，维持相机的稳定，另一端连接接收机的 7 通道。乐迪接收机如图 6－22 所示。

地线连接接收机的任意一个负极即可。然后将 GoPro 相机的视频输出端连接到 OSD 视频叠加模块，如图 6－23 所示。

图 6－22　乐迪接收机

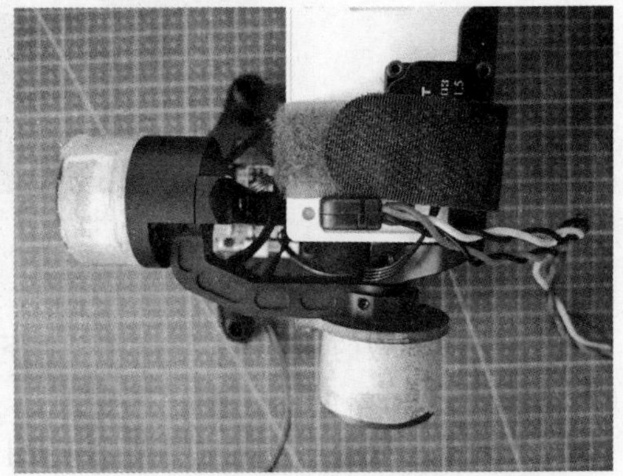

图 6－23　接线至相机

4. 捆线

将所有的线摆顺，然后用 2 mm 尼龙扎带将其捆扎好。

6.2.2　航拍类无人机任务载荷调试

1. 云台重心校准

在将云台通电前，一定要对云台的重心进行平衡校准。首先进行云台俯仰重心校准，沿着 Y 轴前、后移动，当相机移动到随意改变俯仰角度都可以回到垂直水平面的角度时，前、后方向的重心校准完成；再沿着 Z 轴上、下移动，将相机移动到随意改变俯仰角度都可以实现保持当前角度不变时，俯仰重心校准完成；然后校准横滚重心，当水平放置云台时，若发现相机向右倾斜，则说明云台横滚方向未校准好，将相机沿 X 轴左、右移动，当相机移动到改变到任意横滚角都可以保证当前角度不变时，标记相机当前在 X 轴上的位置，横滚方向的重心即校准完成，如图 6 - 24 所示。

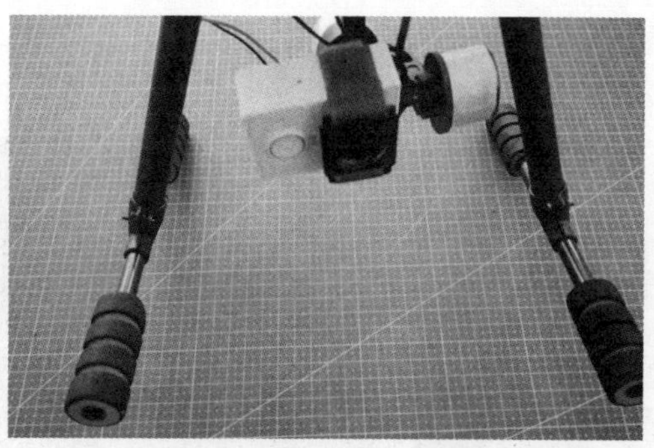

图 6 - 24　云台重心校准

2. 遥控器通道设置

首先打开遥控器菜单中的辅助通道，如图 6 - 25 所示，然后将 7、8 通道设置为遥控器背面的 2 个通道。

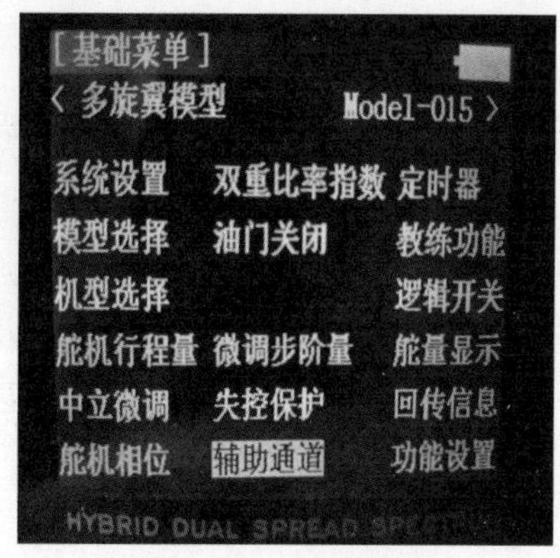

图 6 - 25　辅助通道

3. 检验云台

先将遥控器开关打开，其次将飞机接通锂电池电源，当飞机 LED 灯闪烁黄灯时，云台即开始自检，如图 6 - 26 所示。

图 6 - 26　云台自检

自检完成并且正常后，飞机 LED 灯闪烁蓝灯，如图 6－27 所示。这时飞机在进行初始化（云台自我校准）。

拨动遥控器设置的通道，检验通道是否正确。最后把云台持平，左、右晃动，检验云台是否校准成功，如图 6－28 所示。

图 6－27　云台初始化

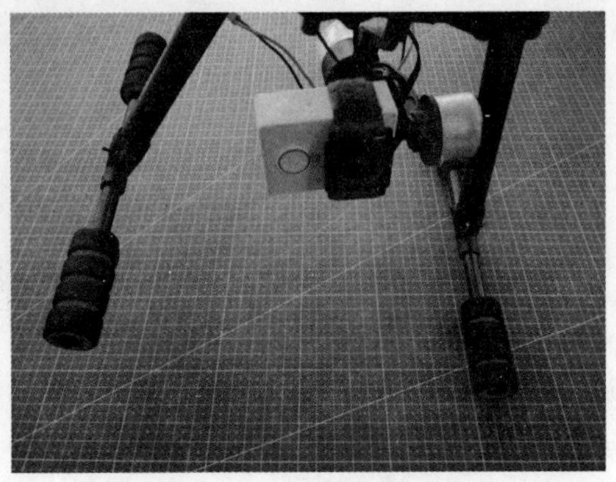

图 6－28　云台校准完成

【任务实施】

综合技能训练任务：组装与调试航拍类无人机任务载荷

1. 实训目的

通过航拍类无人机任务载荷的组装与调试练习，掌握航拍类无人机任务载荷的组装与调试方法、流程，能够独立地选择航拍类无人机任务载荷装调工具和材料，以及选择和安装航拍类无人机任务载荷调试软件，完成航拍类无人机任务载荷的组装与调试，培养航拍类无人机任务载荷的组装与调试技能。

2. 实训任务工单（见表 6－2）

表 6－2　组装与调试航拍类无人机任务载荷实训任务工单

任务名称	组装与调试航拍类无人机任务载荷		
工具/设备/材料			
类 别	名 称	单 位	数 量
设备	电脑	台	1
	多旋翼无人机	架	1
	遥控器	台	1
	云台	套	1
	相机	台	1
工具	内六角扳手	套	1
材料	扎带	根	若干
	M3 螺柱	个	若干
	M3 螺母	个	若干
	电池	组	1

续表

1.工作任务
组装与调试航拍类无人机任务载荷
2.工作准备
(1)准备好设备和材料,检查设备的有效性,材料应符合标准; (2)安装好调试软件; (3)将飞控与飞机用数据线连接
3.工作步骤
(1)组装前检查设备; (2)安装相机到云台上; (3)用魔术扎带固定相机; (4)安装减震板; (5)将云台安装在机架底部上; (6)矫正安装位置,使云台在重心上; (7)连接云台主控板与接收机的数据线; (8)连接云台与相机的数据线; (9)将所安装的数据线用尼龙扎带捆扎在合适的位置; (10)将云台连接锂电池; (11)当云台主控板上闪烁黄灯时进行自我检查; (12)当云台主控板上闪烁蓝灯时进行初始化; (13)调整云台位置,进行云台重心校准; (14)双手持着机架,左右前后晃动,检验云台校准情况; (15)进行乐迪遥控器通道设置
4.结束工作
(1)清点工具和设备; (2)清扫现场

3.实训任务评价(请登录工大书苑网页端 http://nwpup.iyuecloud.com/,搜索本书书名下载相关表格)

任务6.3　组装与调试植保类无人机任务载荷

【任务引入】

某无人机应用企业接到一项植保业务,在植保作业之前,需要将植保类任务载荷组装到无人机上并进行调试,以确保植保无人机能够作业。

【任务分析 】

我国是一个农业大国,目前植保无人机已经广泛地用于农业植保,植保无人机任务载荷的组装与调试是植保无人机从业人员一项最基本的技能。学习了解植保无人机任务载荷的组装与调试方法、流程,并通过大量的装调练习,才能具备植保无人机任务载荷的组装与调试技能。

【相关知识】

植保类无人机任务载荷组装

6.3.1 植保类无人机任务载荷组装

1. 药箱安装

先取下药箱底部的L形气动插头，在螺纹处缠5圈生胶带，再安装到药箱底部，并且用手将其拧紧；再把一字连接片用M4×12半圆头不锈钢内六方螺钉和M4圆柱ABS塑料隔离柱固定在药箱顶部，扎上魔术扎带，然后打开药箱盖去掉进气孔堵塞和白色垫圈；最后将高压电动隔膜泵用M4×16半圆头不锈钢内六方螺钉和ϕ4 mm垫片固定在药箱上，要保证泵的方向和药箱加水口方向一致，去掉高压电动隔膜泵进、出水口的红色密封盖，如图6-29所示。

将机体支架橡胶套分别固定在4个机体支架上，另一端插入机体支架座中，如图6-30所示。

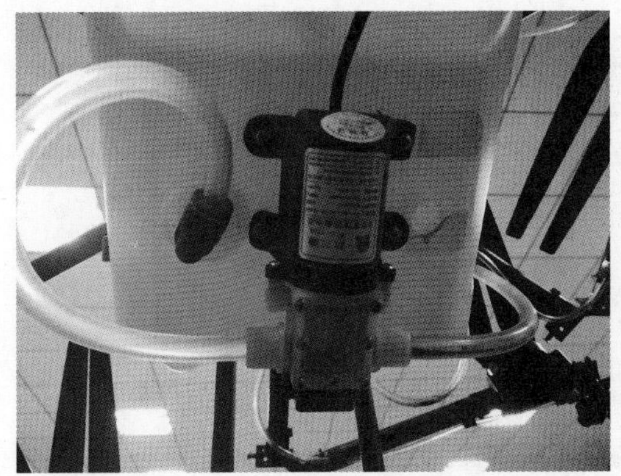

图6-29　安装液泵

图6-30　安装支架橡胶套

将药箱加水口方向置于1、2号机体支架之间，将药箱用M6×35不锈钢半圆头内六方螺钉和鸭嘴垫固定在机体支架上；其次用一根4 mm的钻头将1、3号机体支架座正前方和两侧下面的孔打透，用铆钉枪打上直径为4 mm的不锈钢铆钉；最后用一根4 mm钻头的将2、4号机体支架座两侧上、下面的孔打透，用铆钉枪打上直径为4 mm的不锈钢铆钉，如图6-31所示。

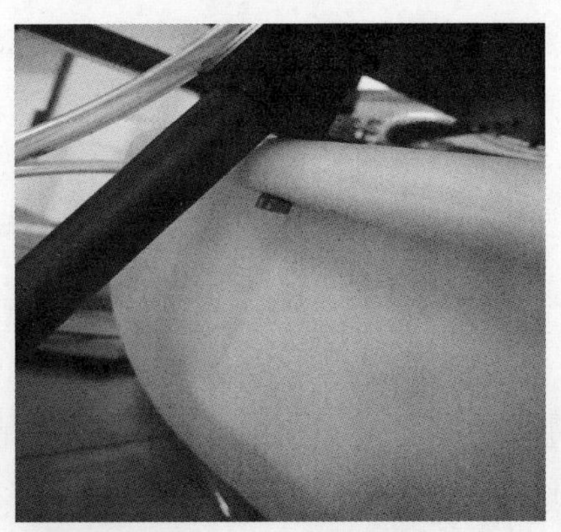

图6-31　固定药箱

2. 喷洒系统安装

将喷头卡箍用 M4×20 半圆头不锈钢十字螺钉紧固到喷头支杆热缩的一边，喷头进水向内侧，喷头卡箍面与喷头支架热缩管面对平齐。喷头支杆另一端缠 4～5 圈大约 50 mm 生胶带，然后插入喷头支杆座上，喷头支杆水平，喷头垂直向下，在喷头支杆座第二个孔处用 ϕ3.2 mm不锈钢钻头打通，用 M3×25 半圆头不锈钢内六方螺钉和 M3 蝶形螺母固定。

将组装好的喷洒支架用 M3×16 半圆头不锈钢内六方螺钉和 M3 自锁螺母固定在编号 2 和 4 的支架上，喷头支杆座的中心孔到支架面的长度为 160 mm，将喷头安装在机臂上，如图 6－32所示。

分别截取长 130 mm 和 200 mm、直径为 12 mm 的 PU 气管两段，将长 130 mm 的 PU 气管一端连接到药箱 L 形气动插头上，另一端连接水泵进水口，用管钳将螺母拧紧；将长 200 mm的 PU 气管一端连接水泵出水口，用管钳将螺母拧紧，另一端连接 T 形三通快速接头，如图 6－33 所示。

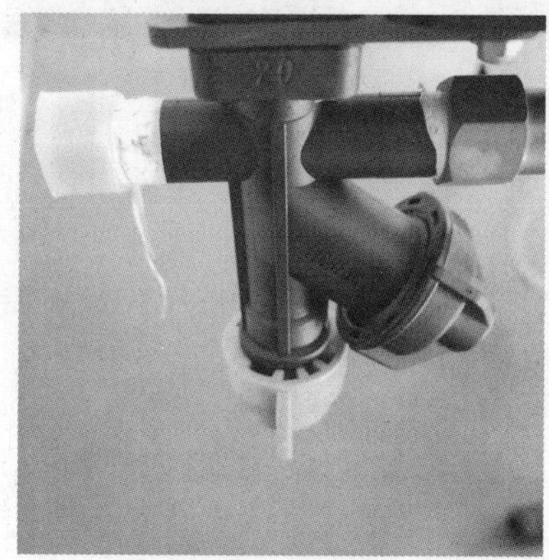

图 6－32　安装喷头

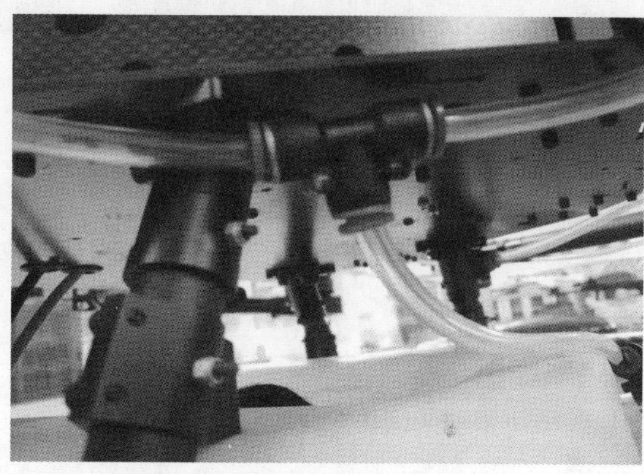

图 6－33　连接 T 形三通快速接头

分别截取长 800 mm 和 410 mm、直径为 8 mm 的 PU 气管两段，将长 800 mm 的 PU 气管一端连接右喷头快速接头，另一端连接 T 形三通快速接头；将长 410 mm 的 PU 气管一端连接左喷头快速接头，另一端连接 T 形三通快速接头，用扎带扎好，如图 6－34 所示。

用胶带将气管固定在机臂上，如图 6－35 所示。至此，喷洒系统的整体装配就完成了。

图 6－34　连接 T 形三通快速接头

图 6－35　固定气管

6.3.2 植保类无人机任务载荷调试

1.遥控器设置

设置发射低压报警为 3.7 V,接收低压报警为 4.0 V,页面设置如图 6-36 所示。

进入"辅助通道",从 5 通道开始设置,5 通道设置为 SwD,6 通道设置为 SwA,7 通道设置为 VrB,8 通道设置为 SwF,9 通道设置为 SwH,如图 6-37 所示。

图 6-36 页面设置

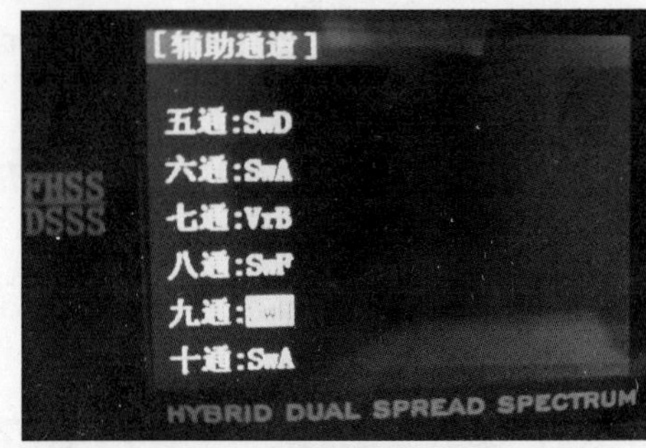

图 6-37 通道设置

2.基本参数设置

(1)GNS 和 DGNS 安装位置参数设置。首先打开地面站软件,然后点击"获取"按钮,可以读取飞机当前的各类信息,设置 GNS 和 DGNS 安装位置参数,单击"更新"按钮完成。若坐标数值需要更改,可以再单击"获取"进行设置,然后单击"更新"即可,如图 6-38 所示。

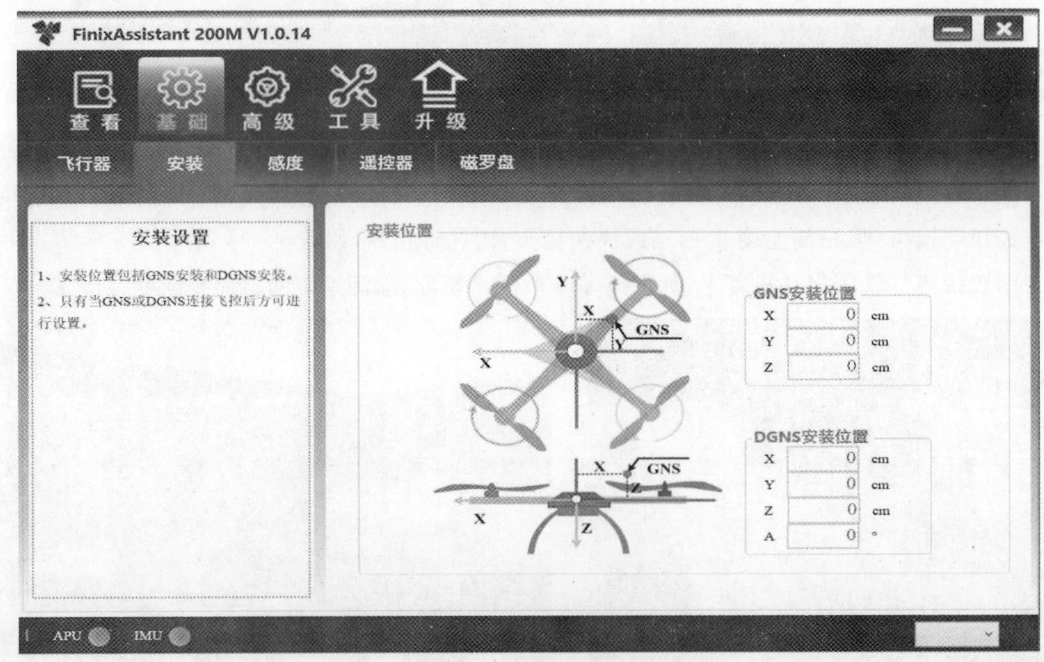

图 6-38 参数设置

(2)机型选择。单击“飞行类型”,然后单击“获取”按钮,植保无人机选择“4 轴”或者“6 轴”,单击“更新”按钮即可,如图 6 - 39 所示。

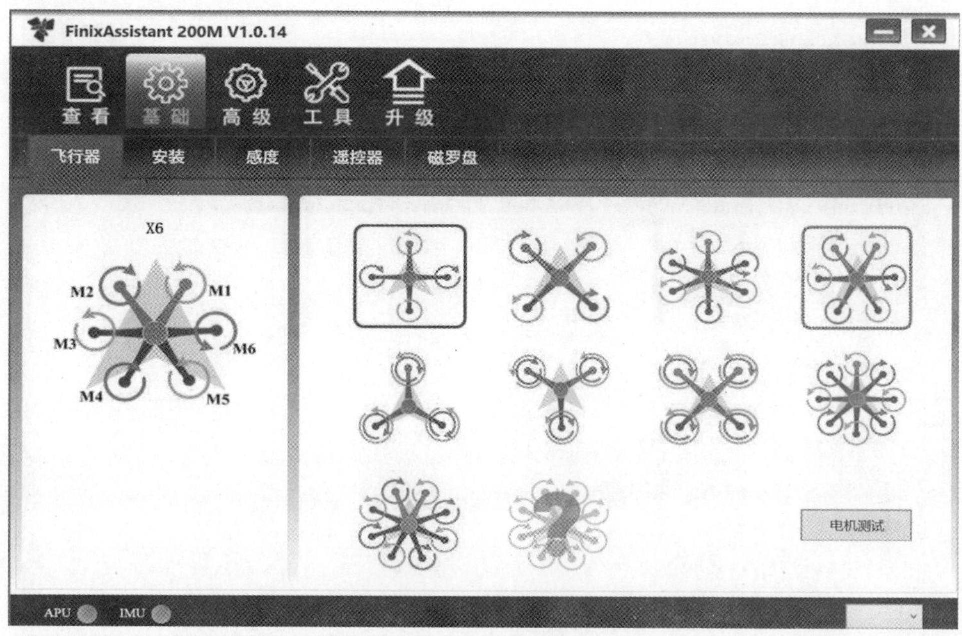

图 6 - 39　机型选择

(3) 喷洒设置。在调试软件里点击“高级设置”,选择“农业”,找到“农业应用设置”,然后单击“获取”获取完信息后调整喷洒设置,喷洒参数设置为垄长 500 m、最大纵向速度 6 m/s、垄宽 3 m、最大侧向速度 3 m/s,然后单击“更新”完成,如图 6 - 40 所示。

图 6 - 40　喷洒设置

(4)失控保护设置。设置失控保护后，当遥控器信号丢失时，飞控系统能自动控制无人机悬停并降落，以减少无人机丢失或坠落事故，如图 6-41 所示。

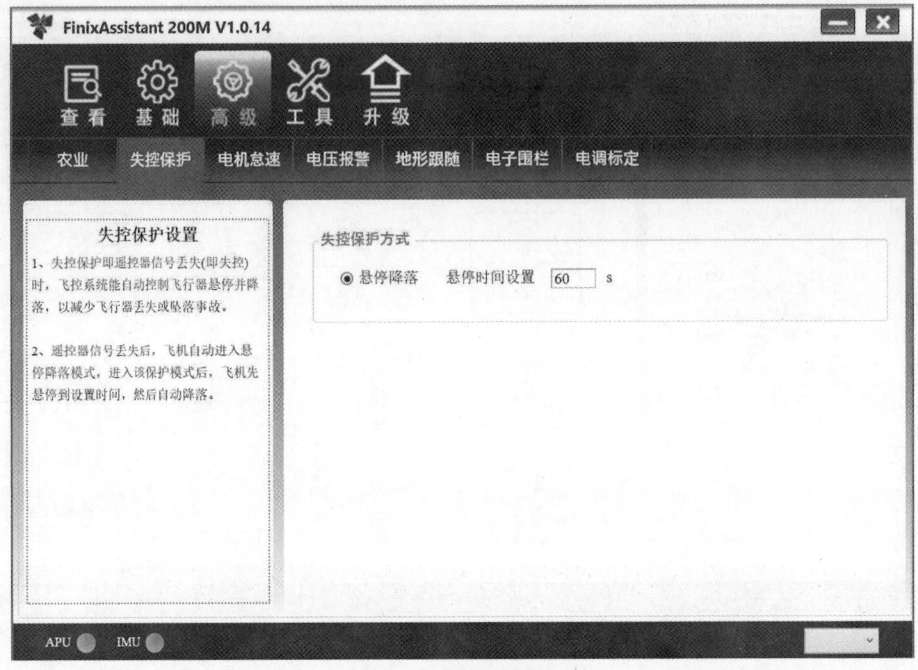

图 6-41 失控保护设置

(5)电压报警设置。设置低电压报警后，当单节电压低于输入的低电量保护电压值时，航灯会闪红光报警，如图 6-42 所示。

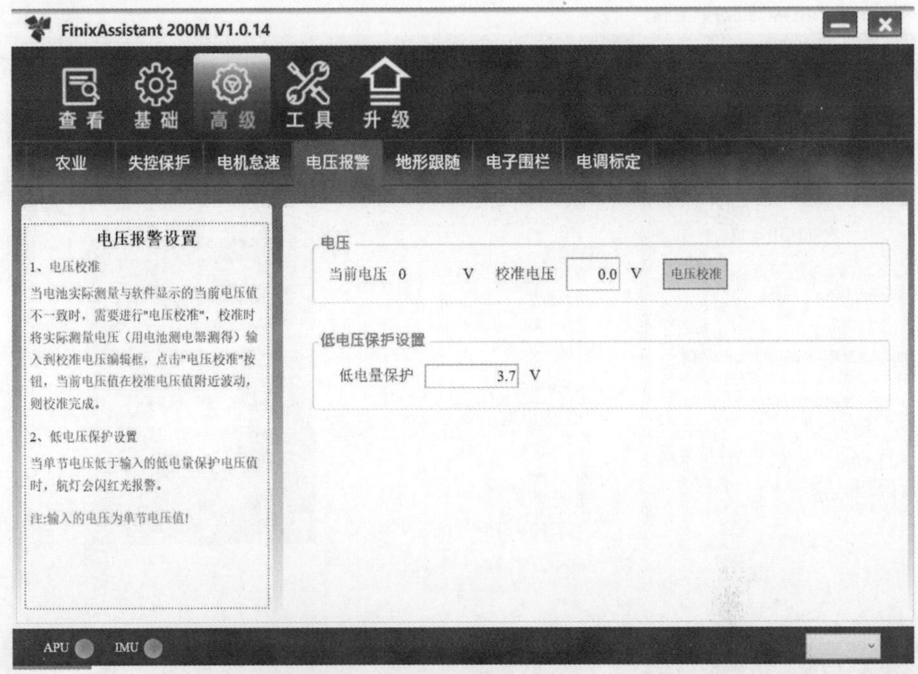

图 6-42 电压报警设置

(6)地形跟随设置。开启地形跟随后，可在预选航向上，利用地形跟随系统引导飞机按照地形实际起伏情况作业，有效提高复杂地形环境下的作业质量，如图 6-43 所示。

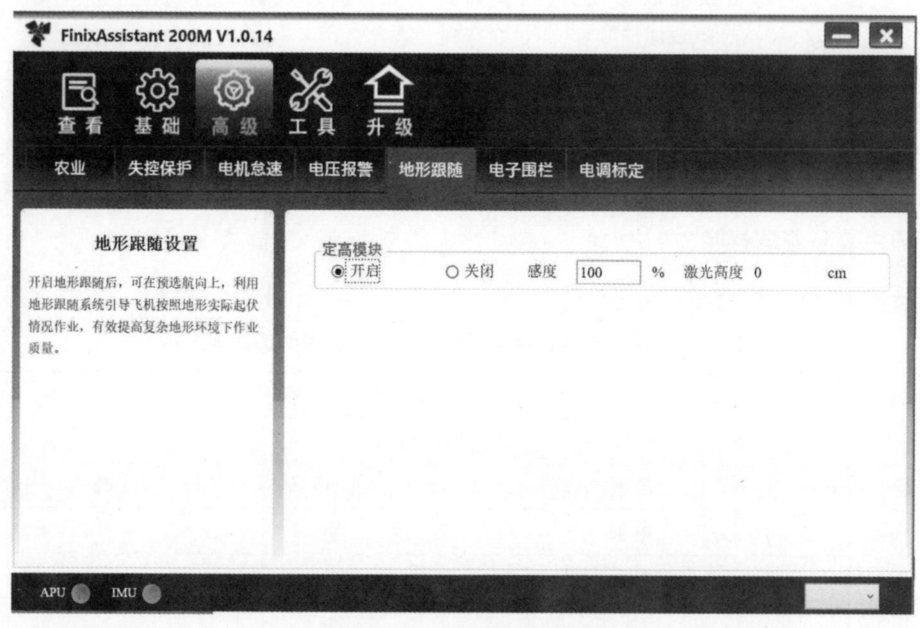

图 6-43　地形跟随设置

(7)飞行感度设置。单击“感度”，再单击“获取”，可设置俯仰基础感度、俯仰姿态感度、俯仰稳定感度、横滚基础感度、横滚姿态感度、横滚稳定感度、航向基础感度、航向姿态感度、航向稳定感度、垂向基础感度和垂向稳定感度。如果获取值与需要的参数相同，可以不用设置，如图 6-44 所示。

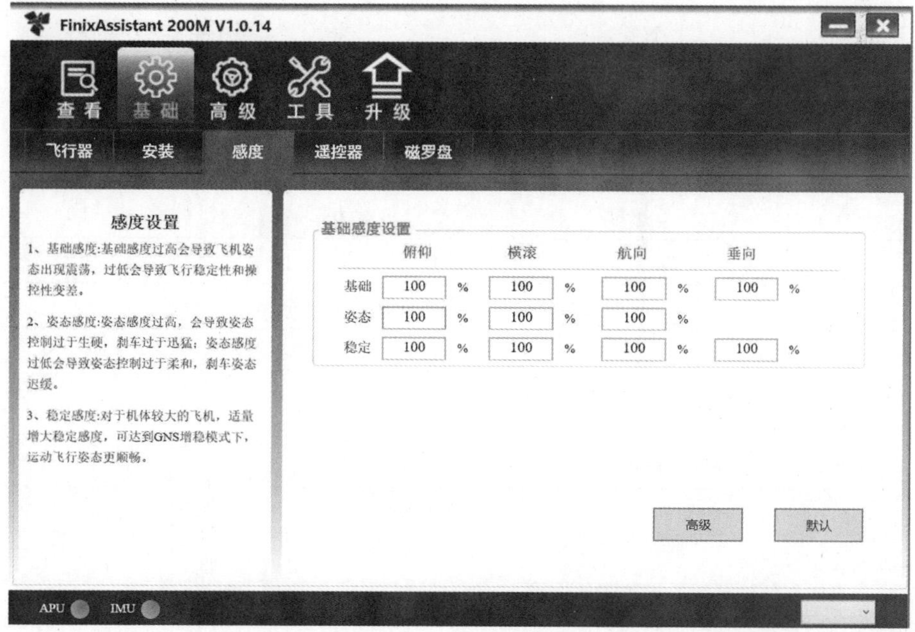

图 6-44　飞行感度设置

【任务实施】

综合技能训练任务:组装与调试植保类无人机任务载荷

1.实训目的

通过植保类无人机任务载荷的组装与调试练习,掌握植保类无人机任务载荷的组装与调试方法、流程,能够独立地选择植保类无人机任务载荷装调工具和材料,以及选择和安装植保类无人机任务载荷调试软件,完成植保类无人机任务载荷的组装与调试,培养植保类无人机任务载荷的组装与调试技能。

2.实训任务工单(见表6-3)

表6-3 组装与调试植保类无人机任务载荷实训任务工单

任务名称	组装与调试植保类无人机任务载荷		
工具/设备/材料			
类别	名称	单位	数量
设备	电脑	台	1
	多旋翼无人机	架	1
	遥控器	台	1
	喷洒套件	套	1
工具	内六角扳手	把	1
	L型扳手	把	1
	套筒扳手	把	1
	管钳	把	1
	斜管钳	把	1
材料	内六角螺钉	根	若干
	垫片	个	若干
	胶带	个	若干
	螺母	组	1
1.工作任务			
组装与调试植保类无人机任务载荷			
2.工作准备			
(1)准备好设备和材料,检查设备的有效性,材料应符合标准; (2)安装好调试软件; (3)将飞控与飞机用数据线连接			
3.工作步骤			
(1)组装前检查设备; (2)将药箱底部的气动插头用胶带缠5圈; (3)把气动插头安装在药箱底部;			

续表

(4)去掉药箱底部的气孔塞和垫片； (5)将液压泵安装在药箱底部； (6)用气管连接液泵与药箱底部插口； (7)固定药箱到飞机上； (8)安装机体橡胶套； (9)组装所需的喷洒系统； (10)将喷头与喷头支架热缩管固定在一起； (11)将喷头支架安装在机臂上； (12)截取足够长的PU气管安装到药箱、水泵和喷头上； (13)捆扎其余部分的气管到飞机机臂上； (14)进行遥控器电压设置； (15)进行遥控器辅助通道设置； (16)连接地面站，对飞机进行调试； (17)设置植保机的基本参数； (18)选择飞行器类型； (19)对喷洒系统进行设置； (20)调节飞行器感度
4.结束工作
(1)清点工具和设备； (2)清扫现场

3.实训任务评价(请登录工大书苑网页端 http://nwpup.iyuecloud.com/，搜索本书书名下载相关表格)

【课程思政】

阅读以下教学案例，结合本项目所学习的专业知识和技能，从社会主义核心价值观和创新意识等方面，按照“三全育人”的要求，分析案例中所蕴含的爱国情感、中华民族自豪感和创新思维等思政元素。

纵横大鹏矩阵系统

2020年7月22日，成都纵横宣布将旗下CW-15系列无人机升级为纵横大鹏CW-15 Matrix(矩阵)系统。此套系统包括CW-15F垂直起降固定翼无人机飞行平台、CW-15Q多旋翼无人机飞行平台、8个搭载不同任务设备的吊舱，两个飞行平台都可以根据任务需求选择不同的吊舱。在“一机多用”的基础上，纵横大鹏CW-15 Matrix(矩阵)系统打破了固定翼与多旋翼之间的使用界限，可以根据实际需要在固定翼和多旋翼无人机中间随时变身。该系统还可以做到“一舱多机”，可以在不同任务舱、不同飞行平台做到无缝连接，且可以共用一个地面站。

习　题

1. 什么是任务载荷?
2. 常用的光学类任务载荷有哪些?
3. 常用的功能类任务载荷有哪些?
4. 云台是如何分类的?
5. 图传有什么作用?
6. 简述航拍类无人机任务载荷的组装步骤。
7. 简述航拍类无人机任务载荷的调试步骤。
8. 简述植保类无人机任务载荷的组装步骤。
9. 简述植保类无人机任务载荷的调试步骤。

项目 7　无人机机械系统检修

【知识目标】

(1)熟悉无人机的机体结构；

(2)熟悉无人机的发动机组成；

(3)掌握无人机机体结构的检修方法；

(4)掌握无人机发动机的检修方法。

【能力目标】

(1)能够熟练地对纤维类无人机机体结构进行维修；

(2)能够熟练地对无人机机体进行保养；

(3)能够对甲醇发动机进行检修；

(4)能够对汽油发动机进行检修。

【素质目标】

(1)树立航空产品质量第一的意识,培养安全文明生产的职业素养；

(2)培养吃苦耐劳的精神和严谨细致、规范操作的工作态度；

(3)具有环保意识、信息素养和工匠精神；

(4)具有耐心细致、精益求精的工作态度,养成科学务实的工作作风；

(5)具有团结协作、勇于创新的精神。

任务 7.1　认识无人机机体结构

【任务引入】

无人机在飞行过程中,机体结构会经常发生故障,对无人机机体结构检修之前,需要认识无人机机体结构。

【任务分析 】

机体结构是承载任务载荷、武器和机载设备的重要部件。它将机翼、尾翼和起落架等部件连成一个整体。学习了解机体结构的组成、材质和功能,才能够正确地识别无人机机体结构,从而为后面学习机体结构的检修打好基础。

【相关知识】

7.1.1 固定翼无人机机体结构

到目前为止，除了少数特殊形式的无人机外，大多数固定翼无人机机体都由机翼、机身、尾翼和起落装置等组成，固定翼无人机机体结构如图 7-1 所示 。

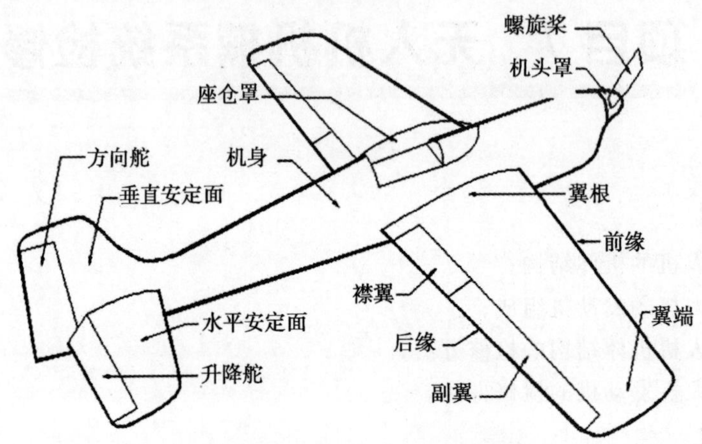

图 7-1 固定翼无人机机体结构

7.1.2 无人直升机机体结构

无人直升机是具有一副或两副主旋翼，通过旋翼的倾斜、转速的调整来产生各个运动方向的力的无人驾驶航空器。

无人直升机的主要结构有机身、动力系统、传动系统、旋翼系统、航电系统、尾翼和起落架等，如图 7-2 所示。

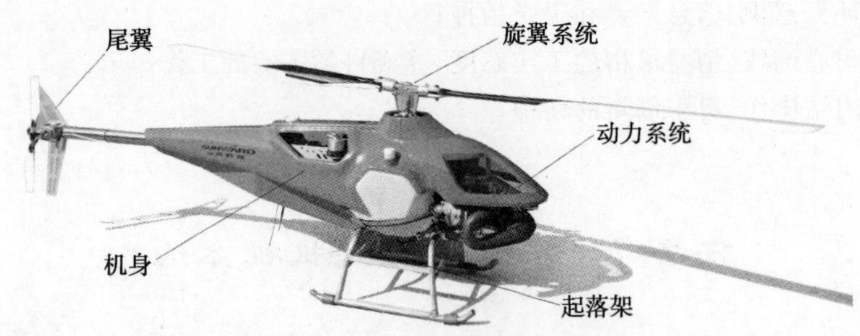

图 7-2 无人直升机机体结构

7.1.3 多旋翼无人机机体结构

多旋翼无人机机体组成一般包括机架和起落架。其中机架是大多数设备的安装位置，也是多旋翼无人机的主体，也称为机身。电机、电调和飞控板(飞行控制器)等设备都要安装在机架上面。根据机臂个数不同分为 3 旋翼、4 旋翼、6 旋翼、8 旋翼、16 旋翼和 18 旋翼等。

机架按不同材质一般可以分为塑胶机架、玻璃纤维机架和碳纤维机架等几种类型。出于对结构强度和质量的考虑，多旋翼无人机一般采用碳纤维材质。多旋翼无人机机体结构如图 7 - 3 所示。

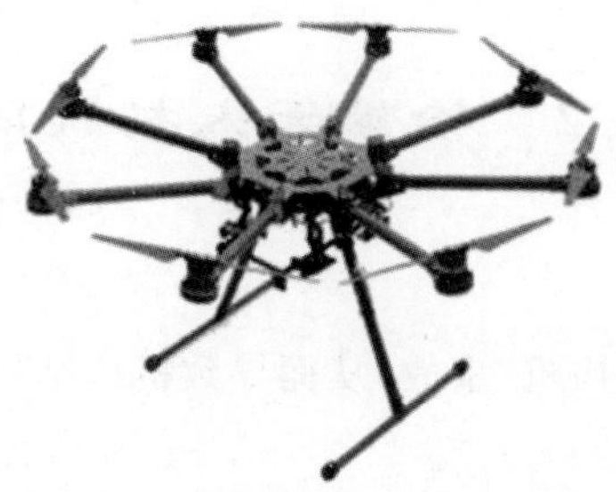

图 7 - 3　多旋翼无人机机体机构

【任务实施】

综合技能训练任务：认识无人机机体结构

1. 实训目的

通过认识无人机机体结构的各组成部件，掌握无人机机体结构的组成、材质和功用，能够独立地识别无人机机体结构各组成部件的名称、组成、材质及功用，为后续无人机机体结构的检修工作打下基础。

2. 实训任务工单（见表 7 - 1）

表 7 - 1　认识无人机机体结构实训任务工单

<table>
<tr><td>任务名称</td><td colspan="3">认识无人机机体结构</td></tr>
<tr><td colspan="4">工具/设备/材料</td></tr>
<tr><td>类 别</td><td>名 称</td><td>单 位</td><td>数 量</td></tr>
<tr><td rowspan="3">设备</td><td>多旋翼无人机</td><td>架</td><td>1</td></tr>
<tr><td>固定翼无人机</td><td>架</td><td>1</td></tr>
<tr><td>无人直升机</td><td>架</td><td>1</td></tr>
<tr><td colspan="4">1. 工作任务</td></tr>
<tr><td colspan="4">认识无人机机体结构</td></tr>
<tr><td colspan="4">2. 工作准备</td></tr>
<tr><td colspan="4">（1）准备好多旋翼无人机；
（2）准备好固定翼无人机；
（3）准备好无人直升机</td></tr>
<tr><td colspan="4">3. 工作步骤</td></tr>
<tr><td colspan="4">（1）找出多旋翼无人机并指出其机体组成；
（2）找出固定翼无人机并指出其机体组成；
（3）找出无人直升机并指出其机体组成；
（4）比较说明三种飞机机体结构组成的不同之处</td></tr>
<tr><td colspan="4">4. 结束工作</td></tr>
<tr><td colspan="4">（1）清点工具和设备；
（2）清扫现场</td></tr>
</table>

3. 实训任务评价(请登录工大书苑网页端 http://nwpup.iyuecloud.com/,搜索本书书名下载相关表格)

任务7.2 检修无人机机体结构

【任务引入】

无人机在飞行作业时,出现"炸机"事故,从而导致机体结构受损。

【任务分析 】

无人机在工作时,机体结构经常会发生故障,需要对机体组件进行检修。学习了解无人机机体结构检查、机体结构常见损伤与检修方法、机体材料维修、机体保养等知识,才能掌握无人机机体结构正确的检修方法,从而培养机体结构的检修技能。

【相关知识】

7.2.1 无人机机体结构检查

(1)检查无人机机体紧固件。检查无人机机体上的螺栓、螺丝、螺母和卡扣是否松动,如果无人机机体紧固件出现松动,应及时紧固螺丝,再涂螺丝胶加固。

(2)检查机身结构和机臂。无人机机身采用框板结构,部分翼面的梁、少数加强肋多用木质材料制成,而且承受集中力。木质材料韧性好,裂纹扩散较慢,出现裂纹后容易发现。对于金属结构的材料,飞机结构的抗疲劳性能较好,出现裂纹容易被发现。铆接结构的金属梁使用久了,腹板、缘条可能会产生裂纹或锈蚀,机身壁板及机身大梁可能会变形或产生裂纹,木质框板可能会产生裂纹甚至折断。如果机身、机臂出现了裂痕或破损,应进行维修或更换。

(3)检查整机是否对称,检查机体结构各部位是否歪斜。

(4)检查可变形系统机架结构。如果形变组件在变形过程中不顺滑或出现损伤,应及时进行维修或更换。

(5)检查机翼、尾翼。机翼、尾翼与机身连接件的强度、限位不正常或者连接结构部分有裂痕、断裂和明显变形时,可用胶水或魔术贴进行修补;如果损伤严重,则需要对机翼、尾翼进行更换。

(6)舵面检查。检查舵面是否有破损,如有破损则应及时进行维修或更换;检查舵面骨架是否有破损,如有破损则建议更换;检查舵面与机身连接处转动是否脱离,如有脱离则建议用相应的材料进行连接。

(7)检查重心位置是否正中,检查质量是否在最大起飞质量之内。

(8)检查螺旋桨。如果螺旋桨出现弯折、裂痕或破损,应进行维修或更换。

(9)检查起落架。用手推拉晃动结合部件,检查起落架的拉杆、支撑杆和支架等部件。如果发现起落架歪斜,可能是起落架接头太松或安装不正确,只要对其进行加固或重新安装即可;如果起落架发生了明显的裂痕或断裂,损坏比较严重时,需要对其进行更换。

(10)检查整流罩。检查螺旋桨、起落架的整流罩安装是否牢固。

7.2.2　纤维类无人机机体常见损伤与检修方法

1.无人机常见损伤

无人机纤维类复合材料(碳纤维、玻璃纤维)结构的损伤类型较多,其分类方法也较多。现按损伤现象、损伤形成原因和损伤程度分别来介绍无人机纤维类复合材料结构的常见损伤。

(1)按照损伤现象分类。

1)脱胶。脱胶是指纤维材料结构的黏接面在生产过程中出于受潮、进水、污染以及外物碰撞、冲击或者受力过大等原因而出现的分离破坏。

2)分层。分层与脱胶的损伤情况类似,如图7-4所示,是结构层与层之间出现的分离破坏。分层主要是遭受外物撞击或者受载荷作用而引起的。分层主要发生在结构材料的内部、边缘以及孔周边。

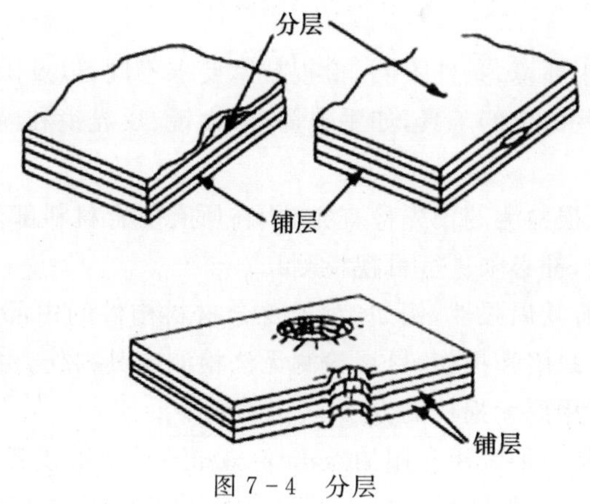

图7-4　分层

3)凹坑。凹坑是指受外力撞击,使无人机纤维材料结构表面出现凹陷破坏,从而导致凹坑周围出现脱胶分层。

4)擦伤。由于碰撞、摩擦或刮划而引起的划伤、刻痕和划痕等表面损伤。擦伤使结构表面粗糙、表面材料缺失。

5)裂纹。纤维材料结构件受交变载荷作用,在基体树脂材料中出现裂纹。

(2)按照损伤形成原因分类。

1)冲击损伤。冲击损伤是指外来物体对纤维材料结构的冲击或碰撞而引起的损伤。例如,冲击引起的损伤有分层、脱胶和凹坑等损伤。据统计,由外来物冲击产生的损伤是复合材料构件的主要损伤之一。常见的外来物有掉落的工具、跑道上的沙石等。最常见的冲击损伤是由飞行器的粗猛着陆所造成的。需要特别注意的是,有些冲击损伤,其内部的结构破坏已经很严重了,但其表面损伤看起来并不严重,仅靠目视检查很容易将其忽视。

2)疲劳损伤。复合材料在交变载荷的作用下,随着交变载荷循环次数的增加而产生的基体树脂裂纹、分层、脱胶和纤维断裂等损伤。

(3)按照损伤程度分类。

1)可允许损伤。可允许损伤是指不影响结构性能或完整性的轻微损伤。界定结构可允许损伤的标准(具体的尺寸和条件等)可在相应机型结构的修理手册中查到。注意这些尺寸指的是结构本身的尺寸,并不包括表面涂层的尺寸。对于可允许损伤,应根据具体情况确定是否需要修理。如果可允许损伤可能会扩展，使结构的剩余强度下降，从而降低设计寿命，就必须在规定的时间内对可允许损伤做简单的修理，以防损伤进一步扩展。

2)可修理损伤。可修理损伤是指损伤的严重程度超过了许可损伤的范围，致使结构（件）的强度、刚度等性能下降而需要加强修理的损伤。

3)不可修理损伤。不可修理损伤是指损伤已经超过可修理的极限，在这种情况下，复合材料结构只能进行更换。虽然零部件更换本身也是一种结构修理的手段，但本书不将其作为一种修理方法列出。

2.复合材料损伤检测方法

(1)目视检测法。目视检测是损伤检测的最基本方法。采用目视检测可发现复合材料构件上的擦伤、划伤、穿孔、裂纹、撞击损伤压痕、雷击损伤、烧伤和紧固件孔损伤等表面损伤，以及构件边缘的分层和脱胶损伤。对于擦伤、划伤等表面损伤，还可确定其损伤的面积和损伤的程度。

在进行目视检测时，因环境、条件不同，检查技术要求不同，以及限于视线可达性和视力的局限性，有时还需借助一些简单的工具，如手电筒、放大镜、反光镜和内窥镜等辅助工具来实施目视检测。

目视检测还可作为无损检测的预先检查方法，在所有复合材料部件进行无损检测之前，凡是能够目视检测到的部位，都必须进行目视检测。

然而，目视检测法也有其局限性，例如，对于复合材料构件的内部分层、脱胶、夹芯的损伤及其积水等无外表征候的缺陷和损伤，目视检测无法检测出其损伤，也无法确定其损伤的程度与范围。这种情况就需要用到无损检测方法。

(2)敲击法。敲击法是一种采用专用的敲击棒、敲击锤、硬币或者仪器等检测工具轻轻敲击被检测复合材料结构表面，通过辨听敲击声音的变化来确定损伤的检测方法，如图7-5所示。

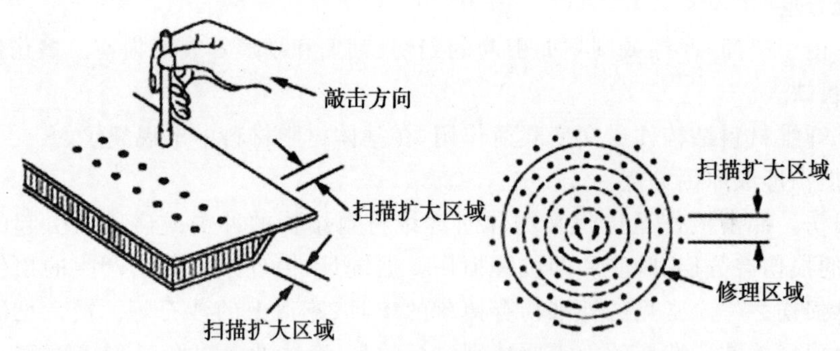

图7-5　敲击法

敲击法是一种常用但比较粗糙的检验方法。这种方法简便易行，常常作为其他无损检测方法的前期检测或补充检测手段，具有较高的实用价值。敲击法可用于检测复合材料构件的分层、脱胶、树脂固化不完全和某些裂纹等损伤。敲击法特别适用于检测层数＜3层的层合板的分层损伤。

使用敲击检测工具以10 mm间隔的网格形式敲击检查损伤区域的整个表面，如图7-6所示。

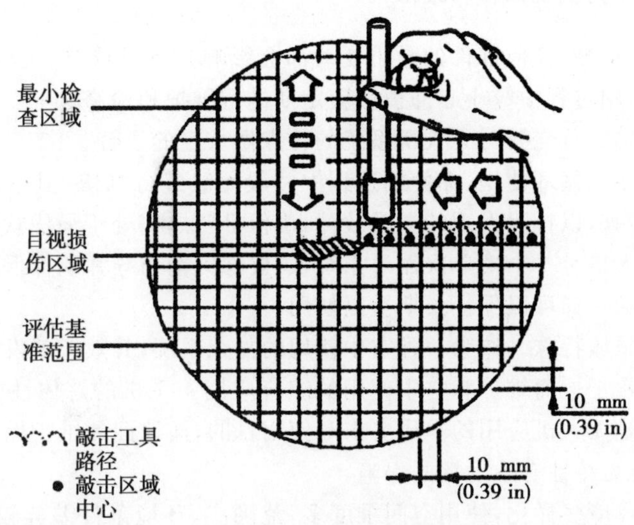

图7-6　敲击检测区域

同时要使用轻而稳定的动作敲击。在没有分层或脱胶的区域，敲击时会产生清脆的声音；在有分层或脱胶的区域，敲击时会产生沉闷的声音。

需要注意的是，当采用敲击法检验时，敲击用力要适度，避免损伤工件表面，特别是在检验薄壁件时。人工敲击法对检查人员的经验要求较高，因为检测的效果在很大程度上依赖于检验人员的经验。该方法对环境也有要求，在嘈杂的环境下检测，易受干扰。

以上两种检测方法是在无人机基体检测上比较常用的。其次还有X射线检测、超声穿透法检测、超声脉冲反射法检测、超声波脱胶检测、红外线照相检测和激光全息检测等一些方法。各种损伤检测方法所能检测出的损伤类型见表7-2。

表7-2　损伤检测方法

检测方法	缺陷类形						
	脱胶	分层	凹坑	裂纹	孔洞	湿气	灼伤
目视检测	√(1)	√(1)	√	√	√		√
敲击检测	√(2)	√(2)					
X射线检测	√(1)	√(1)		√		√	
超声穿透法检测	√	√					
超声脉冲反射法检测		√					
超声波脱胶检测	√	√					
红外线照相检测	√(3)	√(3)				√	
着色渗透检测				√(4)			
涡流检测				√(4)			

注：(1)开到表面的缺陷；(2)薄壁结构(≤3层)；(3)正在研究发展的检测方法；(4)不推荐的检测方法。

7.2.3 纤维类无人机机体材料维修

无人机属于精密机械，任何部件的微小变动都会影响其飞行状况、飞行性能和使用寿命，因此无人机在日常使用过程中应小心谨慎且应定期进行维护和检修。

对无人机进行检修，首先要对无人机系统的特点做一定的了解。

(1)无人机需要多次循环使用，在使用过程中一般无法进行维修，但在每次使用之前都要进行必要的推护和检查，以排除发现的异常故障，确保升空之前处于最优状态和任务执行过程中的安全。因此，无人机是一个准单次循环系统，既要像火箭与导弹那样保证每次使用的安全可靠，又要像地面车辆一样可以保证长期重复使用。

(2)无人机使用领域特殊。作为一种空中使用的复杂系统，其效能的发挥不仅仅是指无人机的飞行性能，也依赖于地面维护和空中使用的综合应用。飞机的总体性能是无人机执行任务的基础，空中使用是无人机应用的本质要求和使用目的，而地面的维护保养则是无人机安全可靠使用的前提和能力特性有效发挥的保障。

(3)无人机使用环境多样化，使用空间维度多，范围广，环境条件差异较大，要有针对性地进行维修和保障，以确保无人机在各种作业条件下的安全性和可靠性，使其能够顺利地完成任务。

1. 无人机纤维类机体维修

在执行飞行任务时，无人机机体出现脱胶、分层和开裂等一系列问题时，千万不要认为小范围的损坏不会影响机体强度而继续执行任务，因为无人机在飞行过程中由于电机、发动机和螺旋桨等动力系统会产生无法避免的高频振动，进而导致无人机的这些损伤加剧扩大，所以若发生故障时应及时维修，切勿抱有侥幸心理而造成更大的损失。

纤维类无人机机架材料修理方法有很多种，其中分类方法也有很多种。在实际结构修理中，常用的修理方法有铺层修理、胶接连接修理、机械连接修理与注胶填充修理 4 种。

(1)铺层修理。铺层修理是指清除损伤后，采用湿铺层或预设料实施铺层修理，在室温或者加热到某温度下实现固化的修理方法。

铺层修理是纤维复合材料最重要、最具代表性的修理方法，复合材料结构的可修复损伤绝大多数都采用铺层修理实施结构修理，是常用及使用最广泛的修理方法。

根据纤维复合材料的结构和实践，总结出以下铺层修理流程图(见图 7-7)。

1)清除结构损伤中的水和水蒸气。当纤维材料受到损伤时，常常会有水汽、湿气进入损伤裸露部分，尤其是断裂、开裂分层裸露部分，这会对修复工作产生影响，容易出现修复不牢固甚至二次开裂的情况，因此对无人机纤维材料修复前先要进行清理，要将损伤结构中的水分去除干净，去除水分的设备为电热毯、电吹风或者加热灯，通常情况下选择电吹风，使用以下工艺流程对损坏部分进行水分及湿气的去除。

A. 首先选择棉布对损坏部分进行擦拭，这样不但可以减少损伤部分的含水量，还可以去除表面的一些灰尘。

B. 在桌面上放置一层布织品(最好为棉布)，将损伤部位平放于布织品上。

C. 用电吹风进行干燥。

2)清除损伤。一般情况下不管纤维材料出现断裂、分层还是脱胶，首先要对损坏部位进行清理，步骤如下。

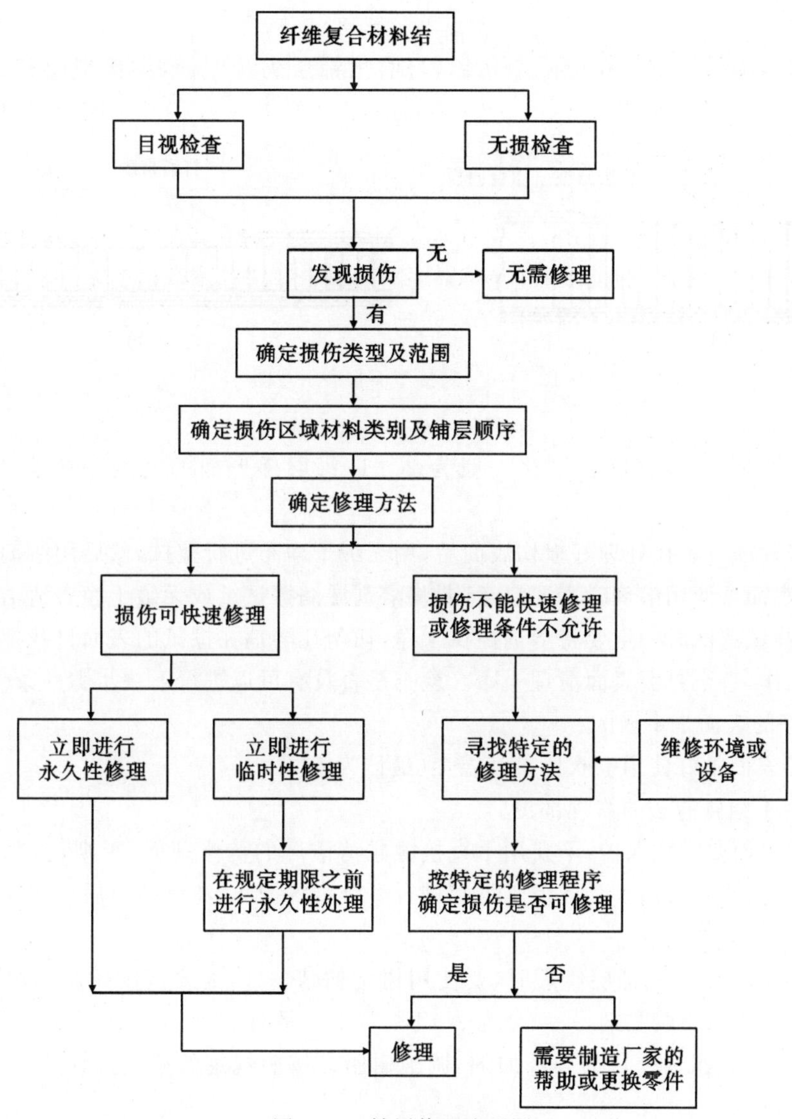

图 7－7　铺层修理流程图

A. 清洁修理表面，使用棉布、吸尘器和清洁剂等清理损伤部分。

B. 根据损伤大小及形状，画出待去除损伤的划线，划线需要考虑最小的清除量能将已损伤和不平整的部位去除干净，注意要在原有损伤大小的基础上扩大 5～20 mm，以方便后期的修复。划线时要根据损伤的形状，尽可能地选择接近损伤的形状，如圆、椭圆和矩形等。

C. 贴识别胶带。根据损伤的大小，对划线部分进行隔离，以利于保护非损伤区域及突出修理部位。

D. 切割、打磨去除损伤部位，根据损伤程度选择手工打磨、动力打磨、孔锯切割和镂铣切割。

a. 手工打磨，一般选用 800 目以上的碳化硅砂纸进行打磨。

b. 动力打磨，一般选用 400 目的碳化硅砂纸进行打磨。

c. 镂铣切割，在镂铣切割中，如果只是处理损伤的部位时，最大直径应尽可能不大于

8 mm。

3)打磨清洁损伤区域。在清除损伤后,打磨出铺层黏接型面,黏接型面打磨如图 7-8 所示。

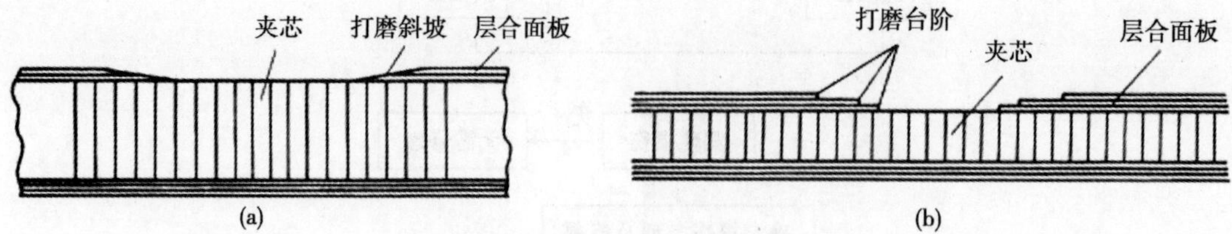

图 7-8 黏接型面打磨示意图

(a)斜坡打磨;(b)阶梯打磨

需要注意的是,斜坡打磨长厚比一般为 25∶1,每层梯形面的宽度一般为 12.5 mm 或 25 mm。

4)清洁修理部位。在处理好损伤表面后,用无绒干净布进行擦拭,然后用溶剂(酒精、丙酮等)清洗打磨表面。使用溶剂时需要注意,要将溶剂湿润擦拭纸或无绒干净布清洁后再擦拭待清洁的表面,擦拭清洁时一定要将溶剂擦拭干净,切勿让溶剂在擦拭的表面自我挥发干燥。重复上述擦拭工作,直至打磨表面清理干净。检查是否具有可以进行下一步骤的条件。

A. 清洁好的表面是干燥的。

B. 干燥的表面最好使用电吹风将其温热(最佳为 60℃)。

C. 切勿用手触碰清洁的修理部位。

清洁后的表面要注意保护,不要用手直接触碰清洁后的待修理面,否则,会严重影响修理质量,修理人员需要佩戴白手套或橡胶手套进行后续步骤操作,清洁结束后尽快完成整个修理工作,防止再度污染。

5) 调配树脂。当采用铺层修理时,要使用树脂粘结构件,需要调配树脂。在纤维材料维修过程中一般使用树脂胶黏剂,一般分为 A 组和 B 组。平时 A 组和 B 组是分开单独存放的。通常 A 组为树脂,B 组为硬化剂等添加剂,调配树脂是按照规定的质量或体积将 B 组添加到 A 组进行均匀混合。

树脂是按照质量或体积计量的。调配树脂的关键问题之一是如何确定树脂的质量或体积。因为在维修时树脂调配过多,且调配完的树脂不能长时间保存,就会造成浪费;调配少了又不够用。按照规定即可调配出恰当的树脂质量,既不会浪费又不会调配过少不够使用,在正常修理过程中一般 A 组、B 组以 1∶1的比例进行调和均匀,总质量应与纤维布的质量比为 1.2∶1。

6)手工铺层。在手工铺层前首先要确定损坏部分的纤维层数、类型和方向。手工铺层步骤如下。

A. 按照各个铺层修理补片大小进行裁剪,裁剪出适合损坏层大小的纤维材料。

B. 在铺层修理的损坏待黏结面所有部位用毛刷或其他工具将树脂胶均匀地涂于表面。

C. 在待铺设修理涂层选择大小形状合适的纤维材料进行铺设,一般修理补片的纤维材料的纤维方向要与原纤维方向一致。

D. 在纤维材料上面铺设一层隔离膜,然后用滚轮或其他工具滚动,消除修理补片的皱纹,有助于后续铺设。但在使用滚轮或其他工具进行处理时切勿用力过大,使之产生贫胶,影响修复后的强度。

E. 取下修理层表面的隔离膜，重复 A～D 步骤铺放第二层修理层。重复下去，直至达到修理规定层数或强度。

需要注意的是，在每次铺设时一定要将隔离膜取下，否则铺层修理是无效的。

7)封装。在完成手工铺层后，要将所铺设的修理层进行真空封装，为其固化做准备。一般可选择保鲜膜或透明胶带等进行封装，这样固化后容易形成平整表面，有利于最后的研磨修饰。

8)固化。封装工作结束后，即可开始实施固化工序，固化一般分为温室固化和加热固化两大类。温室固化就是在温室下，树脂从胶糊状逐渐变为固体，使黏结层与原结构固化为一体的过程。加热固化一般分为升温、保温和降温过程，加热固化可缩短固化时间，以达到最佳的黏结效果。不管是温室固化还是加热固化，一般都要抽成真空，抽成真空的目的是通过外界大气压压紧修理层，以黏结出高质量的修理面。

固化温度必须在材料要求的极限温度范围内，温度过高或过低都会引起原结构的损伤或材料的固化不够，影响修理质量。

(2)胶接连接修理。纤维复合材料通常使用的是胶接修理，此胶接修理是指广义的修理，包括上述介绍的铺层修理等。这里介绍的是狭义的胶接连接修理。胶接连接修理是指对一个部件因损坏而裂成两个部分或原有胶接连接构件出现脱胶损伤的情况，以特定的连接形式通过胶黏剂，使之连接成一体恢复其功能的方法。有的情况下胶接连接修理还需与机械连接修理一起对损伤实施修理。

在无人机结构上，进行胶接连接修理的一般为 4 种：单搭接、双搭接、斜搭接和阶梯形搭接，因为无人机通常使用 3 mm 厚的材料，且部位有较多的机械连接，所以通常使用单搭接或梯形搭接。4 种修理方式如图 7-9 所示。

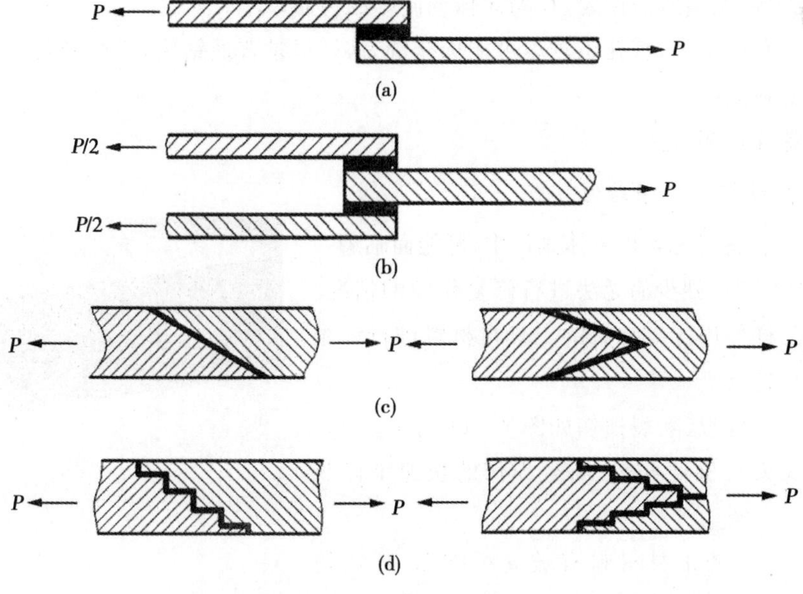

图 7-9　胶接连接修理

(a)单搭接；(b)双搭接；(c)斜搭接；(d)阶梯形搭接

(3)机械连接修理。机械连接修理是指在损伤结构的外部用螺栓或铆钉固定一个外部补片使损伤结构遭到破坏的载荷传递线路得以恢复的修理方法。机械连接修理方法通常与胶接一起使用,以达到修复后的使用强度要求。补片与连接面通常先使用胶接进行固定,如图7-10所示。

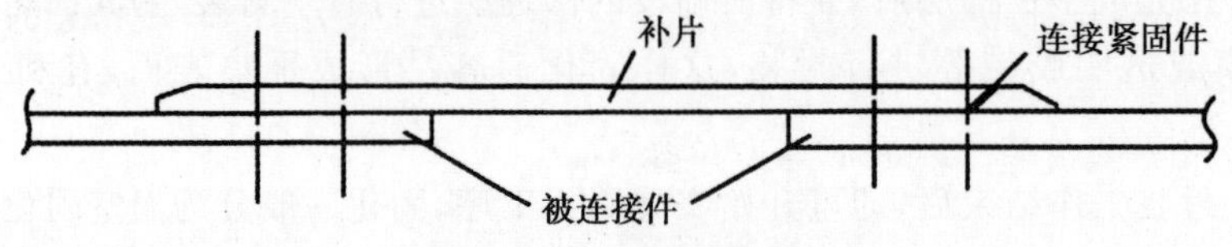

图7-10 机械连接修理

机械连接修理具有操作简单、性能可靠、结构强度相对较高和可以传递大载荷等优点,但缺点也比较突出。一般要想达到很好的效果,都要在结构上打紧固件孔,但紧固件孔会消弱结构强度,改变或引起应力集中,以及相对其他修理方法会增加原结构的质量。

在纤维复合材料的修理过程中,机械连接修理适用于被修理部件较厚且所修理部位对外形要求不高的结构件,以及外场快速修理的场合。根据紧固件的种类不同,机械连接又分为螺栓连接与铆钉连接。螺栓连接一般使用在无人机易活动或距离连接结构较近的位,也使用在方便拆卸、非永久固定的部位;而铆钉连接一般用于不容易损坏,且修复之后永久固定的位置,对拆解无人机没影响时使用。

对于机械连接修理,在修复前必须考虑以下几个问题:

1)确认损伤部位并清理;

2)切割维修补片,注意补片的材料、形状和厚度;

3)确认要修补部位和材料种类;

4)进行胶接,调整所需位置,均匀涂抹调制好的树脂;

5)注意打孔的工艺,打孔工具尽可能选择铣刀,如果是普通钻头,尽可能要控制好进深,防止纤维复合材料脱胶;

6)固定螺栓或铆钉。

2.无人机纤维类机架维修实例

在纤维复合材料无人机机体维修中,可能面临着一些工具设备及材料的缺少而无法进行修复作业的情况。下面来学习怎样使用比较常见的工具与材料进行纤维复合材料的快速修复。

无人机机臂劈裂、断裂损伤如图7-11所示。

图7-11 无人机机臂劈裂、断裂损伤

多旋翼无人机机臂劈裂、断裂损伤的快速维修步骤如下。

(1)需要准备的工具材料有玻璃纤维布、环氧树脂、硬化剂或固化剂、透明绝缘胶带、刷子、纸杯、硅胶手套、抛光膏或研磨膏和800目以上砂纸,如图7-12所示。

需要注意的是，在修补时建议不要使用强调高模系数的碳纤维材质做补强，因为折曲角度超过 120°就容易断裂，反观玻璃纤维布具有高度韧性，抗拉强度也足够，即使折曲角度超过 180°也不会发生断裂，而且玻璃纤维布不仅可以达到修复强度要求，还比碳纤维布便宜，性价比更高。

(2)止裂。为防止纤维管裂痕进一步扩张，在修复前需使用 0.8～3 mm 的钻头在每一道裂痕的两端进行钻洞。使用打孔进行止裂一般在大的平面或曲面出现裂痕时使用，以防止纤维管在受力或承受载荷的情况下进一步开裂。

(3)清理。用 800 目以上砂纸对需要修复的部位进行打磨清理，磨至颜色均匀、没有毛刺及不平整部位，如图 7-13 所示。

图 7-12　修理常用工具材料

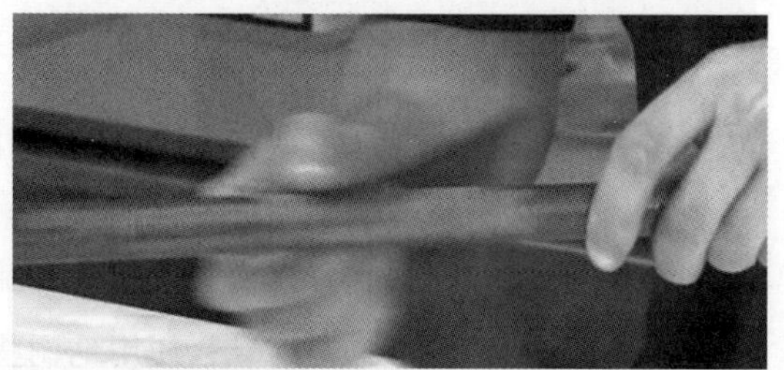

图 7-13　打磨清理

然后使用无绒干净布或沾有酒精/丙酮的擦拭纸擦拭打磨的表面，直至无绒干净布或擦拭纸不再变颜色为止(一般打磨出的为黑色粉尘，打磨的粉尘尽可能不要直接接触皮肤，因粉尘里主要为碳粉或玻纤粉，颗粒非常小，接触皮肤后容易进入皮肤产生过敏)。

在使用沾有酒精或丙酮的擦拭纸进行擦拭(见图 7-14)时，不要让带有酒精、丙酮的部位表面自我挥发干燥，可用无绒干净布进行擦拭，直至带有酒精、丙酮的部位干燥为止。有条件可以选择电吹风进行加热干燥。

清洁后的表面要注意保护，不要用手直接接触碰清洁后的待修理面，否则，会严重影响修理质量，修理人员需要佩戴白手套或橡胶手套进行后续步骤操作，清洁结束后尽快完成整个修理工作，防止再度污染。

(4)固定。选择一个固定支架(选择固定支架时，一般选用机体的一个方向为固定的，另一个方向为可旋转的，以方便后续均匀涂胶)，将所需要维修的部位进行对接或位置调整，方便进一步维修，如图 7-15 所示。

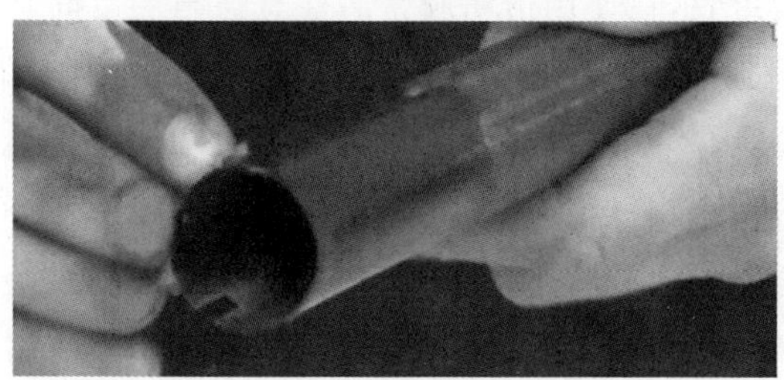

图 7-14　使用丙酮对损伤部位清理

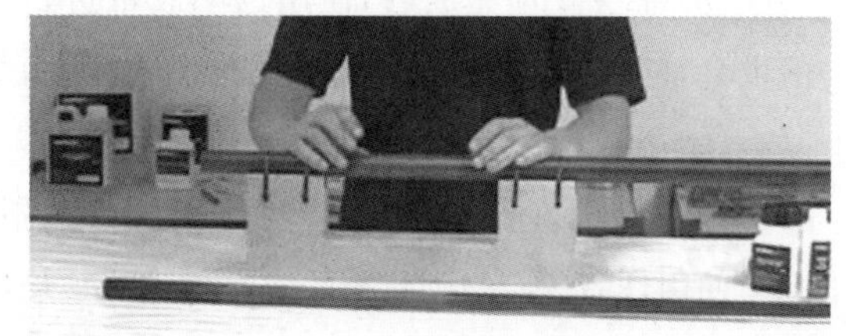

图 7-15　损伤部位固定

(5)拿出纸杯，取适中的环氧树脂倒入杯中，然后再取出环氧树脂 80%～95%的固化剂，搅拌均匀，如图 7-16 所示，如果不均匀可能会导致维修部位脱胶或者修复强度不能达到要求强度等情况，造成修复失败。

(6)使用毛刷将混合好的环氧树脂与固化剂均匀地涂抹在所修部位，如图 7-17 所示。

图 7-16　环氧树脂与固化剂相互均匀混合

图 7-17　环氧树脂涂抹

(7)裁剪尺寸合适的玻璃纤维布，附于刚刚均匀刷好胶的损坏部位(在铺设玻璃纤维布时一定要注意，须防止玻璃纤维布在铺设时产生褶皱，这将对后续工作带来极大的不方便，而且强度也将受到影响)，如图 7-18 所示。

铺设一层后开始铺设第二层，使用毛刷将混合好的环氧树脂与固化剂均匀地涂抹在铺设的第一层玻璃纤维布上，如图 7-19 所示。

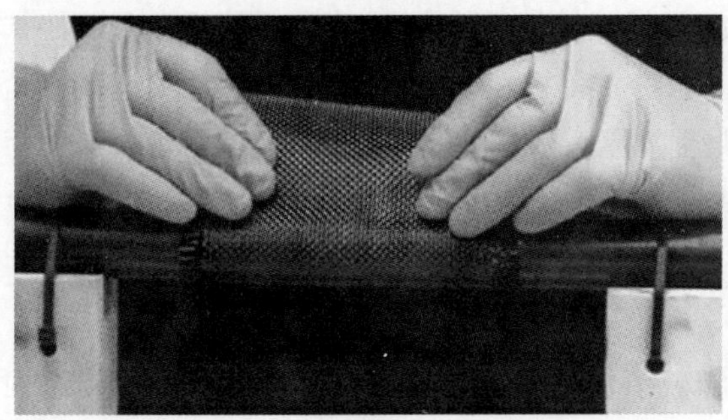

图 7-18　玻璃纤维布铺设

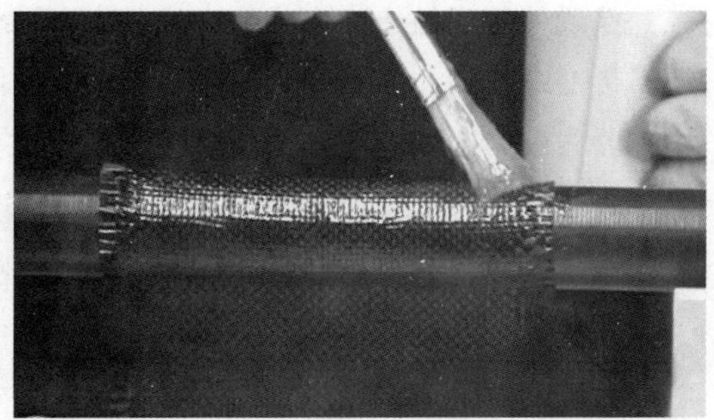

图 7-19　二层铺设

继续铺层，然后重复(6)(7)步骤，直至完成所需要的铺层数或达到要求强度，在铺层维修时断裂损坏一般铺层为 4 层以上即可达到所需强度，劈裂损坏一般铺层为 3 层以上即可达到所需强度。

(8)铺层修理完成后，使用透明胶带进行压紧封装，在使用透明胶带时注意层与层之间禁止重合，防止固化后对外观处理的难度增大，如图 7-20 所示。

(9)用透明胶带进行压紧封装后，使用热风枪对修复部位加热(可加快环氧树脂与固化剂混合物的固化，还可以进一步排除封装内的空气)，以进一步提高修理质量，如图 7-21 所示。

使用环氧树脂与硬化剂的混合物作为玻璃纤维布之间的黏合剂。二者混合会发生化学反应产生热与气体。如果固化时间较为充足，这些气体将以气泡方式浮出表面消失，从而避免气泡被固化在树脂层里造成修复强度不足。因此，为了保证修复结构更加稳定与扎实，建议选用 24 h 固化指数的环氧树脂，以此增加化学反应的持久性，增强修复后无人机机体的强度与耐用性。

(10)在固化完成后，取下透明胶带，对修复部位做最后处理，选择 800 目以上的砂纸(有条件可选择 2 000～3 000 目的砂纸）对修复部位进行打磨，直至表面光滑，最后选择抛光膏，将表面进行抛光，整个修复工作就完成了。

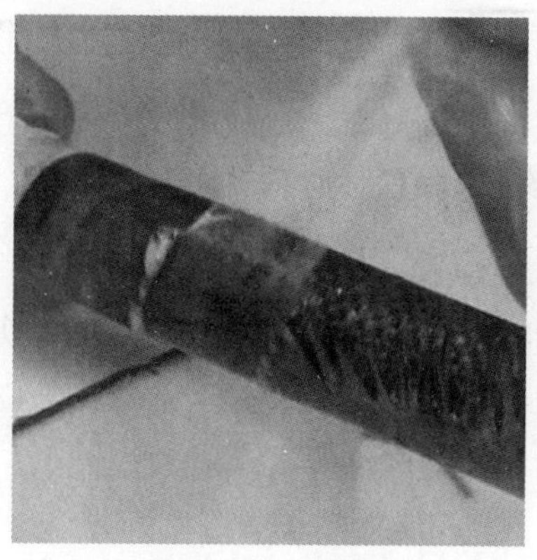

图 7-20　封装

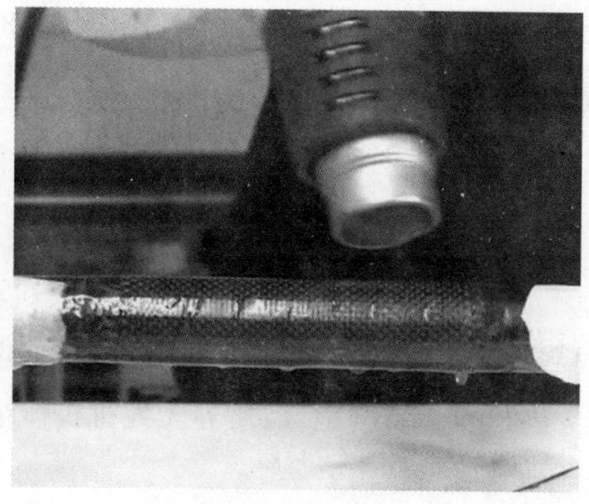

图 7-21　加热

7.2.4　机体保养

1. 机体的清洁保养

（1）定期清洁无人机表面的污染物。无人机使用后应尽量在阴凉通风的地方定期用清水彻底清洗无人机表面和废气通道的内部区域，冲洗完后应重新加润滑油。

（2）加强润滑。润滑剂能有效防止或减缓功能接头和表面的磨损，防止或减缓静态接头的缝隙腐蚀，因此需要加强接头摩擦表面、轴承和操纵钢丝的正常润滑。

（3）保持无人机表面光洁。为了减缓无人机机件的腐蚀，需要保持无人机表面的光洁。

（4）避免受到冲击、重压。严禁剧烈机械冲击与摩擦，更不能堆压重物和锋利物品。重型机械、锋利物品容易使塑胶机架变形，破坏机架结构，缩短机架寿命。

（5）避免烟火，隔离热源，杜绝烟蒂、火种等。过高的热量会导致塑胶机架起鼓、变形。如遇烟火等更会对塑胶机架造成直接破坏。

2. 机体结构部件的更换

（1）机翼、尾翼的更换。机翼、尾翼与机身连接结构部件有损伤时，需要对机翼、尾翼进行更换。更换步骤如下。

1）将机身平放地面，拧下尾翼螺钉，卸下受损的尾翼、尾翼插管及定位稍。

2）安装新的尾翼插管及定位稍，安装尾翼并固定尾翼螺钉。

3）将与机翼连接的副翼线缆及空速管断开。

4）拧下机翼固定螺钉，卸下受损的机翼及中插管。

5）安装完好的中插管及机翼，固定机翼螺钉。

6）连接空速管及副翼舵机。

（2）起落架的更换。起落架受损严重时，需要对其进行更换。

1）松开起落架与机身底部的螺钉。

2）取下起落架。

3)维修起落架或更换新的起落架。

4)更换已经磨损的轮子。

5)将维修好的起落架重新用螺钉固定到机身底部。

【任务实施】

综合技能训练任务:检修无人机机体结构

1.实训目的

通过无人机机体结构检修练习,掌握无人机机体结构检查、机体结构常见损伤与检修方法、机体材料维修、机体保养等知识,能够独立地选择和使用无人机机体结构检修工具和材料,以及完成无人机机体结构检修,培养无人机机体结构的检修技能。

2.实训任务工单(见表7-3)

表7-3 检修无人机机体结构实训任务工单

任务名称	检修无人机机体结构		
工具/设备/材料			
类别	名称	单位	数量
设备	多旋翼无人机	架	1
	遥控器	台	1
工具	螺丝刀	把	1
	尖嘴钳	把	1
	镊子	把	1
	扳手	把	1
材料	清洁剂	瓶	1
	扎带	根	若干
	胶带	卷	1
	毛刷	把	1
	手套	副	1
	纤维布	块	1
	砂纸	张	1
	环氧树脂	瓶	1
	固化剂	瓶	1
1.工作任务			
检修无人机机体结构			
2.工作准备			
(1)准备好设备和工具,检查设备和工具的有效性; (2)准备好材料,材料应符合标准; (3)将地面站软件准备好			

续表

3. 工作步骤
(1)机臂检查； (2)机臂模块故障检查及故障维修； (3)机身检查； (4)机身模块故障检查及故障维修； (5)起落架检查； (6)起落架故障检查及故障维修
4. 结束工作
(1)清点工具和设备； (2)清扫现场

3. 实训任务评价(请登录工大书苑网页端 http://nwpup.iyuecloud.com/，搜索本书书名下载相关表格)

任务7.3　认识无人机发动机

【任务引入】

无人机在工作时，发动机可能会发生故障，对无人机发动机检修之前，需要认识发动机。

【任务分析】

发动机是无人机的重要组成部分，相当于无人机的"心脏"，学习了解发动机的构造与工作原理，才能够正确地识别无人机发动机，从而为后面学习发动机的检修打好基础。

【相关知识】

7.3.1　活塞式发动机的构造和原理

1. 概述

活塞式发动机是令燃料在发动机气缸内部进行燃烧，将燃料的化学能转变成热能，然后又通过热能推动汽缸内的活塞做功，从而转变成机械能的机器。

活塞式发动机是通过燃烧油料做功来工作的。活塞内结构如图7-22所示。

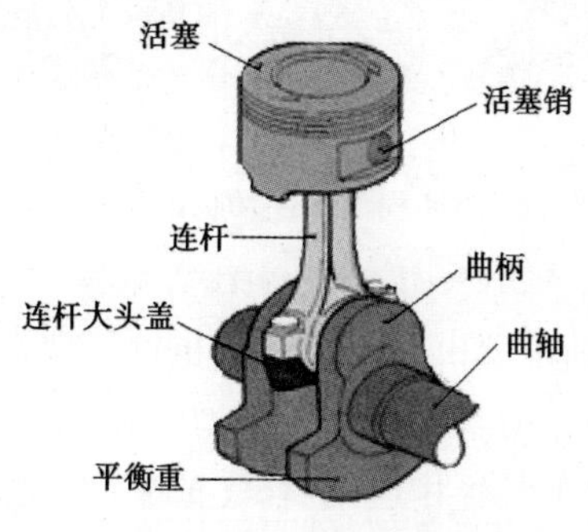

图7-22　活塞内结构

根据活塞式发动机的工作原理还可以把活塞式发动机分为二冲程发动机和四冲程发动机两种类型。

2. 四冲程发动机的结构及工作原理

四冲程汽油发动机结构如图 7－23 所示，四冲程汽油发动机的工作原理如图 7－24 所示。

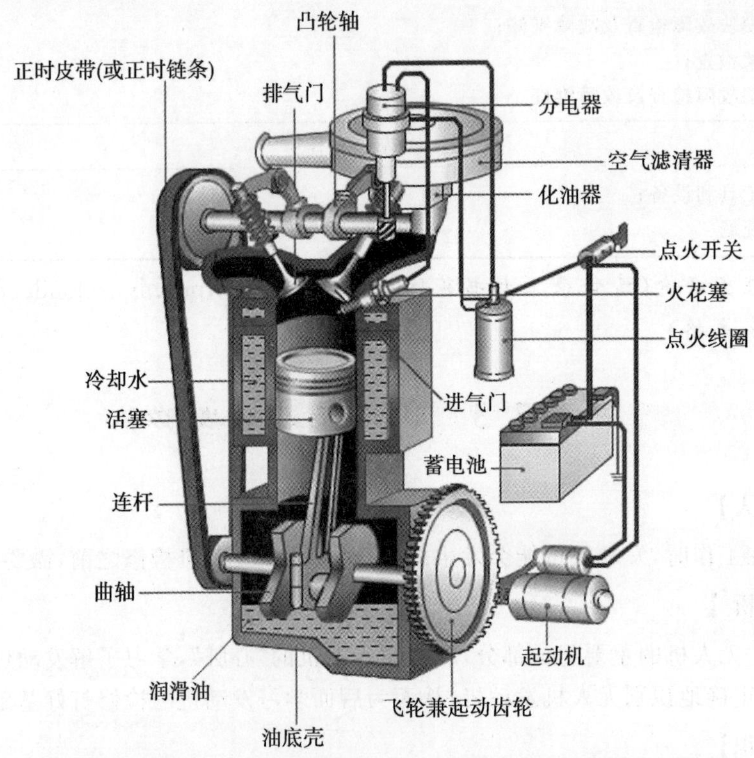

图 7－23　四冲程汽油发动机结构示意图

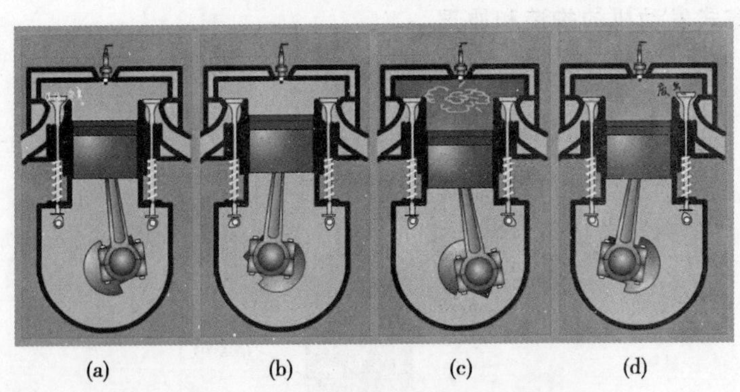

图 7－24 四冲程汽油发动机的工作原理图

(a)吸气；(b)压缩；(c)做功；(d)排气

(1)吸气。此时，活塞被曲轴带动由上止点向下止点移动，同时，进气门开启，排起门关闭。当活塞由上止点向下止点移动时，活塞上方的容积增大，气缸内气体压力下降，形成一定的真空度。由于进气门开启，气缸与进气管相通，混合气被吸入气缸。

空气由空气滤清器经进气道上的化油器，将汽油吸入并雾化成细小的油粒与空气混合，即形成可燃混合气，而后进入气缸。

当活塞移动到下止点时，气缸内充满了新鲜混合气并含有部分上一个工作循环未排出的废气。

(2)压缩。活塞由下止点移动到上止点，进排气门关闭。曲轴在飞轮惯性力的作用下带动旋转，通过连杆推动活塞向上移动，气缸内的气体容积逐渐减小，气体被压缩，气缸内的混合压力与温度随着升高。

(3)做功。此时，进排气门同时关闭，火花塞点火，混合气剧烈燃烧，气缸内的温度、压力急剧上升，高温、高压气体推动活塞向下移动，通过连杆带动曲轴旋转。在发动机工作的四个冲程中，只有这个冲程才实现热能转化为机械能，因此，这个冲程被称为做功冲程。

(4)排气。此时，排气门打开，活塞从下止点移动到上止点，废气随着活塞的上行被排出气缸。由于排气系统的阻力，且燃烧室也有一定的容积，所以在排气终了也不可能将废气排净，这部分留下来的废气称为残余废气。残余废气不仅影响充气，对燃烧也有不良影响。

3.二冲程发动机的结构及工作原理

二冲程汽油发动机结构如图7-25所示，二冲程汽油发动机的工作原理如图7-26所示。

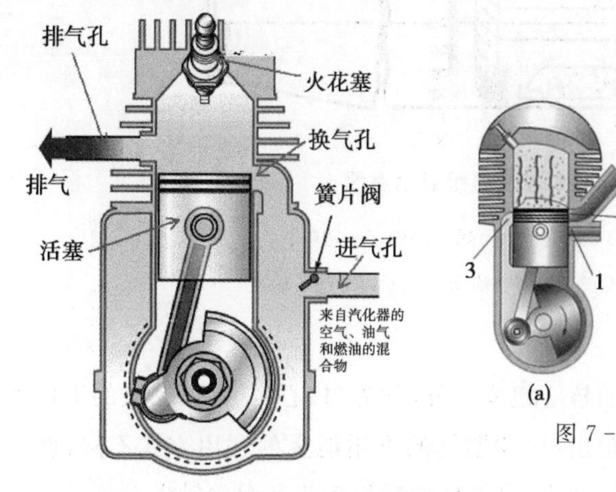

图7-25 二冲程汽油发动机结构示意图

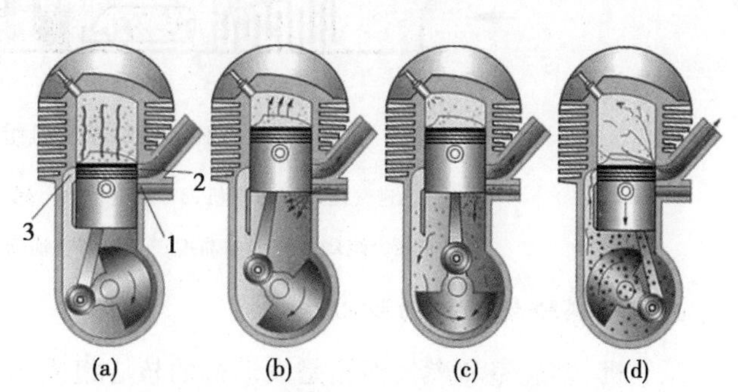

图7-26 二冲程汽油发动机的工作原理图

(a)压缩；(b)进气；(c)燃烧；(d)排气

1—进气口；2—排气口；3—扫气口

(1)吸气。活塞由下止点向上止点移动，关闭扫气口和排气口，压缩已经进入气缸的混合气。由于活塞上移，使活塞下部密闭的曲轴箱内容积不断加大，压力降低，形成真空度，当活塞下边缘将进气口打开时，在大气压力的作用下，可燃混合气被吸入曲轴箱内。可见第一冲程是压缩和预进气冲程。

(2)当上一冲程活塞接近上止点时，火花塞点火，点燃已压缩的混合气体。由于混合气体燃烧并急剧膨胀，推动活塞向下移动做功，同时压缩了曲轴箱内的可燃气体。活塞向下移动将排气口打开，具有一定压力的废气很快经排气口冲出体外。活塞继续向下移动，随即扫气口也被打开，曲轴箱内被压缩的可燃混合气体经扫气口进入气缸体内，同时驱逐气缸内的废气继续排出。

二冲程发动机的优点是结构比较简单、质量轻、尺寸小。另外由于曲轴转一圈就有一次做功，所以当二冲程发动机与四冲程发动机的气缸工作容积、压缩比、曲轴转速、每循环供油量以及其他条件相同时，二冲程发动机的实际功率将比四冲程发动机要大。二冲程发动机的缺点是油耗大，废气污染大，可靠性和经济性较差。

7.3.2 燃气涡轮发动机组成及工作原理

1. 燃气涡轮发动机组成

航空涡轮发动机一般由进气道、压气机、燃烧室、燃气涡轮和尾喷管五部分组成。航空涡轮发动机组成如图 7-27 所示。

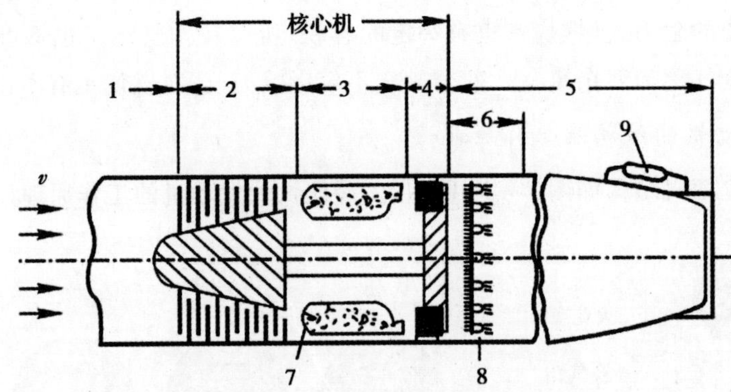

图 7-27 航空涡轮发动机组成示意图

1—进气道；2—压气机；3—燃烧室；4—燃气涡轮；5—尾喷管；

6—加力燃烧室；7—喷油嘴；8—加力喷油嘴；9—可调喷口作动筒

2. 燃气涡轮发动机的核心机

压气机、燃烧室和燃气涡轮是发动机的核心组成部分，称为“核心机”。发动机的工作主要由核心机完成。按核心机出口(即燃气涡轮出口)和燃气的可用能量的利用方式不同，燃气涡轮发动机分为涡轮喷气发动机、涡轮风扇发动机、涡轮螺旋桨发动机和涡轮轴发动机。

3. 涡轮喷气发动机

涡轮喷气发动机是利用核心机出口燃气的可用能量，在发动机尾喷管中转变成燃气的动能，以很高速度从喷口排出而产生推动力的一种涡轮发动机。

航空涡轮喷气发动机具有燃气涡轮发动机的 5 个主要组成部分，可以将其视为燃气涡轮发动机的基本形式，而其他涡轮发动机是在其基础上增加一些部件而形成的。

涡轮喷气发动机的核心机与其他涡轮发动机相同。所不同的是尾喷管的设计应能满足燃气充分膨胀加速的要求，从而得到较大的推力。这种喷管以产生推力为主要作用，故称为推进喷管。常见的推进喷管为一收敛管道或先收敛后扩散管道，以利于增大排气速度。

涡轮喷气发动机转速高、推力大、直径小，主要适用于超声速飞行，缺点是耗油率高，特别是低转速时更高，故经济性较差。此外，由于排气速度大，噪声也大。

4. 涡轮风扇发动机

涡轮风扇发动机是推进喷管排出燃气和风扇加速空气共同产生推力的涡轮发动机，这种发动机在涡轮喷气发动机组成部分的基础上，增加了风扇和驱动风扇的动力（自由）涡轮（也叫低压涡轮）。带动压气机的涡轮，即核心机的涡轮在此称为高压涡轮。涡轮风扇发动机的组成如图7-28所示。

涡轮风扇发动机有内涵和外涵两个通道。空气经过风扇之后分成两路：①内涵气流，经低压压气机、高压压气机、燃烧室、高压涡轮和低压涡轮，燃气从喷管排出；②外涵气流，经外涵道直接排入大气或同内涵燃气一起在喷管排出。也就是说，涡轮风扇发动机可以是分开排气的或混合排气的，可以是短外涵的或长外涵（全涵道）的。通过外涵的空气质量流量和通过内涵的空气质量流量之比称为涵道比。风扇可作为低压压气机的第1级由低压涡轮驱动，也可以由单独的涡轮驱动。

涡轮风扇发动机的推力由两部分组成：内涵产生的推力和外涵产生的推力。对于高涵道比涡轮风扇发动机，风扇产生的推力占到78%以上。

在高亚声速范围内与涡轮喷气发动机相比，涡轮风扇发动机具有推力大、推进效率高、噪声低、燃油消耗率低等优点。涡轮风扇发动机的缺点是风扇直径大、迎风面积大，因而阻力大，发动机结构复杂，其速度特性不如涡轮喷气发动机。

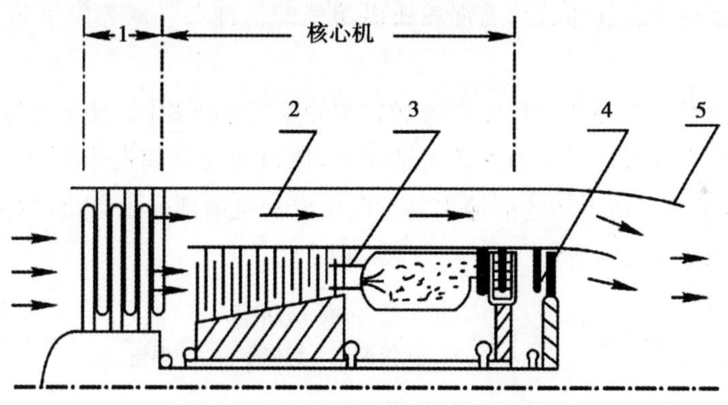

图7-28　涡轮风扇发动机组成示意图

1—风扇；2—外涵气流；3—内涵气流；4—动力涡轮；5—尾喷管

5. 涡轮螺旋桨发动机

涡轮螺旋桨发动机是一种主要由螺旋桨提供拉力和燃气提供少量推力的燃气涡轮发动机。这种发动机在涡轮喷气发动机组成部分的基础上，增加了螺旋桨及其减速器等部件。作为飞机的动力装置，涡轮螺旋桨发动机主要由螺旋桨产生拉力，而燃气产生的推力很小。涡轮螺旋桨发动机的组成如图7-29所示。

螺旋桨由涡轮轴通过减速器带动，其传动有两种方式：①由驱动压气机的涡轮轴直接带动，称为单轴式涡轮螺旋桨发动机，这种方式需要涡轮输出更大的功率，因此涡轮级数较多；②驱动压气机的涡轮与驱动螺旋桨的涡轮分开，各由一根轴与压气机和螺旋桨减速器相连。涡轮螺旋桨发动机的工作过程与涡轮风扇发动机相似，由核心机出来的燃气可用能量，大部分在通过动力涡轮时转变成轴功率用以带动螺旋桨产生拉力，小部分用于在尾喷管中加速气流而产生推力。

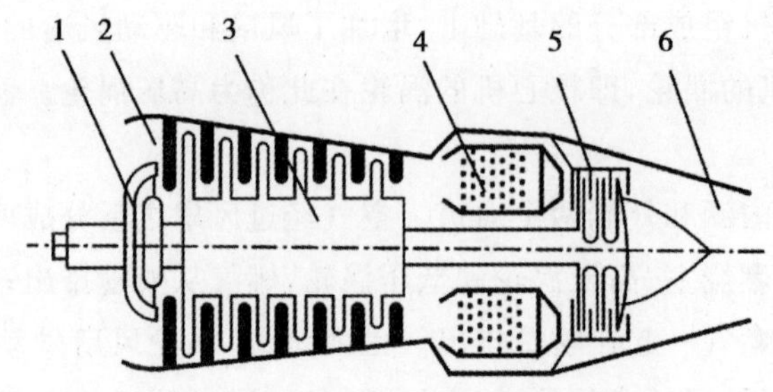

图 7-29　涡轮螺旋桨发动机组成示意图

1—螺旋桨减速器；2—进气口；3—压气机；

4—燃烧室；5—燃气涡轮；6—喷管

涡轮螺旋桨发动机与活塞式航空发动机相比，具有功率重量比大、震动小、耗油率低、高空性能好的优点；与涡轮喷气、涡轮风扇发动机相比也有耗油率低的优点。受螺旋桨不适合高速飞行的限制，涡轮螺旋桨发动机不宜用作高速飞机的动力装置。

6. 涡轮轴发动机

涡轮轴发动机是利用燃气通过动力涡轮输出功率的一种燃气涡轮发动机，已是现代直升机的主要动力装置。

涡轮轴发动机的组成部分和工作原理与涡轮螺旋桨发动机相同，只是经过核心机出口后，燃气的可用能量几乎全部转变成动力涡轮的轴功率，用以通过减速器带动直升机的旋翼和尾桨，因而燃气不提供推力。动力涡轮的输出轴可以由发动机前部伸出，也可以由后部伸出。涡轮轴发动机的组成如图 7-30 所示。

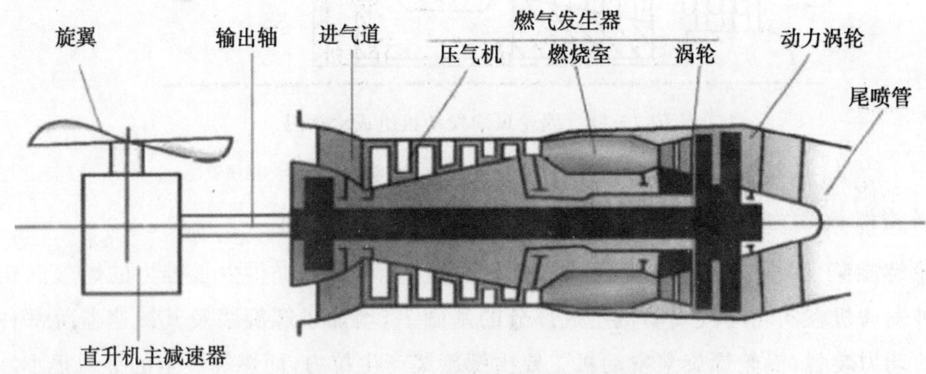

图 7-30　涡轮轴发动机组成示意图

受直升机的旋翼和尾桨转速不能太大的限制，动力涡轮必须通过减速器才能带动旋翼和尾桨，因此涡轮轴发动机不能用于其他航空器。涡轮轴发动机与活塞式发动机相比，具有功率大、功率重量比大、体积较小的优点。因此涡轮轴直升机的装载量、航程、升限和速度都比活塞式直升机大，经济性也更好。此外，由于涡轮轴发动机的运动部件较少，工作又是连续进行的，所以震动也比活塞式发动机小。其缺点是构造较复杂，而且制造困难，成本也高，减速器系统又大大增加了其质量。

【任务实施】

综合技能训练任务：认识无人机发动机

1.实训目的

通过认识无人机发动机的各组成部件，掌握无人机发动机的构造与工作原理，能够独立地识别无人机发动机的组成部件名称、构造及功用，为后续无人机发动机的检修工作打下基础。

2.实训任务工单（见表7-4）

表7-4　认识无人机发动机实训任务工单

<table>
<tr><td>任务名称</td><td colspan="3">认识无人机发动机</td></tr>
<tr><td colspan="4">工具/设备/材料</td></tr>
<tr><td>类别</td><td>名称</td><td>单位</td><td>数量</td></tr>
<tr><td rowspan="2">设备</td><td>740四缸二冲程汽油发动机</td><td>台</td><td>1</td></tr>
<tr><td>DLA双缸无人机发动机</td><td>台</td><td>1</td></tr>
<tr><td colspan="4">1.工作任务</td></tr>
<tr><td colspan="4">认识无人机发动机</td></tr>
<tr><td colspan="4">2.工作准备</td></tr>
<tr><td colspan="4">（1）准备好740四缸二冲程汽油无人机发动机；
（2）准备好DLA双缸无人机发动机</td></tr>
<tr><td colspan="4">3.工作步骤</td></tr>
<tr><td colspan="4">（1）在740四缸二冲程汽油无人机发动机上指出该发动机各组成部件；
（2）介绍740四缸二冲程汽油无人机发动机各组件的功用；
（3）在DLA双缸无人机发动机上指出该发动机各组成部件；
（4）介绍DLA双缸无人机发动机各组件的功用；
（5）比较说明两种发动机结构组成的不同之处</td></tr>
<tr><td colspan="4">4.结束工作</td></tr>
<tr><td colspan="4">（1）清点工具和设备；
（2）清扫现场</td></tr>
</table>

3.实训任务评价（请登录工大书苑网页端http://nwpup.iyuecloud.com/，搜索本书书名下载相关表格）

任务7.4　检修无人机发动机

【任务引入】

无人机在工作时，发动机发生故障突然熄火。

【任务分析】

无人机在工作时，发动机可能会发生故障，需要对发动机中的故障组件进行检修。学习了解无人机发动机的检查、甲醇发动机维修与保养、汽油发动机维修与保养等知识，才能掌握发动机正确的检修方法，从而培养发动机的检修技能。

【相关知识】

7.4.1 发动机检查

(1)检查发动机的型号，以往使用、存放情况，新旧程度以及其他主要问题。

(2)检查发动机的清洁程度。应检查发动机的排气口和进气口，发动机内部如果进入了杂物，会引起发动机的严重磨损。

(3)检查有无零件缺少和损坏，根据发动机说明书进行检查。

(4)检查各个零件的安装是否正确与牢固，容易装错的地方是喷油管上的喷油孔方向。

7.4.2 甲醇发动机维修与保养

每次使用完发动机后，应立即维护保养并进行清洗，然后涂上蓖麻油，用洁净的塑料布包好备用，发动机应避免在灰尘多、湿润、高温等恶劣环境中使用和存放，由于无人机发动机的寿命较短(一般工作寿命为 60 h 左右)，所以如何延长发动机的使用寿命成为了大多数使用者关心的问题，下面介绍一下如何正确使用和维护保养甲醇发动机。

1. 装配与清洗

为防止机件在储藏和运输过程中的锈蚀，发动机在出厂前，均经过油封防锈处理。装配和清洗发动机的目的是为了清除密封油脂，防止堵塞进、排气口及化油器，检查各部件有无加工缺陷。目前国产甲醇发动机均由正规厂家生产加工，精度较高，因此不存在清除毛刺、修整机件的工作量，而且发动机在出厂前均经过认真调校，使用者尽量不要改变其零部件的几何尺寸，以免影响发动机的正常工作。

(1)装配和清洗方法。将发动机放入一清洁容器内，用发动机随机带的工具或其他专用工具，先将发动机顶盖和曲轴盖从机匣上拆下，再将活塞、连杆、汽缸从机匣上方拆出，并记好相对位置，然后用 180 号清洗汽油逐件清洗干净，最后放在一张吸水性较强的白报纸上，让其自然风干。

(2)装配。利用发动机的自带工具或专用工具按拆卸的反顺序逐一装入机匣内，装配前在各机件的接触面上应薄薄地涂上一层蓖麻油，以降低各个部件之间相互接触或碰撞产生划痕从而影响发动机性能的可能性。

2. 磨车

在发动机使用前一般先要进行磨车，磨车的目的主要有以下三方面：

(1)有效地改善磨合期内金属零件的粗糙表面，促进新车各零件之间的磨合；

(2)增强润滑，减少机件过度磨损，平震降噪；

(3)运行中自行清洁气门、液压挺杆、活塞环处的积碳和胶质。

磨车可以减少因磨车不良引发的发动机过热，还可以维护发动机并延长其使用寿命，预防粘缸等事故的发生。

发动机磨车应固定在磨车台上，装上螺旋桨及桨罩，使发动机在低速富油状态下工作，每次磨车15 min左右，第2次磨车应在发动机温度接近室温时再进行，直至磨合30 min，低速磨车即告结束。关于中速磨车，发动机中速状态是整个寿命期内使用最长，也是磨车时间最久的，发动机在中速富油状态下磨车15 min，等发动机温度降到室温时检查气缸内是否有积碳或油污，使用180号汽油或WD-40清洗，手动旋转螺旋桨，直至气缸可视范围内所有部分有金属光泽，继续连续磨车25 min左右。高速磨车是使用者对发动机整体性能的测试，也是对发动机最大功率状态下工作的保证。发动机在高速富油状态下磨车20 min左右，当发动机启动后逐渐将油门推至最高位置，大约15 s后油门逐渐回置中位，再次将油门推至最高位置，反复重复以上动作2～3次。在整个磨车的过程中，实时观察发动机的工作状态，发现工作不稳定或发动机震动异常，应立即将油门回置中位，让发动机进入中速磨车状态。

磨车注意事项如下：因为甲醇发动机属于风冷二冲程发动机，润滑工作只能靠在燃油中加入一定比例的蓖麻油来完成，所以在磨车时应适当加大润滑油的比例，以便增加自润效果。

一般发动机磨车用油为甲醇70%、75%，蓖麻油30%、25%。

3.燃料

(1)燃料的选择。甲醇应为无色透明的廓清液体，所有燃料均应使用化学纯试剂，如发黄则说明含水较高，不能使用，勉强使用则会降低散热效果甚至粘缸，易发生积碳。蓖麻油应为黏稠的淡黄色液体，不应含有明显的悬浮颗粒及杂质。

一般最好不用燃料添加剂，作为使用者来说，因为它在提高发动机功率的同时，也会使燃爆加剧，从而使缸头温度升高，若在润滑不好的情况下，会加剧发动机的磨损，此外燃料添加剂还有较强的腐蚀性和毒性。

(2)燃料的清洁。在使用工业燃料时，一般先用滤纸进行过滤，所有燃料在配置好后应静置6 h(注：在发动机的寿命后期适当加大润滑油的配比可以有效增加发动机寿命)，长时间使用工业燃料且不采用过滤，可以选择较小网孔的油滤，但是要注意及时清理，防止油滤堵塞造成供油不足，造成发动机因贫油而停车，容易引发事故。

7.4.3　汽油发动机维修与保养

近年来，随着国内经济的不断发展，汽油无人机越来越普及。特别是40～240 mL的小排量汽油发动机，相比大级别的甲醇飞机有着成本低、拉力大、维护简单、清洁和寿命长等优点。汽油无人机正在国内如雨后春笋般不断涌入市场，迅速替代着90级以上的油动甲醇发动机。

汽油发动机有着和甲醇发动机相似的地方，然而又有着自己独特的组装、调试、使用和维护的特点。

1.汽油发动机的磨合

规范良好的磨合是汽油发动机稳定强劲工作的前提。一般新的汽油发动机在出厂时低速油针L及高速油针H均在略为富油的状态，可以直接启动和磨合。

(1)磨合的时间。不同的厂家出厂的发动机，需要的磨合时间从数十分钟到十多小时不等。国内多数发动机需要磨4～6 h，出口发达国家的DLE发动机，由于采用了质量优异的材料及高精度的加工工艺，发动机仅需磨合约2 h。

(2)磨合的转速。汽油发动机的使用者,多数熟悉甲醇机,习惯低速在2 000 r/min甚至更低的转速进行磨合,这在磨合甲醇发动机时是正确的,但在磨合汽油发动机时是一个误区,汽油发动机长时间地低速工作,会在火花塞、活塞环及气缸壁上产生较为明显的积碳。

正确的汽油发动磨合转速如下:在开始约10%的时间内以低速磨合,让气缸与活塞进行适应性匹配工作;在约75%的时间内以3 000~4 000 r/min的中速磨合,使气缸与活塞充分磨合,此时积碳很少,是在正常作业时使用量最多的转速;在最后约15%的时间内以最高速磨合。这样磨合出来的发动机缸内清洁光亮,工作稳定,马力强劲。

(3)磨合的载体。一般磨合数小时的发动机需要一台坚固好用的磨车架。

一般情况下采用木质发动机磨车架。架身可采用复合木板,通过螺丝固定,注意若强度不足则需要采用多磨车架进行加固,以防止发动机在工作时产生的震动使架身分开;在使用钢制磨车架时,必须要做好减震工作,否则可能会导致发动机零部件损坏,有条件的可将发动机安装在飞机上进行磨合,再将飞机固定在飞机测试台上。在发动机运行的过程中,禁止任何人站在螺旋桨旋转平面前的位置。

(4)磨合的场地。由于汽油发动机工作时的声音很大,且磨合是发动机连续长时间的工作,所以磨合应该在离人群特别是居民区数百米以外的地方。同时,由于汽油发动机的化油器油路远比甲醇机的精细和复杂,极容易受灰尘杂质的干扰,所以应该选择清洁的场地进行磨合,以免螺旋桨气流卷起的灰尘进入化油器。需要特别注意的是,当化油器吸入螺旋桨气流卷起的灰尘或长时间使用发动机时,一定要注意清洗化油器的燃油滤网(见图7-31),否则将引起油针调节失灵、发动机不稳定等情况。

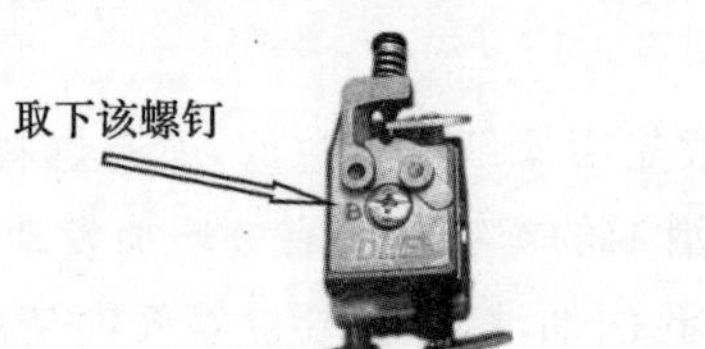

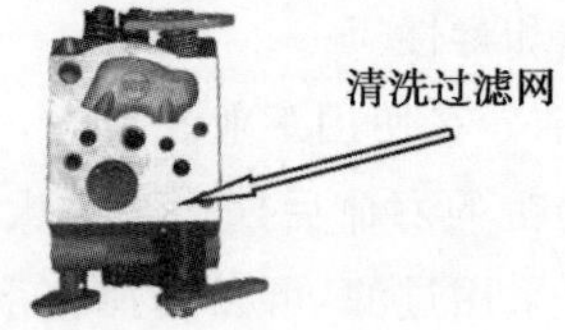

图7-31 化油器清洗

2.汽油发动机的调试

每台发动机在出厂前都经过了初步调整,用户可以直接使用,但各地区海拔高度将会影响化油器的正常工作,化油器油针需要进行微调才能打到最佳的工作位置。化油器的结构如图7-32所示。

图7-32 化油器结构

1—风门,冷启动时使用;2—油门;3—怠速调节螺丝;4—低速油针;5—高速油针一般发动机怠速调节螺丝顺时针旋转为增大转速，低速油针与高速油针顺时针旋转为减少油量。

汽油发动机的调试流程如下。

(1)初置 L、H 油针。从笔者所接触的各厂家汽油发动机来看，一般正常情况下 L 油针在收紧后再退回 1.5 圈左右发动机能正常工作，H 油针也在 1.5 圈左右。因此初始位置 L 油针在 1.5 圈，H 油针在 1.5 圈，这样即使油针没有在最合适状态也能启动发动机。

(2)发动机启动。

1)检查发动机安装是否牢固，检查发动机所有螺丝是否松动。

2)关闭风门，加大油门，打开点火电源。

3)使用启动棒转动螺旋桨(最好使用专用启动机启动)，直到发动机发出爆炸声，发动机会运转 1～2 s 而后自动熄火。

4)打开风门，油门开至怠速或比怠速稍大一点，启动发动机，进入正常工作状态。

5)打开风门，油门开至怠速或比怠速稍大一点，直接启动发动机，启动后调整合适的油门，使发动机运转 30 s 以上。

(3)调 H 油针到最高转速。将遥控器推杆到全油，配合 H 油针使发动机能够在遥控器最大油门时正常运转，然后细致调整 H 油针使其顺时针旋转，使用转速计进行观察(绝大多数发动机出厂已安装在发动机上，可使用数传或飞控数据观察)，当发动机转速下降时，此时发动机达到最高转速，最后逆时针略回调 45°～180°，这样既不会让飞机抬头时贫油，也不会让飞机水平及俯冲时富油。

(4)调 L 油针到中转速位置。将遥控器回杆到怠速位置，逐渐顺时针收紧 L 油针，至发动机达到最低转速时也就是发动机出现喘振现象时逆时针回调 45°。

(5)提速检查。将遥控器瞬间推杆到全油，若发动机提速慢则说明 L 油针稍富油，若发动机有熄火迹象则说明 L 油针贫油。调整 L 油针到发动机加速时既流畅又迅速为最佳。到此步完成发动机的粗调。

(6)细调 H、L 油针。重复(3)(4)(5)步直至每个状态达到最佳。

(7)细调发动机完成后，在条件允许时让机身处于大角度抬头、水平、大角度低头 3 个姿态，分别测试怠速、全油、瞬间加速下发动机的工作状态，当调试完成后就可放心试飞。

调整化油器 H 油针时请注意：混合气调整过稀将导致发动机严重过热和火花塞烧毁。混合气调整过浓时，发动机快速收油门容易熄火。大油门燃烧后火花塞的颜色应该是黄色，说明混合气浓度比较合适。

发动机在调试完成后会表现出以下现象。

(1)全油时转速达到最高，稳定、强劲地输出动力。

(2)怠速时工作稳定，不贫油、不富油且没有喘振现象。

(3)提速时响应速度快；快速减速时也没有发动机喘振和熄火现象。

调试完成后的发动机工作稳定、动力最强、工作寿命较长。

从火花塞的情况也可以判断发动机的工作状态。

(1)发动机富油时的火花塞：积碳明显，动力不强，如图 7－33 所示，发动机容易“咳嗽”对火花塞影响较大，甚至会空中熄火，造成不必要的损失。

(2)发动机在最佳工作状态的火花塞：砖红色，发动机燃烧充分无积碳现象，表明发动机工作稳定，发挥了最大动力，如图 7-34 所示。

图 7-33 积碳火花塞

图 7-34 正常火花塞

(3)过于贫油的火花塞：泛白，发动机性能下降很快，工作不稳定，容易过热熄火，且润滑不足造成拉缸损坏，如图 7-35 所示。

图 7-35 贫油工作火花塞

3. 汽油发动机的使用

在大面积的航测中，人们普遍使用油动固定翼无人机。它拥有长航时、大负载无可替代的优势，但是在作业中作为无人机核心的动力装置又是如何正确使用呢？下面以市场上最常用的大白油动固定翼无人机所使用的对置双缸两冲程 DLE60 汽油发动机(见图 7-36)为例，简单介绍一下如何使用汽油发动机。

图 7-36 DLE60

DLE60 汽油发动机的启动，首先要注意启动前和启动时对发动机的检测，其次要注意启动中应根据发动机的状态对给油杆的操作要适当。启动分为手拨启动和电动机启动两种。

(1)手拨启动步骤。

1)吸油。关闭 CDI 供电，关闭风门，油门打开至中速位置，旋转螺旋桨，看到汽油进入化油器后再拨动发动机使其旋转两周以上。利用气缸压差把汽油吸到化油器并雾化到气缸，使汽油中含有少量的机油对气缸进行润滑，减少启动中对发动机的损伤。

2)初次燃烧气缸。打开 CDI 供电，保持风门关闭，油门继续保持在中速位置，快速拨动螺旋桨(使用启动棒)，听到汽油初次燃爆声时停止拨桨。此时发动机进入能正常点火的工作状态。

3)启动。保持 CDI 供电，打开风门，把摇控器油门杆收至怠速状态(油门最低位置)上两格的高怠速位置，快速拨动螺旋桨两三下即可顺利启动。

(2)手拨启动技巧。

1)手拨启动时使用启动棒或专用工具启动时拨动螺旋桨的中外部，使螺旋桨既能良好受力，又可以方便提高螺旋桨的初始转速，在输出轴转过点火点的瞬间获得合适速度。

2)适当使用腕力。在输出轴转过点火点时手掌自然勾回离开桨的旋转面，避免发动机启动时高转速螺旋桨砍到手掌的危险。熟练后，手的运动则形成一条优美的弧线。

(3)手拨启动注意事项。

1)首先应该检查桨的前沿及后沿是否光滑。不少尼龙桨(一般木质螺旋桨较为光滑)的前沿及后沿非常粗糙甚至锋利，拨桨时会造成螺旋桨加速不平滑，甚至有伤到手的可能。

2)每次拨桨前应该仔细检查 CDI 供电、风门、油门，避免突然大油门启动措手不及发生危险。

3)在每次启动或工作时一定要远离螺旋桨旋转面，避免射桨危害个人安全。

(4)汽油发动机起飞前检测。一个调校良好的发动机，基本可以做到在发动机寿命内越使用发动机越流畅。但偶尔见到发动机起飞熄火，这种情况一般为起飞前没推过高速，发动机没有进入良好稳定的工作状态，导致发动机在低转速转为高转速下猛推油加速容易熄火。为解决这些问题一般采用以下步骤对发动机进行工作前检测。

1)发动机正常启动后，怠速 1 min 以上，预热润滑汽油发动机。

2)保持油门慢速均匀增加从低速到高速分别运行 3～5 s，重复上面的工作 3～5 次，充分预热至调整稳定。

3)如第 2)步骤工作稳定，这时可以加、减速 3～5 次，此时应无熄火迹象，且发动机响应速度较快。

完成以上发动机检测步骤后，可以避免绝大多数的发动机空中熄火。

4.汽油发动机的维护

无人机需要多次循环使用，在使用过程中一般无法进行维修，但在每次使用之前都要进行必要的维护和检查，排除发现的异常和故障，确保升空之前处于最大限度的良好状态，以保证执行任务过程中的安全。任务完成后还要进行一系列的保养，以保障下次执行任务的正常工作。因此，无人机是一个单次循环系统，既要像火箭与导弹那样保证每次使用的安全可靠，又要像地面车辆一样可以保证长期重复使用。

(1)发动机的保养。发动机的保养注意事项如下。

1)请使用清洁的93#汽油，和机油的比例为30:1；禁止不同厂家、牌号的润滑油混合使用，否则将会引起化油器严重阻塞。

2)以4 000 r/min的转速磨合发动机2 h。发动机长时间低速运行，可能导致火花塞积碳严重。

3)随时检查油箱至化油器之间的管路，不许有漏气情况，防止漏气发动机供油不足导致熄火。

4)请特别注意：在一定周期内清洁化油器里面的燃油滤网(见图7-31)。否则将引起油针调节失灵、发动机工作不稳等情况。

(2)发动机的清洗。发动机的简单清洗方法如下。

1)向飞机油箱内注入半箱汽油，这样发动机工作后几分钟内可以基本完成清洗。

2)摇匀化油器清洗剂后从飞机油箱加油口适量喷入10多次。喷入时不能太快且应做好眼睛防护，不然会因油箱里的压力较大清洗剂会回溅出来，甚至溅到眼睛里引起眼睛剧烈疼痛。如果溅到眼睛里应及时用清水洗净，数分钟后即可缓解疼痛。

3)让发动机分别在低、中、高速各工作数分钟，并闪油数十次。此时清洗剂和着汽油从油箱通过油管进入发动机，完成油路的全程清洗。

通过简单清洗法，可以看到发动机工作状态明显改善。

(3)化油器的清洗。当简单清洗法尚不能让发动机恢复到最佳状态或化油器里进了污垢时，就需要拆开化油器进行清洗了。清洗前应该做好以下准备。

1)化油器清洗剂，清洗油污等非常有效。

2)毛刷或牙刷，可刷掉缝隙或顽固的污垢。

3)拆卸化油器必要的螺丝刀、钳子等工具。

4)装零件的盛物器，用于盛放拆下的零件。

一般污物进入机匣的情况很少，只要清洗好化油器就可以了。清洗时先把发动机外壳清洁干净以免外壳污物进入化油器及机匣；然后把化油器从机匣拆下，拆下化油器滤网往往可以看到很多细的污垢，放入器皿中清理干净，并用化油器清洗剂对着各油路口喷洗干净后即可组装。

【任务实施】

综合技能训练任务：检修无人机发动机

1. 实训目的

通过无人机发动机检修练习，掌握无人机发动机的检查、甲醇发动机维修与保养、汽油发动机维修与保养等知识，能够独立地选择和使用发动机检修工具和材料，以及完成无人机发动机检修，培养无人机发动机的检修技能。

2. 实训任务工单(见表 7－5)

表 7－5　检修无人机发动机实训任务工单

<table>
<tr><td>任务名称</td><td colspan="3">检修无人机发动机</td></tr>
<tr><td colspan="4">工具/设备/材料</td></tr>
<tr><td>类 别</td><td>名 称</td><td>单 位</td><td>数 量</td></tr>
<tr><td rowspan="3">设备</td><td>固定翼无人机</td><td>架</td><td>1</td></tr>
<tr><td>遥控器</td><td>台</td><td>1</td></tr>
<tr><td>航空活塞发动机</td><td>台</td><td>1</td></tr>
<tr><td rowspan="3">工具</td><td>螺丝刀</td><td>把</td><td>1</td></tr>
<tr><td>镊子</td><td>把</td><td>1</td></tr>
<tr><td>扳手</td><td>把</td><td>1</td></tr>
<tr><td rowspan="2">材料</td><td>滑油</td><td>桶</td><td>1</td></tr>
<tr><td>燃油</td><td>桶</td><td>1</td></tr>
<tr><td colspan="4">1. 工作任务</td></tr>
<tr><td colspan="4">检修无人机发动机</td></tr>
<tr><td colspan="4">2. 工作准备</td></tr>
<tr><td colspan="4">(1)准备好设备和工具,检查设备和工具的有效性;
(2)准备好材料,材料应符合标准</td></tr>
<tr><td colspan="4">3. 工作步骤</td></tr>
<tr><td colspan="4">(1)发动机检查;
(2)机匣故障维修;
(3)磨损故障维修;
(4)点火系统故障维修;
(5)燃油系统故障维修;
(6)滑油系统故障维修;
(7)空中停车故障维修</td></tr>
<tr><td colspan="4">4. 结束工作</td></tr>
<tr><td colspan="4">(1)清点工具和设备;
(2)清扫现场</td></tr>
</table>

3. 实训任务评价(请登录工大书苑网页端 http://nwpup.iyuecloud.com/,搜索本书书名下载相关表格)

【课程思政】

阅读以下教学案例,结合本项目所学习的专业知识和技能,从维护作风、规范操作和工匠精神等方面,按照“三全育人”的要求,分析案例中所蕴含的作风意识、规范意识和细则严谨意识等思政元素。

部件安装不到位

某航空公司的机务人员在更换燃油油滤时，封圈和过滤器安装不到位，导致密封性不好，飞机漏燃油。

习　题

1. 简述固定翼无人机机体的组成。
2. 简述无人直升机的机体结构。
3. 纤维类无人机机体常见损伤有哪些？
4. 复合材料损伤检测方法有哪些？
5. 无人机纤维类机体常用的修理方法有哪些？
6. 如何更换机体结构部件？
7. 简述二冲程发动机的构造和工作原理。
8. 简述四冲程发动机的构造和工作原理。
9. 燃气涡轮发动机是由哪几部分组成的？
10. 简述涡轮风扇发动机和涡轴发动机的结构组成。
11. 燃油发动机常见故障有哪些？如何进行维修？
12. 汽油发动机如何进行保养？

项目8　无人机电子电气系统检修

【知识目标】

(1)熟悉无人机电子电气系统组成；

(2)掌握无人机电池动力系统的检修方法；

(3)掌握无人机导航飞控系统的检修方法；

(4)掌握无人机通信系统的检修方法。

【能力目标】

(1)能够对无人机电池、电调、电机和螺旋桨进行检修；

(2)能够对无人机导航系统、无人机舵机等进行检修；

(3)能够对无人机通信系统进行检修。

【素质目标】

(1)树立航空产品质量第一的意识，培养安全文明生产的职业素养；

(2)培养吃苦耐劳的精神和严谨细致、规范操作的工作态度；

(3)具有环保意识、信息素养和工匠精神；

(4)具有耐心细致、精益求精的工作态度，养成科学务实的工作作风；

(5)具有团结协作、勇于创新的精神。

任务8.1　认识无人机电池动力系统

【任务引入】

无人机在飞行过程中，电池动力系统会经常发生故障，对无人机动力系统检修之前，需要认识电池动力系统。

【任务分析 】

动力系统是无人机的重要组成部分，相当于无人机的“心脏”，电池动力系统主要由电池、电机、电调和螺旋桨等组成。学习了解锂聚合物电池、电机、电调等组件的结构和功能，才能够正确地识别无人机动力组件，从而为后面学习电池动力系统的检修打好基础。

【相关知识】

1. 电池

电池是电动多旋翼无人机的供电装置，负责给电机和机载电子设备供电。最小的是 1 S

电池，常用的是 3 S、4 S、6 S，1 S 代表 3.7 V 电压。图 8－1 所示为聚合物锂电池。

2. 电子调速器

电子调速器（简称“电调”）负责将飞控的控制信号转变为电流信号，用于控制电机转速。因为电机的电流是很大的，通常每个电机在正常工作时，平均有 3 A 左右的电流，如果没有电调的存在，飞控根本无法承受这么大的电流，而且飞控也没有驱动无刷电机的功能。同时电调在多旋翼无人机中也充当了电压变化器的作用，可将 11.1 V 电压变为 5 V 电压给飞控供电。电调如图 8－2 所示。

图 8－1　锂电池

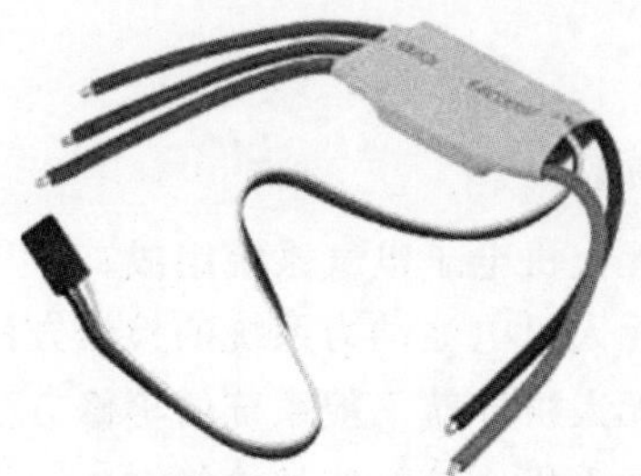
图 8－2　电调

3. 电机

电机是多旋翼无人机的动力机构，可提供升力、推力等。电机的转速快慢决定了飞行器可以承载的质量，同时，其转速改变的快慢可以影响飞行姿态的变换。电机有有刷和无刷之分，无刷电机去除了电刷，减少了电火花对遥控无线电设备的干扰，同时运转时摩擦力大大减小，噪声会低许多，无刷电机如图 8－3 所示。

4. 螺旋桨

螺旋桨如图 8－4 所示，它是一个旋转的叶面，它可提供必要的拉力或推力使飞机在空气中移动，螺旋桨产生的升力大小依赖于桨叶的形态、螺旋桨叶迎角和发动机或电机的转速。电动无人机的螺旋桨安装在电机上。

四轴飞行器为了抵消螺旋桨的自旋，相邻桨的旋转方向是不一样的，因此需要正、反桨。桨叶有字的一面向上，右边桨叶的迎风面（桨缘是平滑弧线的是迎风面）在后面的是正桨，右边桨叶的迎风面在前面的是反桨。安装的时候，一定记得无论正、反桨，有字的一面是向上的（桨叶圆润的一面要和电机旋转方向一致）。

桨的材质主要分为塑料桨、碳纤桨和木桨。

图 8－3　无刷电机

图 8－4　螺旋桨

【任务实施】

综合技能训练任务:认识无人机电池动力系统

1.实训目的

通过认识无人机电池动力系统的各组成部件,掌握锂聚合物电池、电机、电调等组件的结构和功能,能够独立地识别无人机电池动力系统的组成部件名称及功用,为后续无人机电池动力系统的检修工作打下基础。

2.实训任务工单(见表8-1)

表8-1　认识无人机电池动力系统实训任务工单

任务名称	认识无人机电池动力系统		
工具/设备/材料			
类别	名称	单位	数量
材料	电池	组	1
	电调	个	1
	电机	个	1
	螺旋桨	对	1
	子弹头	个	1
工具	扳手	把	1
1.工作任务			
识别无人机电池动力系统			
2.工作准备			
准备好动力系统组件			
3.工作步骤			
(1)找出电池组件并说明其性能参数; (2)找出电机组件并说出其性能参数及功用; (3)找出电调组件并说明其功用; (4)找出螺旋桨组件并识别其正/反桨类型; (5)说出电池、电调、电机各引出线的功能; (6)将电调与电机之间的信号线连接起来; (7)将螺旋桨安装在电机上			
4.结束工作			
(1)清点工具和设备; (2)清扫现场			

3.实训任务评价(请登录工大书苑网页端 http://nwpup.iyuecloud.com/,搜索本书书名下载相关表格)

任务 8.2 检修无人机电池动力系统

【任务引入】

在无人机通电后，动力系统中有一个电机发生了故障而不能转动。

【任务分析 】

无人机在工作时，电池动力系统经常会发生故障，需要对动力系统中的故障组件进行检修。学习了解无人机动力系统中的锂聚合物电池、电机、电调常见的故障现象、故障原因以及故障排除方法，才能掌握电池动力系统正确的检修方法，通过任务练习，培养电池动力系统的检修技能。

【相关知识】

无人机电池动力系统检修

8.2.1 电池检修

1. 电池检查

(1)检查电池外壳是否有破损、变形鼓胀或漏液现象。

(2)检查电池电源连接器内部的金属片是否有破损或烧损问题。

(3)检查电池线是否损坏。

(4)检查电池平衡充插头、T 型插头或 XT 型插头是否有损坏。

2. 电池常见故障及排除方法

(1)故障现象 1：电池鼓包，如图 8－5 所示。

图 8－5 电池鼓包

故障原因：聚合物锂电池在使用过程中，由于充电电流过大、过充等会造成电池鼓包。

排除方法：

1)将注射器与输液针头连接好，然后将针头在锂电池封口处找一个合适的位置扎进去将气体抽出；

2)抽满、排出气体，反复操作；

3)经过多次操作，电池的封装铝膜会逐渐收紧并紧贴电池本体，电池也会变得非常硬，电池内部处于真空的状态后，压紧拔针；

4）最后进行质量检查，用较小的电流完全充放电几次，如果不鼓包即处理完成。

（2）故障现象2：外皮损坏，如图8-6所示。

故障原因：多旋翼无人机一般是在外场进行飞行，这就需要搬运锂电池，在搬运的过程中会造成电池的外皮损坏。

排除方法：当电池的外皮损坏是轻度的话，可以在锂电池原有的外皮外再加上一层热缩管进行保护。

（3）故障现象3：电池线损坏，如图8-7所示。

故障原因：电池线的损坏是因为人们在给电池充电的过程中用力不恰当造成的。

排除方法：使用剥线钳和电烙铁等工具及时修复或更换损坏的电池线。

图8-6　电池外皮损坏

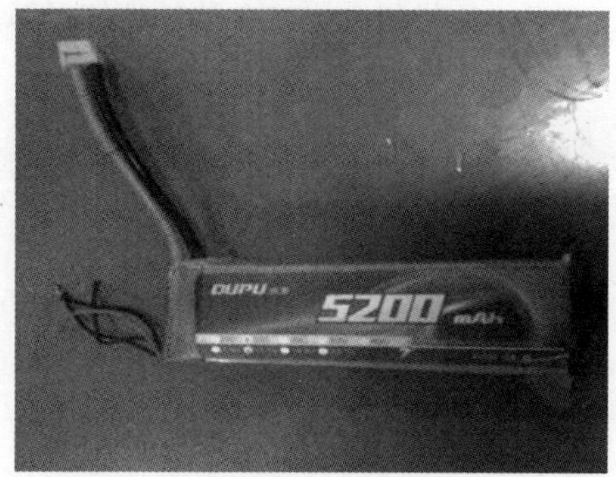

图8-7　电池线损坏

3.电池维护保养

（1）应定期检查电池主体、把手、线材、电源插头，观察外观是否破损、涨肚、扭曲变形、腐蚀、变色、破皮以及插头与无人机的接插是否过松等。若受损严重，请停止继续使用。

（2）分别检查每个电芯的电压充满电时是否一致，部分电芯电压偏低或偏高超过0.2 V，请维修更换。

（3）电池不宜在满电状态下长时间保存，长期存储时，应把电池单片电压放电至3.8～3.9 V。

（4）电池应轻拿轻放，电池不要磕碰和摩擦，不要在高温和低温环境下充放电，不要在寒冷的车库、地下室、阳光直射下或热源附近充放电，电池应放置在阴凉的环境下储存以减弱其内部自身钝化反应的速度。

（5）若长期未使用电池，建议按照说明文件妥善存放，每个月检查一次电池状况，防止电池损坏。

（6）每次使用建议单片放电电压下限为3.6 V，最好每次使用时保证充满（单片电压4.2 V）后使用至3.6 V再进行充电。

（7）每次使用后保证电池冷却后再进行充电。充满电的电池应从充电器上取下，以免过充，缩短电池寿命，降低性能。

（8）过一段时间可做一次保护电路控制下的深充放以修正电池的电量统计，但这不会提高电池的实际容量。

(9)保护电路也无力监控电池的自放电,长期不用的电池应充入一定的电量以防电池在储存中自放电过量导致过度放电的损坏。

(10)避免过充、过放。过充、过放是电池损坏的最常见形式,单节过充电压在 4.25 V ,过放电压在 2.75～2.8 V,一般充电至 4.2 V,放电至 3.6 V。

(11)充电时必须使用符合规格的充电器,否则可能充不进电或充不满电甚至损坏电池。

(12)禁止将电池与项链、发夹或其他金属物体一起运输或储存。

(13)禁止撞击、投掷电池,使电池受到硬物撞击,禁止用钉子或其他尖锐物体刺穿电池壳体,禁止锤击或脚踏电池。

(14)不要在极热环境中使用或储存电池,如阳光直射或热天的车内。否则电池会过热,可能着火(自燃),这样就会影响电池的性能,缩短电池的使用寿命。

(15)如果电池的端子变脏,使用前应用干布擦干净。否则电池会接触不良,从而引起能量损耗且无法充电。

(16)电池应保持在开路状态搁置。电池不用时应从设备上取下来,以防止电池长时间处于放电状态而引起损坏。

8.2.2 电调检修

1. 电调检查

(1)检查线路是否完好,是否有老化现象。

(2)检查线路布设是否整齐,无缠绕。

(3)检查芯线是否有氧化、生锈、腐蚀或镀锡不良等现象,端头剥皮处是否整齐、是否有划痕等。

(4)检查电调的各个接插件连接是否牢固。

(5)检查电调是否紧固。

(6)检查电调接线板是否有焊接松动、毛刺和灰尘。

2. 电调常见故障及排除方法

(1)故障现象 1:上电后电机无法启动,电机发出“哔哔哔”急促单音。

故障原因:油门未归零或行程设置过小。

排除方法:将油门打至最低点或重新校准油门行程。

(2)故障现象 2:上电后电机无法启动,电机发出“哔、哔、哔”声音,每个音间隔 1 s。

故障原因:接收机油门通道无油门信号输出。

排除方法:检查发射机与接收机配合是否正常。

(3)故障现象 3:上电后电机无法启动,电机发出“哔哔、哔哔哔、哔哔哔哔”循环鸣叫。

故障原因:油门通道“正方向”错误。

排除方法:参考遥控器说明书,调整油门通道正、反向设置。

(4)故障现象 4:电调烧坏。

故障原因:质量不合格,或者使用与电压不相匹配的电池。

排除方法:合理选配电调,更换旧的电调,选用相匹配的电池。

(5)故障现象 5:电调损坏。

故障原因:电调的外部破损或焊接头部位没有焊接严实,也就是虚焊,如图 8-8 所示。

排除方法:取下香蕉头并用工具重新焊严实,再套上热缩管避免受到外部干扰,如图 8-9 所示。

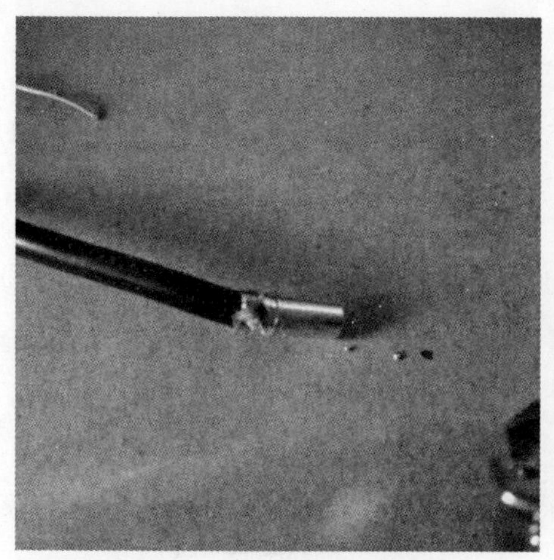

图 8-8　香蕉头的虚焊图

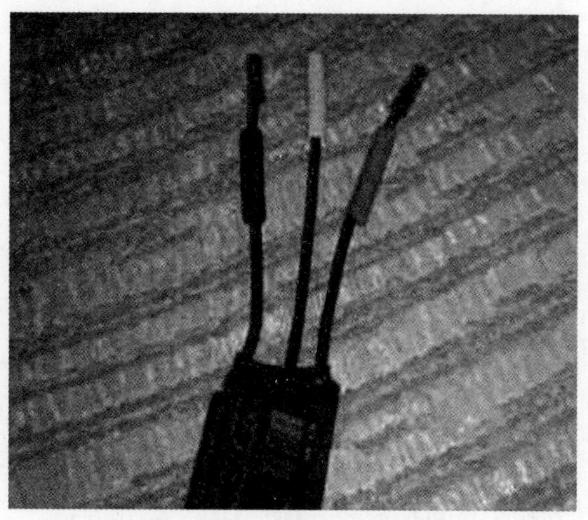

图 8-9　电调香蕉头焊接图

3. 电调进水的处理方法

如果在飞行过程中电调不慎进水,应立即切断电源将电调拆卸下来,用纸巾将大量水渍擦干,随后用吹风机进一步干燥,防止在干燥通风处自然风干,然后拆开电调,最后用万用表对电调的各个电子元件进行测试查看是否损坏,用万用表对电流接口进行测试查看是否通断。若没有发现问题,则可以通电进行短时间的测试飞行。

4. 电调的维护与保养

(1)清洁无人机时,不要将水溅到电调。

(2)下雨天不要室外飞行作业。

(3)高温环境下不要飞行作业。

(4)电调要放在干净、无尘的环境中。

(5)在飞行前、后要检查电调散热装置的稳定性。

(6)避免无人机在电调故障时"带病"作业。

8.2.3　电机检修

1. 电机检查

(1)检查电机的各个接插件连接是否牢固。

(2)检查线路是否完好,是否有老化现象。

(3)检查线路布设是否整齐、无缠绕。

(4)检查线路捆绑是否牢固。

(5)检查电机轴承的磨损情况。

(6)检查电机的动平衡情况。

(7)检查电机是否歪斜,电机下壳缝隙是否均匀。

(8)检查电机的安装部位是否有损坏或螺丝松动。

(9)检查电机启动时是否有较大的震动。

(10)检查电机有无不正常的发热现象。

2. 电机故障及排除方法

(1)故障现象 1:电机线圈损坏。

故障原因:当电机损坏时,在拆线时记住线径、股数和匝数;如果只是修复电机则可以参照原本的数据和方法拆解电机。其中拆解定子是整个电机拆解过程中最困难的,下面简单介绍几种拆解方法。

排除方法:

1)方法 1:首先准备 2～4 颗 M3(适合拆卸定子大小的螺丝),长度要大于定子高度,反向安装在固定电机的螺丝孔内,如图 8-10 所示。

为防止螺丝在旋拧的时候将定子顶至损坏,应选择使用硬质光滑的平板铺垫在定子与线圈之间,如图 8-11 所示。

图 8-10 定子拆解 1

图 8-11 定子拆解 2

受力要均匀,以防止定子弯曲,4 颗螺丝按照一定顺序进行旋转,每次旋转角度不得超过 360°。

2)方法 2:加热定子。因为电机定子线圈与电机固定底座一般是采用环氧树脂相连接的,所以采用加热的方法也可将定子线圈从电机固定底座取下。加热定子可采用直接加热,也可采用烙铁或热风枪进行加热,如图 8-12 所示。

(2)故障现象 2:电机轴弯曲,如图 8-13 所示。

图8-12　定子加热

图8-13　电机轴弯曲

故障原因：不熟练的飞行或者外在原因导致炸机，导致电机轴弯曲。

排除方法：

1)先把桨拆下，让电机低速旋转，用细的中性笔在弯轴端画个圈；

2)用扳手夹住轴弯得最厉害的地方，慢慢用力扳正，一次不要扳多了，避免扳过头；

3)把原来的圈擦掉，开动电机再画个圈，然后再扳，慢慢地改正；

4)有点误差没关系，装上子弹头以后的偏心有时还会更大，最后一起调整。

(3)故障现象3：电机外壳带电。

故障原因：

1)电机引出线的绝缘老化或接线盒绝缘线板故障；

2)绕组端部碰机壳；

3)电机外壳没有可靠接地。

排除方法：

1)恢复电机引出线的绝缘或更换接线盒绝缘板；

2)如卸下端盖后接地现象即消失，可在绕组端部加绝缘后再装端盖；

3)按接地要求将电机外壳进行可靠接地。

(4)故障现象4：电机发动后发热超过温升标准或冒烟。

故障原因：

1)电源电压达不到标准，无刷电机在额定负载下工作温度上升过快；

2)电源电压超过额定标准，无刷电机在超载下工作温度上升过快；

3)电机绕线定子漆包线短路；

4)电机运转环境的影响，如湿度过高等原因；

5)在温度过高的环境下长时间工作；

6)电机通风不良或环境湿度过高；

7)电机启动频繁或正反转次数过多。

排除方法：

1)检查输入电压,使电机在额定电压下工作;

2)使用精密仪器,测量电机内阻是否在额定标准范围内;

3)尽量避免电机过载运行,检查电机风扇及清理通风道,保证电机洁净并通风散热良好,加强通风降低环境温度,避免电机频繁启动,必要时需对电机转子做动平衡试验;

4)测量空载和负载电压;

5)减少电机正反转次数或更换适应于频繁启动及正反转的电机。

(5)故障现象5:飞行时电机失效(不转动)。

故障原因:

1)电机烧坏;

2)电机线路松动。

排除方法:当发现在飞行中的电机失效后应立即启动应急措施,利用飞行中遥控器的一键返航功能,操控无人机升降舵使无人机安全着陆后再进行检修。情况1)需对电机进行定期检查或更换,起飞前检查电机转动是否有异常声音或温度过高;情况2)需要重新接插电动机线路。

(6)故障现象6:电机运行时声音不正常。

故障原因:

1)电机内部导线断路或短路,电流不稳引起噪声;

2)电机内部年久失修或内部有杂物。

排除方法:情况1)需拆开电机进行全面检查;情况2)可以处理轴承杂物或更换为轴承室的1/2～1/3。

(7)故障现象7:电机振动。

故障原因:

1)电机安装的部位不平整;

2)电机外部转子不稳定;

3)转轴弯曲。

排除方法:情况1)需将电机平稳地安装在底座上,以保证平衡性;情况2)需校准转子平衡;情况3)需校直或更换转轴。

(8)故障现象8:通电后电机不能转动。

故障原因:电源未通(至少两相未通)、保险丝损坏、控制设备接线错误。

排除方法:检查电源回路开关、熔丝、接线盒处是否有断点,如果有则用电烙铁焊接或者用电动胶布包裹好;检查保险丝,如果有问题,更换新的保险丝;改正接线。

(9)故障现象9:绝缘电阻较低电机外转子带电。

故障原因:

1)电机内部进水、受潮;

2)绕组上有杂物、粉尘影响;

3)电机内部绕组老化；

4)电机引出线的绝缘遭到破坏。

排除方法：

1)将受潮的电机放在阳光下晾晒，或者可用热风机吹干，干燥处理时，应注意电机的温度，靠近热源的部分，其温度不能超过70℃，防止2次损坏；

2)使用毛刷或尘吹器进行清理；

3)重新绕线处理；

4)检查并恢复引出线损毁的绝缘漆，进行修补处理。

(10)故障现象10：接通电源后，电机抖动、堵转。

故障原因：

1)由于电源的接通问题，造成缺相运转；

2)电机启动时运载量超载；

3)机械性故障，如磁体脱落、轴承损坏、轴弯曲。

排除方法：

1)首先检查电机接线是否有线路损坏现象，定子首端是否有断线、短路，然后进行修复。

2)将电机卸载后空载或半载启动，查看是否可以正常启动，能正常启动说明是启动时运载量过载，更换规格合适的螺旋桨；若无法正常启动，检查电机轴是否弯曲，滚动轴承是否损坏，进行更换处理；因受潮等原因造成铁芯表面锈蚀，此时需用砂纸打磨干净，清理后涂上绝缘漆。

3)铁芯与机座之间的固定松动，可重新固定。如果定位螺钉不能再用，就重新进行定位，旋紧定位螺钉；电机内是否有异物或磁体脱落，检查并修复，轴与滚动轴承检查更换等。

(11)故障现象11：无人机飞行或者悬停时机体晃动。

1)故障原因1：电机的安装角度有偏差。

排除方法：检查电机安装角度，重新安装电机。

2)故障原因2：机臂未完全打开。

排除方法：把机臂完全打开。

3. 无刷电机轴的检查与更换方法

(1)工具。需要准备的工具有一字螺丝刀、卡簧钳、锤子、套筒(套筒的大小是根据滚动轴承外边缘决定的)、镊子和轴承专用润滑油。

(2)无刷电机轴的检查与更换步骤。

1)在维修轴和轴承时，由于每个电机的设计不尽相同，所以每个电机的拆解方法也有所不同，但基本步骤都是一致的。首先要拆除阻挡转子轴与定子分离的部件。普通电机一般连接轴与定子的是一个很小的卡簧，使用卡簧钳将卡簧取下，亚拓天蝎星电机一般采用敲击进行电机拆解或使用专用拉玛工具进行拆卸(见图8-14～图8-16)。

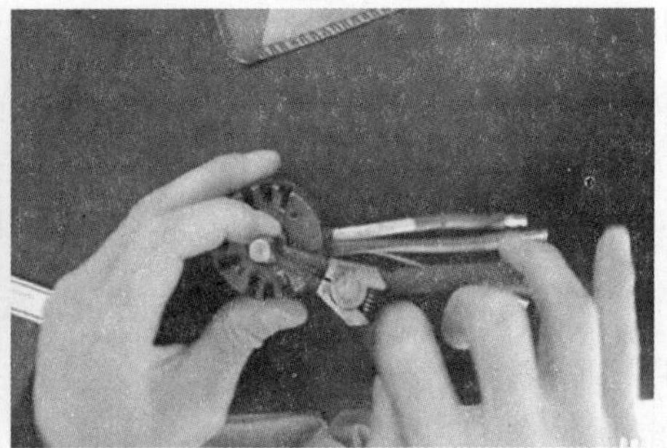

图 8-14 前出轴电机拆解

图 8-15　后出轴电机拆解

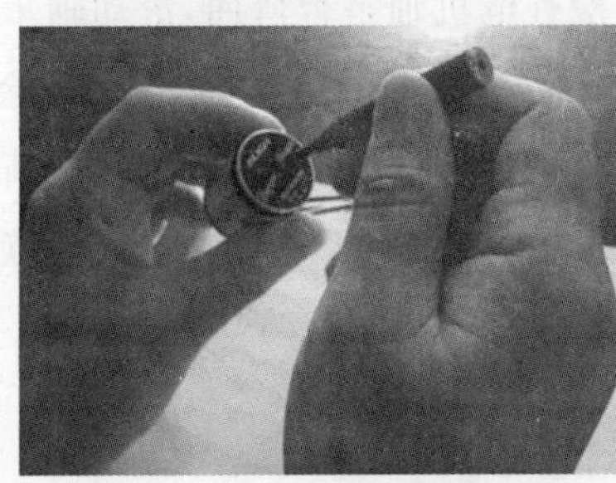
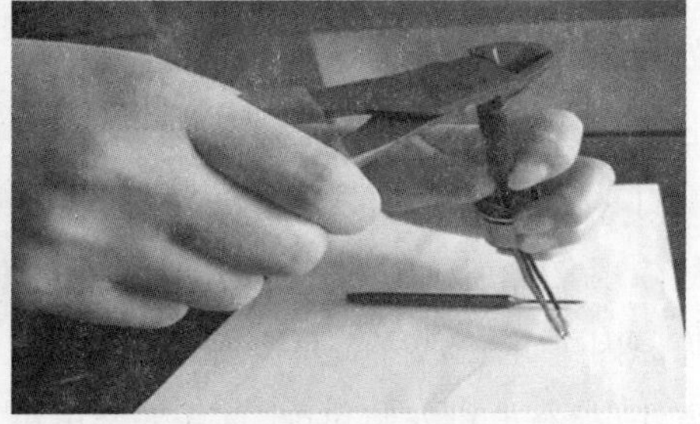

图 8-16 亚拓与天蝎星电机拆解

2)使用镊子将垫片取下(见图 8-17)。

图 8-17　取垫片

3)将一字螺丝刀从缝隙里小心插进去,左右转动螺丝刀使转子顺利从定子上取下,如果有点卡到,则小心旋转转子,注意防止一字螺丝刀破坏线圈,如图 8-18 所示。

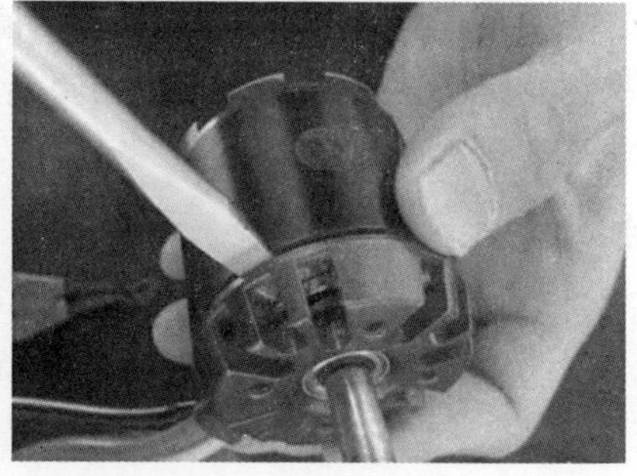

图8-18　电机底座拆解

4)将定子取下来,然后把套筒垫在桌子上使套筒口对准定子轴承,用小轴伸到转子孔中斜向对准轴承内圈,轻轻敲击,注意左右上下均匀砸,砸的次数力度要均匀,如图8-19所示。

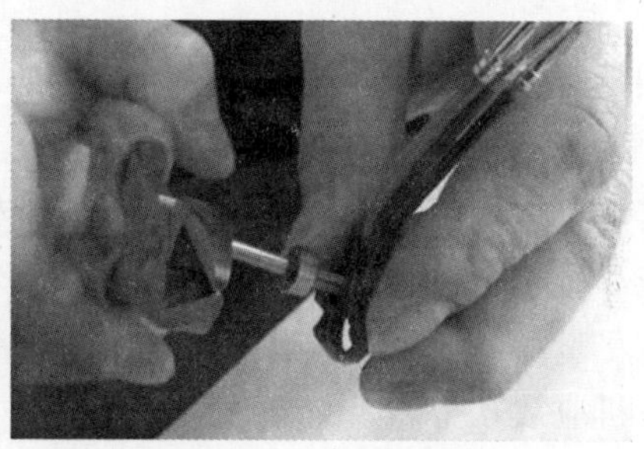

图8-19　无刷电机轴承拆解

5)将拆解下的电机各个部件进行清洁,如图8-20和图8-21所示。

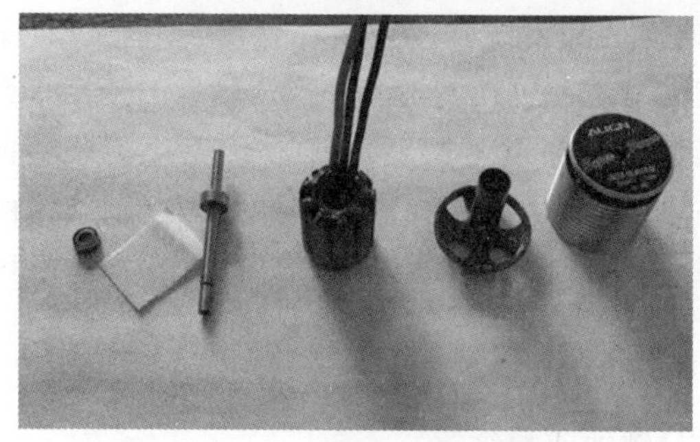

图8-20　亚拓电机拆解清洁

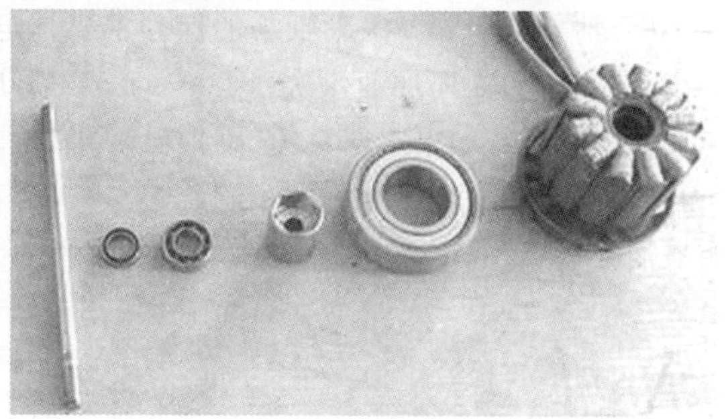

图8-21　普通无刷电机拆解清洁

6)检查。

A.轴的检查:检查轴的外观是否有损坏、弯曲。

a.目视检查轴的弯曲、外观磨损是否能够修复。

b.将轴放在水平的桌面上,用手使轴紧贴桌面进行滚动,眼睛与桌面在同一水平面上,观察轴在滚动过程中是否与桌面有缝隙。

B.轴承的检查:检查轴承的外观、框量是否过大。

a.用手或者轴将轴承的内圈固定,用手旋转轴承外圈,观察是否顺畅。

b.用手或者轴将轴承的内圈固定,用手左、右活动外圈,观察是否松动或者框量过大。

7)检查完各个部件,将损坏的进行更换,按照原定线路进行装配。装配注意事项如下。

A.将轴承彻底清洗后,最好将轴承在机油加热后再进行装配,在装配轴承外圈时,严禁用锤子直接敲打轴承内圈;相反,在装配轴承内圈时,严禁用锤子直接敲打轴承外圈。

B. 电机装复后,应检查转子运转是否灵活自如,如发现有卡住或者摩擦等不正常想象,须及时查明原因并予以消除。

4. 电机的维护保养

(1)清擦电机。及时清除电机座外部的灰尘、淤泥。

(2)检查和清擦电机接线处。检查电机与电调的接线是否牢固,如出现松动,应将接插件重新插紧。

(3)在无人机飞行前,应确认电机与机臂以及电机与螺旋桨是否固定好,检查各固定部分的螺钉、螺栓等,将松动的螺母拧紧。

(4)检查电机是否有异物附着,如果有要使用软毛刷及时清理。飞行后及时检查清理电机是否藏纳污垢。

(5)用手转动电机,应顺畅,没有不正常的摩擦、卡涩或异常响声。轻微晃动电机轴,应感觉不到明显的晃动。

(6)若电机上电后,出现某个电机不转或转速很低或有异常响声,应立即断电检查电机。

(7)应尽量避免在有沙土或者碎石等小颗粒存在的环境下起飞。

(8)应尽量避免在雨雪或者雾气较大的天气使用无人机。

(9)电机应放在干燥、无尘的环境中保存。

(10)应避免电机长期在高温环境下工作。

5. 轴承的维护

(1)轴承的保养。滚动轴承的保养主要是定期换油和清洗轴承。滚动轴承一般在电机运行 300~500 h,需要加油一次;1 000~1 500 h,应大清洗和更换润滑油一次。轴承的使用寿命一般为 5 000 h,如果定期换油、维护保养得好,其使用寿命可延长至 10 000 h,甚至更长。换油时,要用汽油或者煤油将轴承刷洗干净,不要在轴承中留有残油、铁屑和砂粒等。轴承内的润滑油一般只加入全容积的 2/3 即可,加的过多,轴承的温度容易过高;加的太少,则润滑无保障。

(2)轴承的检查。

1)观察轴承的滚珠、内外圈等部分是否有破损、锈蚀或裂纹等。

2)拨转轴承,如果声音均匀,转动灵活轻快,说明性能良好;若有不正常的杂音,转动不灵活,则说明有毛病。

3)用手摇动轴承外圈或者扳动轴承内圈,正常轴承是感觉不出松动的,若感觉有松动的现象,则说明磨损了,滚珠与内圈的间隙可能过大了。

6. 电机绕组的检查

观察电机绕组表面有无烧焦、线头脱焊或断裂;如无,再用电阻表对电机的绕组进行断路、短路和搭铁等现象的检查。

7. 绝缘电阻的检查和干燥处理

(1)绝缘电阻的检查。电机的绕组与铁芯之间、绕组与绕组之间的绝缘电阻的大小,标志着电机绝缘性能的好坏。陆用电机绕组的绝缘电阻不应低于 0.4 MΩ(船用电机绕组的绝缘电阻在冷态时，不应低于 5 MΩ)。

绕组的绝缘电阻通常用高阻表(又称兆欧表、摇表)检查。检查时，将绕组的线端从接线柱上拆下，使高阻表的一根表棒与绕组的一端相接触，另一根表棒搭铁，然后由慢而快均匀地摇转高阻表的手柄，且保持在 120 r/min 左右，当指针稳定不动时，它所指的数值便是被测绕组的绝缘电阻值。没有高阻表时可用三用表的高阻挡检查，不过准确性较差。绕组受潮、绝缘物变质、干燥或太脏，都会使得绝缘性能降低。如果电阻值过低，绝缘物就容易被电击穿而漏电，甚至造成短路。因此，当绝缘阻值过低时，必须采取适当的措施恢复绕组的绝缘性能。

(2)绝缘电阻的干燥处理。电机绕组因受潮而使绝缘阻值过低时，就必须进行干燥处理。

8.2.4　螺旋桨检修

1. 螺旋桨检查

(1)检查螺旋桨是否有损伤，是否有变形，表面是否光滑，桨根处是否有裂痕。

(2)检查螺旋桨的紧固件是否失效，检查紧固件是否拧紧。

(3)检查螺旋桨卡口处是否有磨损、裂纹、老化等问题。

(4)检查整流罩安装是否牢固。

(5)检查螺旋桨正反桨是否安装正确。

2. 螺旋桨故障及排除方法

(1)故障现象 1:桨叶出现裂痕、缺口、变形或折断。

故障原因:飞行操作不当，桨叶受损。

排除方法:如果损伤严重，最好还是直接更换新的螺旋桨。

(2)故障现象 2:加油门时无人机出现侧偏或后退。

故障原因:螺旋桨动平衡有问题。

排除方法: 需要更换新的螺旋桨。

3. 螺旋桨维护

(1)无人机不使用时，需将螺旋桨卸下存放好。

(2)确保螺旋桨表面干净、无污物。

(3)安装螺旋桨时，应注意折叠处的松紧度，太紧或者太松都会导致无人机在飞行中机身出现抖动。

(4)表面有破损、裂纹的螺旋桨会影响无人机飞行安全，应及时更换螺旋桨。

(5)清洁螺旋桨时应注意力度，避免力度过大导致螺旋桨受损。

【任务实施】

综合技能训练任务:检修无人机电池动力系统

1. 实训目的

通过无人机电池动力系统检修练习，掌握无人机动力系统中的锂聚合物电池、电机、电调常见的故障现象、故障原因以及故障排除方法，能够独立地选择和使用电池动力系统检修工具和材料，以及完成无人机电池动力系统检修，培养无人机电池动力系统的检修技能。

2.实训任务工单(见表8-2)

表8-2 检修无人机电池动力系统实训任务工单

任务名称	检修无人机电池动力系统		
工具/设备/材料			
类 别	名 称	单 位	数 量
设备	遥控器	台	1
	万用表	台	1
工具	套筒	把	1
	锤子	把	1
	电烙铁	把	1
	软毛刷	把	1
	卡簧钳	把	1
	剥线钳	把	1
	螺丝刀	把	1
	镊子	把	1
材料	焊锡丝	组	1
	热缩管	根	若干
	香蕉头	个	若干
	故障电机	个	若干
	故障电池	组	若干
	故障电调	个	若干
1.工作任务			
检修无人机电池动力系统			
2.工作准备			
(1)准备好设备和工具,检查设备和工具的有效性; (2)准备好材料,材料应符合标准; (3)将锂电池充满电			
3.工作步骤			
(1)锂电池故障检查; (2)电池鼓包故障维修; (3)电池外皮损坏故障维修; (4)电池线损坏故障维修; (5)电调故障检查; (6)电调常见故障维修; (7)电机故障检查; (8)电机常见故障维修; (9)螺旋桨检查; (10)螺旋桨常见故障维修			
4.结束工作			
(1)清点工具和设备; (2)清扫现场			

3.实训任务评价(请登录工大书苑网页端 http://nwpup.iyuecloud.com/,搜索本书书名下载相关表格)

任务8.3　认识无人机飞控导航系统

【任务引入】

无人机在飞行过程中,飞控导航系统可能会发生故障,检修飞控导航系统之前,需要认识飞控导航系统。

【任务分析】

飞控导航系统是无人机的重要组成部分,相当于无人机的"大脑",飞控导航系统主要包括飞控系统、导航系统、舵机和遥控器等。学习了解飞控系统、导航系统、舵机和遥控器等组件的结构组成和功用,才能够正确地识别飞控导航系统,从而为后面学习飞控导航系统的检修打好基础。

【相关知识】

8.3.1　飞行控制系统

1.飞控概述

无人机飞行控制系统是控制无人机飞行姿态和运动方向的设备,是无人机完成起飞、空中飞行、执行任务和返场回收等整个飞行过程的核心系统。

无人机的飞行控制系统主要由陀螺仪、加速计、地磁感应、气压传感器、超声波传感器、光流传感器、GPS 模块以及控制电路等组成。它的主要功能就是自动保持飞机的正常飞行姿态。

固定翼无人机飞行的控制通常包括方向、副翼、升降、油门、襟翼等控制舵面,通过舵机可改变飞机的翼面,产生相应的扭矩,控制飞机完成转弯、爬升、俯冲和横滚等动作。

传统直升机形式的无人机通过控制直升机的倾斜盘、油门、尾舵等,可控制飞机完成转弯、爬升、俯冲和横滚等动作。

多轴形式的无人机一般通过控制各轴桨叶的转速来控制无人机的姿态,以完成转弯、爬升、俯冲和横滚等动作。

2.飞控板

飞控板是多轴飞行器的核心设备,是飞行控制集成电路板的简称。

目前市面上的飞控板品种较多,闭源阵营国内主流厂商有大疆、零度、极飞、华科尔和亚拓等;开源阵营有 PIX、APM 、MWC 和 KK 等。图 8-22 所示为 APM 飞控板。

APM 飞控板的主要功能如下:

(1)处理来自遥控器的信号,完成要求的飞行姿态或其他指令。

(2)控制电调,给电调发送信号以调节电机转速,实现控制改变飞行姿态的功能。

(3)通过一些板载的测量元件控制电调的输出信号以保持多旋翼无人机的稳定。

图 8-22　APM 飞控板

8.3.2　导航系统

1. 全球定位系统(GPS)

(1)GPS 概述。GPS 是一种基于卫星的、长距离的、全球性的导航系统。GPS 是一种全天候的无线电导航系统，它不受静电云团等气象干扰，通过收、发无线电信号可为用户提供精确的定位和时间基准等。使用 GPS 的飞机，可以引导其在起飞、巡航、进近和着陆等各个阶段沿预定的航线准确地飞行。

(2)GPS 组成。GPS 由空间部分、地面监控部分和用户部分组成，如图 8-23 所示。

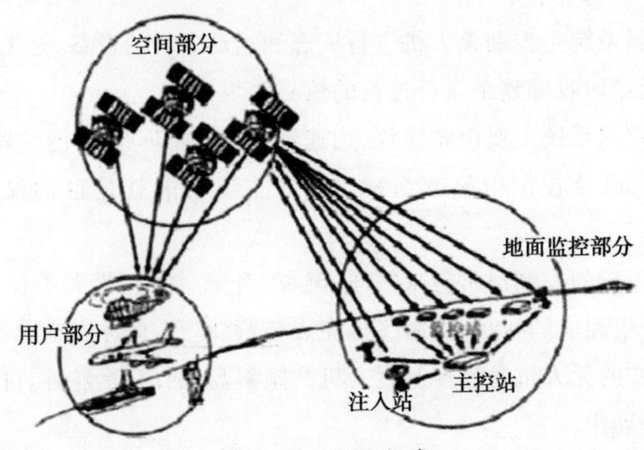

图 8-23　GPS 组成

2. 惯性导航系统

(1)概述。惯性导航是通过测量飞机的加速度(惯性)，并自动进行积分运算，以获得飞机即时速度和即时位置数据的一门综合性技术。

在实际应用中，惯性导航系统不仅能提供即时速度和即时位置，还可以测量飞机的姿态。

(2)组成。惯性导航系统通常由惯性测量组件、导航计算机和控制显示器等组成。

1) 惯性测量组件。惯性测量组件包括加速度计和陀螺仪惯性元件。3 个加速度计用来测量飞机的平动运动的加速度；3 个陀螺仪用来测量飞机沿 3 轴的转动运动。

2)导航计算机。导航计算机根据加速度信号进行积分计算，还进行系统的标定、对准，以及进行机内的检测和管理。

3)控制显示器。控制显示器可给定初始参数及系统需要的其他参数，并显示各种导航信息。

按惯性测量元件在飞机上的安装方式，惯性导航系统可分为平台式惯性导航系统和捷联式惯性导航系统。

8.3.3 舵机

舵机简单地说就是集成了直流电机、电机控制器和减速器等，并封装在一个便于安装的外壳里，能够利用简单的输入信号比较精确地转动给定角度的电机系统。舵机安装了一个电位器（或其他角度传感器）检测输出轴转动角度，控制板根据电位器的信息能比较精确地控制和保持输出轴的角度。这样的直流电机控制方式叫闭环控制，因此舵机更准确地说是伺服马达。舵机的主体结构如图8-24所示，主要由外壳、齿轮组、电机和控制电路等组成。简单的工作原理是控制电路接收信号源的控制信号，并驱动电机转动；齿轮组将电机的速度成大倍数缩小，并将电机的输出扭矩放大响应倍数，然后输出；电位器和齿轮组的末级一起转动，测量舵机轴转动角度；电路板检测并根据电位器判断舵机转动角度，然后控制舵机转动到目标角度或保持在目标角度。

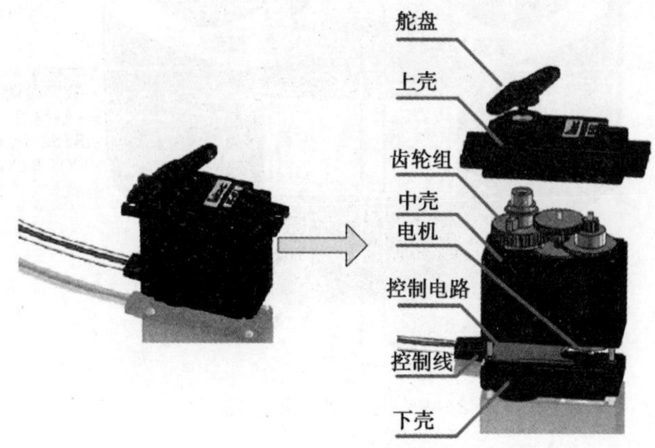

图8-24　舵机的结构

8.3.4 遥控器

1. 无人机遥控器结构

无人机遥控器内部结构主要由RF TX模组、LCD显示控制MCU和TX传送控制器MCU等组成，如图8-25所示。

图8-25　无人机遥控器内部结构

Futaba T8FG 型遥控器是目前使用比较多的一种遥控器，该遥控器的外部组成如图 8-26所示。

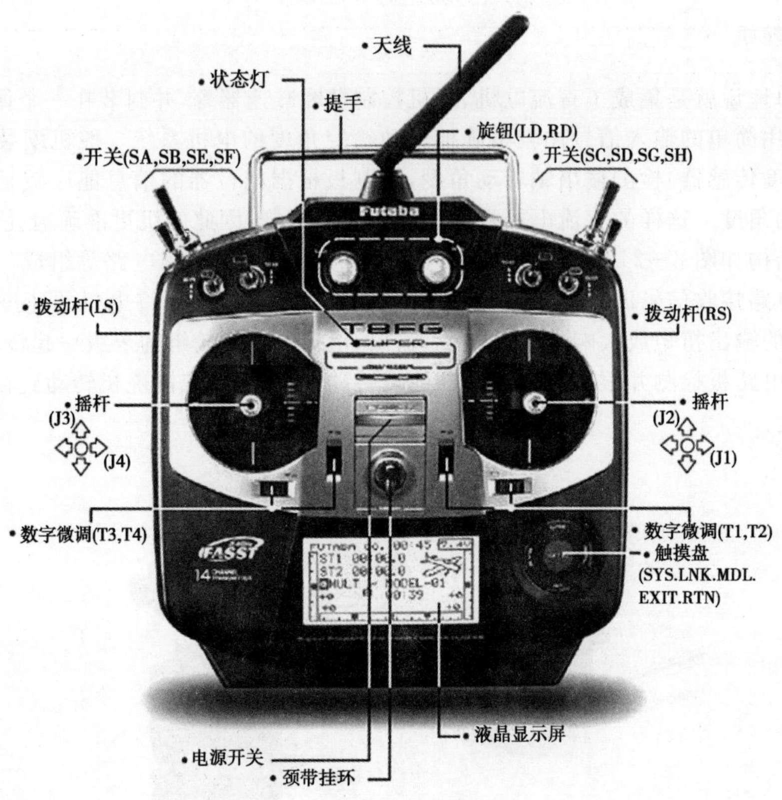

图 8-26　Futaba 遥控器

2. 遥控器的操作模式

根据目前国内外遥控器的使用特点以及遥杆通道定义的不同，将操作模式主要分为两种，即日常所说的日本手和美国手。

(1)日本手：日本手的油门和副翼在右边，方向和升降在左边；

(2)美国手：美国手的油门和方向在左边，副翼和升降在右边。

目前来说，国内飞手使用“日本手”的比较多，可能是由于大家使用的日本机器比较多。但是一般的飞行器玩具的遥控器都是“美国手”。建议同周围朋友保持一样的遥控器操作习惯是比较好的。因为一来是易于沟通交流；二来是能够互相交换无人机操控；三来是当你遇到紧急情况时，朋友可以直接操作“救机”，不用调试。

【任务实施】

综合技能训练任务：认识无人机飞控导航系统

1. 实训目的

通过认识无人机飞控导航系统的各组成部件，掌握飞控系统、导航系统、舵机和遥控器等组件的结构组成和功用，能够独立地识别无人机飞控导航系统的组成部件名称及功用，为后续无人机飞控导航系统的检修工作打下基础。

2. 实训任务工单(见表8-3)

表8-3　认识无人机飞控导航系统实训任务工单

<table>
<tr><td>任务名称</td><td colspan="3">认识无人机飞控导航系统</td></tr>
<tr><td colspan="4">工具/设备/材料</td></tr>
<tr><td>类 别</td><td>名 称</td><td>单 位</td><td>数 量</td></tr>
<tr><td rowspan="3">材料</td><td>飞控板</td><td>块</td><td>1</td></tr>
<tr><td>接收机</td><td>个</td><td>1</td></tr>
<tr><td>GPS模块</td><td>个</td><td>1</td></tr>
<tr><td colspan="4">1. 工作任务</td></tr>
<tr><td colspan="4">认识无人机飞控导航系统</td></tr>
<tr><td colspan="4">2. 工作准备</td></tr>
<tr><td colspan="4">(1)准备好飞控模块;
(2)准备好导航模块</td></tr>
<tr><td colspan="4">3. 工作步骤</td></tr>
<tr><td colspan="4">(1)找出飞控板并说明其类型及各接口的功能;
(2)找出接收机并说明其各信号线功能;
(3)找出GPS导航组件并说明其功用;
(4)将接收机的信号线与飞控板对应的接口相连接;
(5)将GPS模块信号线与飞控板对应的接口相连接</td></tr>
<tr><td colspan="4">4. 结束工作</td></tr>
<tr><td colspan="4">(1)清点工具和设备;
(2)清扫现场</td></tr>
</table>

3. 实训任务评价(请登录工大书苑网页端 http://nwpup.iyuecloud.com/,搜索本书书名下载相关表格)

任务8.4　检修无人机飞控导航系统

无人机飞控导航系统检修

【任务引入】

在飞行当中,飞控系统中的某个组件发生故障,无人机不断掉高,甚至炸机。

【任务分析】

飞控导航系统是无人机的指挥中心,无人机在飞行时,如果飞控导航系统出现故障,可能会导致炸机甚至伤人事故发生,因此一旦发现无人机飞控导航系统发生故障，应立即进行系统检修。学习了解无人飞控导航系统中各组件常见的故障现象、故障原因及故障排除方法，才能掌握飞控导航系统正确的检修方法，从而保障无人机安全飞行。

【相关知识】

8.4.1　无人机飞控系统检修

1. 无人机飞控系统检查

无人机上电后，要检查各个电子装备运行是否正常，各指示灯显示是否正常。

(1)检查插头接线是否紧密连接，插头是否有腐蚀现象。

(2)检查线路布设是否整齐、无缠绕。

(3)检查控制线路连接是否正常，是否发生破损、挤压现象。

(4)检查飞控系统是否安装牢固，是否清洁、完整。

(5)检查接收机、飞控等机载设备的天线是否稳固，接插件是否牢固。

2. 飞控系统常见故障及排除方法

(1)故障现象1：在飞行当中，无人机突然坠机。

1)故障原因1：飞控断电或重启。动力电池以快充模式进行充电，飞行前在地面测量的动力电池的电量是虚电电压，虚电电压易导致电力不足断电而坠机。

排除方法：禁止动力电池以快充模式进行充电，无人机飞行时保证电池电量充足。

2)故障原因2：无人机失去重心。

排除方法：应在无人机起飞前将无人机调试到水平状态，水准气泡必须在中心位置。

(2)故障现象2：在飞行当中，飞机会掉高或者降落导致飞机损坏或者炸机。

故障原因：飞控受到光照导致气压计受热，内部气体膨胀，造成飞机正在爬升的假象，飞控就减油门补偿，导致飞机掉高降落。

排除方法：

1)将飞控的外壳打开，在外壳的内部贴上黑色的胶布；

2)用剪刀剪一块2 cm的方形深色海绵；

3)用双面胶将深色海绵贴到气压计表面；

4)将外壳盖住。

8.4.2　无人机导航系统检修

1. 无人机导航系统检查

(1)GPS定位检查。从开机到GPS定位的时间应该在1 min，如果超过5 min还不能定位，应检查GPS天线连接或者其他干扰情况。

(2)卫星失锁后保护装置的检查。卫星失锁后保护装置应自动开启，伞仓门打开。

(3)检查GPS接收机安装是否牢固，GPS要通过上中心板牢固地固定在机臂上。

(4)检查GPS数据线是否与飞控板的GPS接口紧密连接。

(5)检查GPS上方的天线位置是否贴有影响信号的物体。

(6)检查GPS、外置磁罗盘的安装方向是否正确。

2. GPS故障及排除方法

(1)故障现象1:接收不到卫星信号或者搜星速度慢。

1)故障原因1:GPS天线损坏,如图8-27所示。

排除方法:更换GPS天线。

2)故障原因2:接触不良,如图8-28所示。

排除方法:拧紧GPS天线。

图8-27　GPS天线损坏

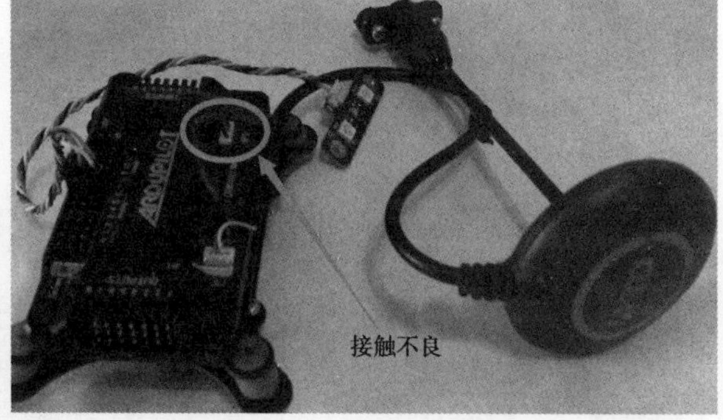

图8-28　GPS天线接触不良

(2)故障现象2:GPS长时间无法定位,接收不到卫星信号。

1)故障原因1:GPS天线被屏蔽或者是被附近的电磁场干扰。

排除方法:把屏蔽物移除,远离干扰源,放置到空旷的地域。

2)故障原因2:GPS长时间没有通电,在当地与上次GPS定位的点距离太长,或者是飞机定位前打开了微波电源开关。

排除方法:关闭微波电源开关,关闭系统电源,间隔5 s以上重新启动系统电源等待定位。

(3)故障现象3:无人机自动转圈。

1)故障原因1:第一次启动无人机的时候出现搜星慢的问题。

排除方法:启动无人机后等待一段时间。

2)故障原因2:GPS天线被屏蔽或被附近的电磁场干扰。

排除方法:移除屏蔽物或将无人机放置在空旷区域,尽量远离干扰源。

8.4.3　舵机检修

1. 舵机检查

(1)检查舵机输出轴正、反转之间是否有间隙。

(2)检查舵机旋臂、连杆、舵面旋臂之间的连接间隙是否太小。

(3)检查舵面和舵面骨架是否有损坏。

(4)检查舵面与机身连接处转动是否灵活。

(5)检查舵机、连杆、舵角和固定螺钉是否有损伤、松动和变形。

(6)检查舵机内部齿轮是否存在“扫齿”问题。

(7)检查从舵机上接出的延长线及接头处的插头是否氧化。

(8)检查舵机线路的接线头是否接触良好,线路是否有破损。

(9)检查舵机工作是否正常,有无高频抖动。

2. 舵机常见故障及排除方法

(1) 舵机故障维修。

1)故障现象1:无人机加电后,置于水平面,舵机不停在中立位。舵机电机狂转,舵盘摇臂不受控制,摇臂打滑。舵机故障如图8-29所示。

故障原因:舵面传动机构由于冲击造成变形。

排除方法:检查舵面传动机构,校正变形部位。

2)故障现象2:舵机扫齿,如图8-30所示。

图8-29　舵机故障

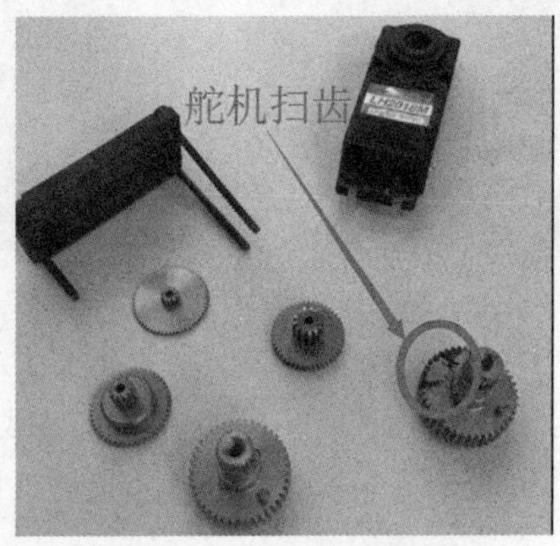

图8-30　舵机扫齿

故障原因:扫齿就是因为外力过大导致两咬合的齿轮损坏或是不能正常运转的现象。

排除方法:检查舵机行程和中立位。

3)故障现象3:舵机通电,发现舵机向一个方向转动后卡住不动了,舵机吱吱地响。

故障原因:舵机电机的正、负极或电位器的端线接错了。

排除方法:电机的两个接线倒个方向。

4)故障现象4:舵机打舵后无任何反应。

故障原因:舵机电子回路断路、接触不良或者舵机的电机、电路板的驱动部分烧毁。

排除方法:先检查线路,包括插头、电机引线是否有断路现象,如果没有的话,就进行逐一排除,先将电机卸下测试空载电流,如果空载电流小于90 mA,则说明电机是好的,那绝对是舵机驱动烧坏了,需要更换舵机。

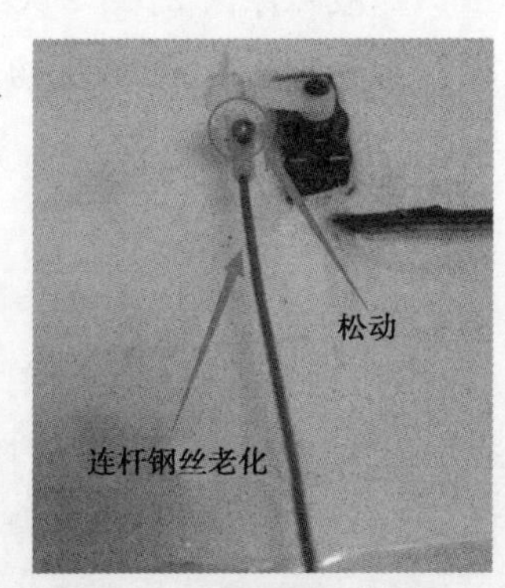

图8-31　舵机连杆故障

(2)舵机连杆故障维修。

故障现象:舵面传动机构、连杆受冲击变形。

故障原因:传动机构、连杆钢丝老化、松动、脱落,如图 8-31 所示。

排除方法:

1)更换老化的传动机构和连杆并校准;

2)拧紧松动、脱落的螺丝。

8.4.4　遥控器检修

1. 遥控器检查

(1)检查遥控器外观。

(2)检查遥控器是否能正常开机、关机。

(3)检查天线是否损坏。

(4)检查开关是否损坏。

(5)检查遥控器与无人机通信是否正常。

(6)检查遥控器模式是否正确。

2. 遥控器故障及排除方法

(1)故障现象 1:遥控器失效。

故障原因:

1)遥控器电池电力不足;

2)接收系统失效;

3)控制电路失效;

4)机载发电机失效;

5)电源开关失效。

排除方法:

1)电池充电,必要时更换电池;

2)更换接收机;

3)检修控制电路;

4)更换机载发电机;

5)更换电源开关。

(2)故障现象 2:app 提示“遥控器连接异常”。

排除方法:

1)拔掉左边的 USB 线,使用手机数据线连接遥控器底部的 USB 接口;

2)请尝试重启遥控器;

3)使用安卓设备时,请在手机打开 USB 调试;

4)请尝试重装 app 后重新连接;

5)切换 iOS 设备尝试。

3. 遥控器维护

(1)正确充电,避免过充过放,保证电源正常工作。

(2)随时核对舵面中心位置。

(3)随时检查舵面摇臂、连杆接头、旋钮、按键、开关和按键,保证能正常使用。

【任务实施】

综合技能训练任务:检修无人机飞控导航系统

1. 实训目的

通过无人机飞控导航系统检修练习,掌握无人机飞控导航系统中各组件常见的故障现象、故障原因及故障排除方法,能够独立地选择和使用飞控导航系统检修工具和材料,以及完成无人机飞控导航系统检修,培养无人机飞控导航系统的检修技能。

2. 实训任务工单(见表8-4)

表8-4 检修无人机飞控导航系统实训任务工单

<table>
<tr><td>任务名称</td><td colspan="3">检修无人机飞控导航系统</td></tr>
<tr><td colspan="4">工具/设备/材料</td></tr>
<tr><td>类 别</td><td>名 称</td><td>单 位</td><td>数 量</td></tr>
<tr><td rowspan="3">设备</td><td>遥控器</td><td>台</td><td>1</td></tr>
<tr><td>舵机测试仪</td><td>台</td><td>1</td></tr>
<tr><td>万用表</td><td>台</td><td>1</td></tr>
<tr><td rowspan="3">工具</td><td>电烙铁</td><td>把</td><td>1</td></tr>
<tr><td>软毛刷</td><td>把</td><td>1</td></tr>
<tr><td>螺丝刀</td><td>把</td><td>1</td></tr>
<tr><td rowspan="10">材料</td><td>螺丝</td><td>个</td><td>若干</td></tr>
<tr><td>焊锡丝</td><td>组</td><td>1</td></tr>
<tr><td>胶布</td><td>卷</td><td>1</td></tr>
<tr><td>扎带</td><td>根</td><td>若干</td></tr>
<tr><td>双面胶</td><td>块</td><td>若干</td></tr>
<tr><td>故障 GPS</td><td>个</td><td>若干</td></tr>
<tr><td>故障舵机</td><td>个</td><td>若干</td></tr>
<tr><td>故障飞控系统</td><td>套</td><td>1</td></tr>
<tr><td>故障遥控器</td><td>台</td><td>1</td></tr>
<tr><td>故障气压计</td><td>个</td><td>1</td></tr>
<tr><td colspan="4">1.工作任务</td></tr>
<tr><td colspan="4">检修无人机飞控导航系统</td></tr>
<tr><td colspan="4">2.工作准备</td></tr>
<tr><td colspan="4">(1)准备好设备和工具,检查设备和工具的有效性;
(2)准备好材料,材料应符合标准;
(3)将锂电池充满电</td></tr>
</table>

续表

3.工作步骤
(1)无人机飞控系统检查； (2)飞控系统故障维修； (3)无人机导航系统检查； (4)GPS故障维修； (5)舵机检查； (6)舵机故障维修； (7)遥控器检查； (8)遥控器故障维修； (9)气压计检查； (10)气压计故障维修
4.结束工作
(1)清点工具和设备； (2)清扫现场

3.实训任务评价(请登录工大书苑网页端 http://nwpup.iyuecloud.com/，搜索本书书名下载相关表格)

任务8.5　认识无人机通信系统

【任务引入】

无人机在飞行过程中，地面站没有数据链，信号受到干扰。

【任务分析】

通信系统是无人机的重要组成部分，无人机在飞行时，通信系统有时会出现故障，需要及时对其进行检修。学习了解无人机通信系统中图传模块、数传模块以及地面站常见的故障现象、故障原因和故障排除方法，才能掌握无人机通信系统正确的检修方法，通过任务练习，培养无人机通信系统的检修技能。

【相关知识】

1.通信链路组成

无人机系统的通信链路是指控制和无载荷链路，主要包括指挥与控制、空中交通管制、感知和规避3种链路。

2.数据链路

无人机的数据链路按照传输方向可以分为上行链路和下行链路。上行链路主要完成地面站到无人机遥控指令的发送和接收，下行链路主要完成无人机到地面站的遥测数据以及红外或电视图像的发送和接收，并根据定位信息的传输利用上、下行链路进行测距，数据链路的性能直接影响到无人机性能的优劣。

3.通信模块

(1)数传模块。无人机数据链路主要完成地面控制站对无人机的遥控、遥测和任务传感器等信息的传输，实现地面控制站与无人机之间的数据收发和跟踪定位。遥测链路由数传模块和地面站两部分组成。数传模块包含机载收发模块和地面站收发模块，如图 8－32 所示。

(2)图传模块。图传模块的作用是将无人机在空中拍摄的画面实时传输到地面或操控手的显示设备上，使操控手能够身临其境地获得无人机远距离飞行时相机所拍摄的画面。无人机图传模块如图 8－33 所示。

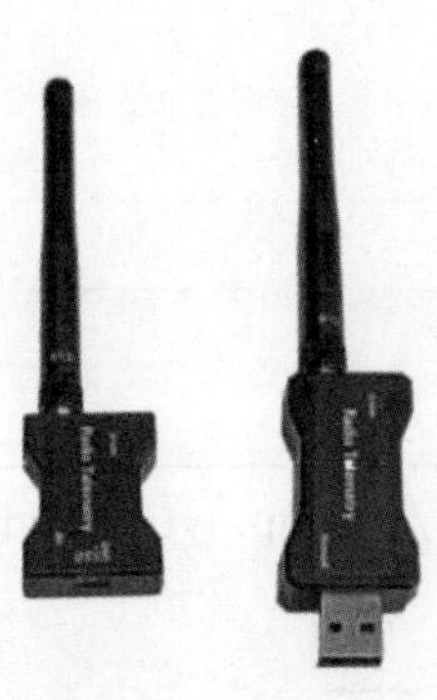

图 8－32　数传模块

图 8－33　图传模块

4.地面站

(1)地面站系统典型配置。地面站作为整个无人机系统的作战指挥中心，其控制内容包括飞行器的飞行过程、飞行航迹、有效载荷的任务功能、通信链路的正常工作以及飞行器的发射和回收。无人机地面站如图 8－34 所示。

地面站的典型配置如下：

1)系统控制站；

2)飞行器操作控制站；

3)任务载荷控制站；

4)数据分发系统；

5)数据链路地面终端；

6)中央处理单元。

(2)地面站的典型功能。

1)飞行器的姿态控制。

图 8－34　无人机地面站

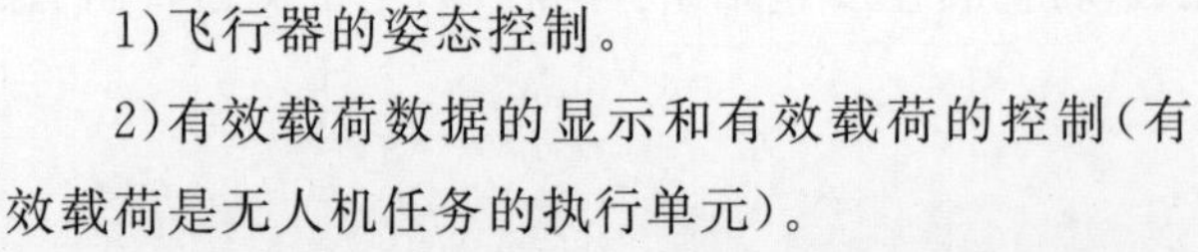

2)有效载荷数据的显示和有效载荷的控制(有效载荷是无人机任务的执行单元)。

3)任务规划、飞行器位置监控及航线的地图显示。其中任务规划主要包括处理战术信息、研究任务区域地图、标定飞行路线及向操作员提供规划数据等。

4)导航和目标定位。

5)与其他子系统的通信链路。

(3)典型的地面站软件。目前国内地面站软件较多,如大疆、零度、极飞、拓攻和普宙等无人机公司都有自己的地面站软件。下面介绍典型的地面站软件——DJI GS PRO 地面站。

DJI GS PRO 地面站电脑版就是大疆无人机地面站软件,软件的主要作用就是规划大疆无人机的航线,另外,还有飞行控制和建图航拍的功能。

DJI GS PRO 地面站软件界面如图 8-35 所示。

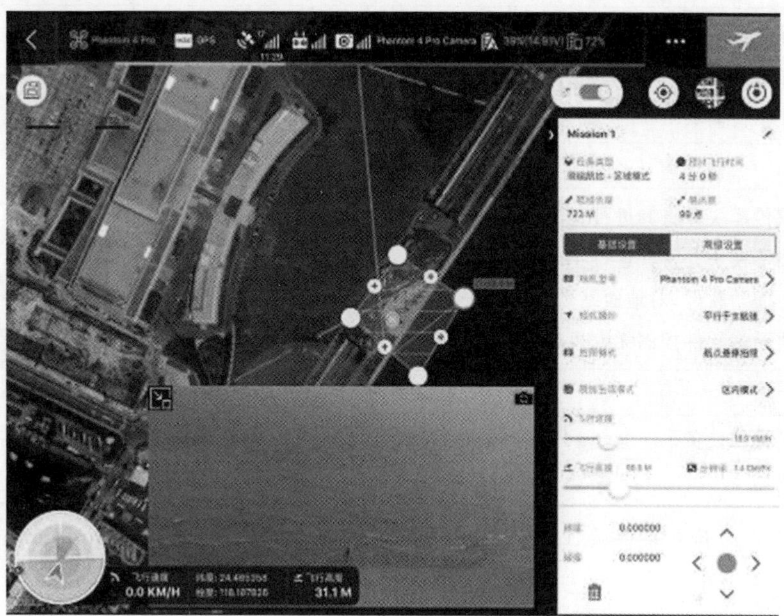

图 8-35　DJI GS PRO 地面站软件界面

【任务实施】

综合技能训练任务:认识无人机通信系统

1. 实训目的

通过认识无人机通信系统的各组成部件,掌握数传、图传和地面站等组件的结构和功能,能够独立地识别无人机通信系统的组成部件名称及功用,为后续无人机通信系统的检修工作打下基础。

2. 实训任务工单(见表 8-5)

表 8-5　认识无人机通信系统实训任务工单

<table>
<tr><td>任务名称</td><td colspan="3">认识无人机通信系统</td></tr>
<tr><td colspan="4">工具/设备/材料</td></tr>
<tr><td>类 别</td><td>名 称</td><td>单 位</td><td>数 量</td></tr>
<tr><td rowspan="2">设备</td><td>电脑</td><td>台</td><td>1</td></tr>
<tr><td>多旋翼无人机</td><td>架</td><td>1</td></tr>
</table>

续表

材料	数传模块	套	1
	图传模块	套	1
	地面站软件	套	1
1.工作任务			
认识无人机通信系统			
2.工作准备			
(1)准备好电脑和地面站软件; (2)准备好数传模块; (3)准备好图传模块			
3.工作步骤			
(1)找出数传模块并将其进行正确安装; (2)找出图传模块并将其进行正确安装; (3)打开地面站软件,对地面站软件进行正确设置; (4)通过地面站软件控制无人机超视距飞行			
4.结束工作			
(1)清点工具和设备; (2)清扫现场			

3.实训任务评价(请登录工大书苑网页端 http://nwpup.iyuecloud.com/,搜索本书书名下载相关表格)

任务8.6 检修无人机通信系统

【任务引入】

无人机在飞行过程中,地面站没有数据链,信号受到干扰。

【任务分析】

通信系统是无人机的重要组成部分,无人机在飞行时,通信系统有时会出现故障,需要及时对其进行检修。学习了解无人机通信系统中图传模块、数传模块以及地面站常见的故障现象、故障原因和故障排除方法,才能掌握无人机通信系统正确的检修方法,通过任务练习,培养无人机通信系统的检修技能。

【相关知识】

1.无人机通信系统检查

(1)从地面站仪表上观察飞机的陀螺仪姿态、各个电压值、卫星个数、空速值和高度是否正常。

(2)检查地面站至机载飞行控制系统的数据传输、指令发送是否正常。

(3)将设计数据从地面站上传到机载飞控系统并回传,检查数据的完整性和正确性。

2. 通信系统常见故障及排除方法

(1)图传常见故障及排除方法。

1)故障现象1:遥控器搜索不到无人机WiFi;图传无法升级且存储卡旁红灯慢闪。

排除办法:更换云台图传FPC即可或逐一排除其他硬件问题。

2)故障现象2:无图传信号。

排除办法:如果是设备未连接,建议重新插拔一下USB线或者更换USB线;如果是无图传信号,建议重新启动飞机、遥控、app,重新对频。

3)故障现象3:图传延迟而且比较卡顿。

排除办法:

A. 尝试更换移动设备,确认是移动设备的问题还是飞机故障,iOS设备请在app通用设置内开启硬解码;

B. 更换环境测试,避免环境干扰,可以尝试在app图传界面手动切换图传信道,降低图像传输质量;

C. 重新插拔云台和飞机的连接线。

4)故障现象4:图传信号弱。

故障原因:未展开天线或调整天线;障碍物减弱或中断了图传信号。

排除办法:

A. 展开天线,按说明书上提示的最大信号方式来调整天线位置,以增强信号;

B. 绕开或避开障碍物。

(2)地面站常见故障及排除方法。

1)故障现象1:没数据链,信号受到干扰。

故障原因:地面站电台与飞机电台通信不畅或数传有干扰,信号受阻,如图8-36所示。

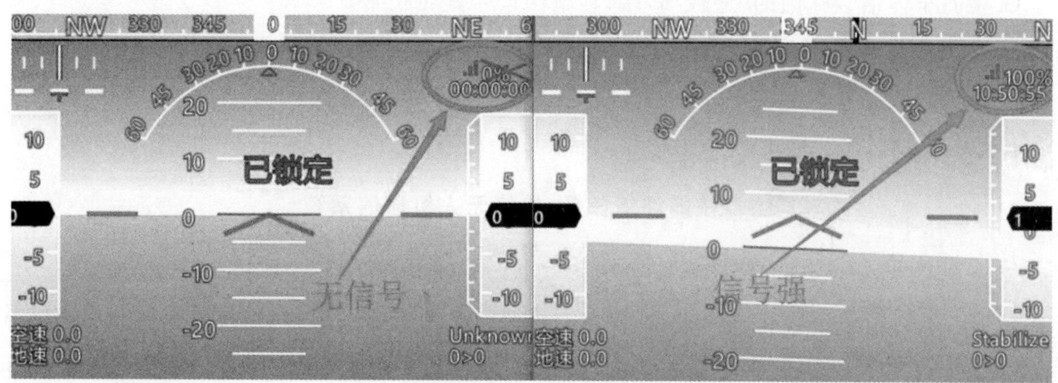

图8-36　地面站信号

排除方法:更换地面站电台天线或远离干扰源。

2)故障现象 2:地面站数据链无法连接。

故障原因:串口连接不正确。

排除方法:检查串口(我的电脑—设备管理器—端口)、端口号及其波特率应与地面站及电台一致,如图 8-37 所示。

具体操作方法如下:

A. 将连线接头重新接上;

B. 将点击地面站的链接按钮、串口设置正确;

C. 将串口波特率设置正确;

D. 将地面站与飞行器的数传频道设置一致;

E. 重新启动地面站电脑和飞行器系统电源。

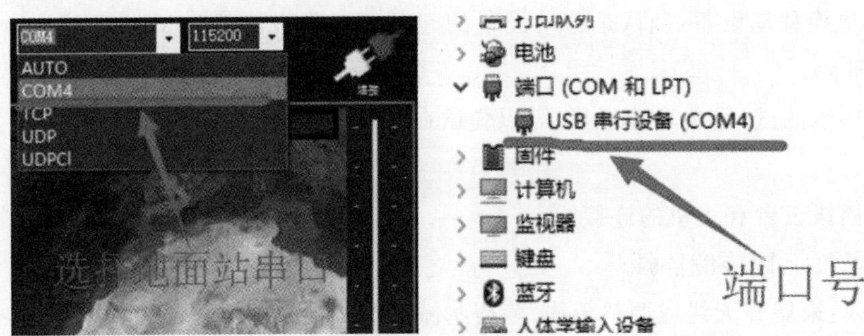

图 8-37　地面站串口图

3)故障现象 3:无人机系统联调时,机载“锁定”指示灯不亮,终端组合“解扩”,“帧环”指示灯不亮。地面站向飞机发送遥控指令,飞机无动作。

排除方法:

A. 检查地面站终端组合中的“编码扩频板”工作是否正常;

B. 检查“收发组合”遥控发射机工作是否正常;

C. 检测车体信号孔门的“遥控出”端口,输出信号是否正常;

D. 检测地面站测控天线天线座上的“遥控”端口,输出信号是否正常;

E. 检测地面站发射天线接入端。

【任务实施】

综合技能训练任务:检修无人机通信系统

1. 实训目的

通过无人机通信系统检修练习,掌握无人机通信系统中图传模块、数传模块以及地面站常见的故障现象、故障原因和故障排除方法,能够独立地选择和使用无人机通信系统检修工具和材料,以及完成无人机通信系统检修,培养无人机通信系统的检修技能。

2. 实训任务工单(见表8-6)

表8-6　检修无人机通信系统实训任务工单

任务名称	检修无人机通信系统		
工具/设备/材料			
类 别	名 称	单 位	数 量
设备	遥控器	台	1
	电脑	台	1
工具	螺丝刀	把	1
材料	故障图传系统	套	1
	地面站软件	套	1
1. 工作任务			
检修无人机通信系统			
2. 工作准备			
(1)准备好设备和工具,检查设备和工具的有效性; (2)准备好材料,材料应符合标准; (3)将地面站软件准备好			
3. 工作步骤			
(1)无人机图传系统检查; (2)图传模块故障维修; (3)地面站检查; (4)地面站故障维修			
4. 结束工作			
(1)清点工具和设备; (2)清扫现场			

3. 实训任务评价(请登录工大书苑网页端 http://nwpup.iyuecloud.com/,搜索本书书名下载相关表格)

【课程思政】

阅读以下教学案例,结合本项目所学习的专业知识和技能,从社会主义核心价值观、民族精神、节能环保和创新思维等方面,按照"三全育人"的要求,分析案例中所蕴含的社会责任感、民族自信、节能意识、环保意识和创新意识等思政元素。

太阳能电池

2019年4月,西工大周洲教授团队的"魅影太阳能Wi-Fi无人机",喜获第47届"日内瓦国际发明展"杰出创新特别大奖和金奖。"魅影太阳能Wi-Fi无人机"是国内第一款实用型全翼式和薄膜电池型太阳能无人机,"魅影太阳能Wi-Fi无人机"的最大特点是绿色无污染、长航时,其续航时间最长可达24 h。

习 题

1. 无人机电池动力系统由哪几部分组成？各有什么作用？
2. 电池的常见故障有哪些？如何排除故障？
3. 电机的常见故障有哪些？如何排除故障？
4. 简述无人机飞控系统的组成和功能。
5. 什么是全球定位系统？全球定位系统由哪几部分组成？
6. 简述舵机的结构组成。
7. 舵机的常见故障有哪些？如何进行维修？
8. GPS 的常见故障有哪些？如何进行维修？
9. 简述无人机通信链路组成。
10. 数传模块有什么作用？图传模块有什么作用？
11. 无人机通信链路有哪些常见故障？如何排除？

项目 9　无人机任务载荷检修

【知识目标】

(1)熟悉无人机任务载荷组成;

(2)掌握航拍无人机任务载荷的检修方法;

(3)掌握植保无人机任务载荷的检修方法。

【能力目标】

(1)能够对无人机云台和相机进行检修;

(2)能够对植保无人机喷洒系统进行检修;

(3)能够对航拍无人机和植保无人机任务载荷进行保养。

【素质目标】

(1)树立航空产品质量第一的意识,培养安全文明生产的职业素养;

(2)培养吃苦耐劳的精神和严谨细致、规范操作的工作态度;

(3)具有环保意识、信息素养和工匠精神;

(4)具有耐心细致、精益求精的工作态度,养成科学务实的工作作风;

(5)具有团结协作、勇于创新的精神。

任务 9.1　检修航拍无人机任务载荷

【任务引入】

航拍无人机在执行航拍任务时,相机拍摄途中停止拍照。

【任务分析 】

目前航拍无人机应用相当广泛,在航拍无人机工作时,其任务载荷经常会发生故障,能够及时地对航拍无人机任务载荷进行检查和排故是航拍无人机从业人员一项最基本的技能。学习了解航拍无人机任务载荷的结构组成、常见故障现象、故障产生原因和故障排除方法,并通过大量的排故练习,才能掌握航拍无人机任务载荷的检修技能。

【相关知识】

9.1.1 航拍无人机任务载荷

1.相机

航拍无人机搭载的任务载荷是相机(这里将各种拍摄仪器统称为相机)。

(1)模拟相机和数字相机。

1)模拟相机的输出信号为标准的模拟量视频信号,需要配备专用的图像采集卡将模拟信号转化为数字信号,以便运用计算机对视频信号进行后期处理及应用。其主要优点是通用性强、成本低,缺点是分辨率较低、采集速度慢、图像质量差。这种相机在早期机器视觉系统中应用广泛,但目前应用得越来越少。

2)数字相机的输出信号为数字信号,在相机内部安装了集成的 A/D 转换电路,直接将模拟量图像信号转化为数字信号,可直接在电脑或电视屏幕上显示,具有图像传输抗干扰能力强、分辨率高、精度高和清晰度高等优点。现今无人机搭载的相机均为数字相机,可满足航拍摄影的各项要求。

(2)可见光相机和红外线相机。根据成像原理,相机可分为可见光相机和红外线相机。

2.云台

无人机云台就是无人机用于安装、固定摄像机等任务载荷的支撑设备。

云台可分为固定云台和电动云台两种,如图 9-1 所示。固定云台一般用于拍摄范围不大的情况。固定云台可根据需求调整设备的水平、俯仰角度,确定最佳拍摄姿态后锁定调整机构即可。电动云台适用于大范围进行扫描拍摄的情况。一般在云台旋转轴上装有电机,可通过手动或远程控制云台旋转或者通过程序控制其按照一定的运动规律自动旋转,从而得到全方位的拍摄。根据云台的旋转轴数可将电动云台分为二轴云台和三轴云台。二轴云台只具有空间两个转动自由度,可以对目标进行跟踪,并提供目标视线角的二维信息,但是缺少空间三维转动自由度,存在跟踪盲区。三轴云台能够弥补二轴云台的这个缺陷,消除盲区。

(a)

(b)

图 9-1 云台种类

(a)固定云台;(b)电动云台

云台系统主要由主控制器、姿态反馈元件、执行机构和机械框架(分为二轴和三轴)四部分组成。现今安装在无人机上的云台多为高精度三轴增稳云台,包括内框轴、中框轴和外框轴(见图9-2)。每一个转动轴搭载一个电机。操作者可以操控俯仰角度(－90°～＋30°)和朝向角度(－320°～＋320°)。

图9-2　三轴云台

3.图传

无线图像传输系统(以下简称为“图传系统”)是用于将无人机在空中拍摄的图像信号实时传回地面,便于地面操控人员对事故现场开展侦察的系统。其性能是影响无人机侦察性能的关键。

整个无人机图传系统由机载图传信号发送器和地面图传信号接收系统组成,机载图传信号发送器由图像采集设备、图像处理模块和无线信号传输模块组成;与之相对应,地面图传信号接收系统应由无线信号接收模块、图像处理模块以及图像播放设备组成。无人机图传系统如图9-3所示。

(a)　　(b)

图9-3　图传系统

(a)图传发射机;(b)图传接收器

9.1.2　航拍无人机任务载荷检查

(1)检查照相机各按键功能是否正常。

(2)检查照相机电池及充电器是否工作正常。

(3)开机检查相机的像素清晰度是否达到最佳状态。

(4)检查镜头是否有异物或脏痕,及时进行清洁。

(5)检查云台的运转是否正常。

9.1.3　航拍无人机任务载荷常见故障及维修方法

1.航拍无人机任务载荷故障及排除方法

(1)故障现象1:相机拍摄途中停止拍照。

故障原因：

1)相机内存卡容量不足。

2)相机快门损坏或电机损坏。

排除方法：

1)飞行前检查内存卡的空间容量。

2)维修或更换快门或电机。

(2)故障现象2:云台发出嘈杂异响,云台抖动,镜头上、下摆动。

故障原因:固定云台的螺丝松动,导致云台轴空转,无法带动相机。

排除方法:用螺丝刀上紧螺丝。

(3)故障现象3:云台电机异常。

故障原因:可能是由于无人机放置在凸凹不平的地面或草地上时地面物体碰到云台,或者云台受到过大的外力作用。

排除方法:起飞前请将无人机放置在平坦开阔的地面上,请勿在电源开启后碰撞云台。

(4)故障现象4:云台无力。

故障原因:出现云台无力要先检查云台外观,如云台外观无明显碰撞,多是云台内部软排线损坏。

排除方法:左、右依次转动 p 轴、r 轴和 y 轴,检查是否变形,若无变形则更换软排线,若有变形则更换云台轴臂。

(5)故障现象5:成像无图。

故障原因:出现成像无图要先检查云台外观,如云台外观无明显碰撞,多是云台内部同轴线损坏。

排除方法:拆卸云台塑料盖板,检查同轴线有无损坏、压伤、脱皮,有的话更换同轴线,没有就要拆机检查核心板连接处。

(6)故障现象6:视觉无图。

排除方法:官网下载视觉标定软件,全部视觉标定,如出现视觉无图,更换对应视觉组件即可。

(7)故障现象7:无法起飞,app检查报错模块。

排除方法:电调更换电机,主控更换IMU,GPSs更换GPS。

2.外壳的保养

当前,相机的机身外壳采用的材质一般有两种:①合金材料,有铝合金和镁合金等;②工业塑料,通过对表面进行特殊的加工获得接近金属外壳的质感。由于长时间使用,难免会在机身上留下油渍、手汗和手印,有碍美观,所以对机身表面进行清洁非常重要。

对于合金材料的外壳,擦拭的时候尤其要小心,因为很多相机厂商为了美观,往往会将外壳进行镜面处理,虽然看起来非常高贵,但表面容易留下划痕,所以千万不能使用纸巾,一定要使用超细纤维的软布,例如眼镜布。擦拭过机身的软布由于已经被污染,有的甚至沾染上油渍，因此千万不能擦拭镜头。

对于工业塑料外壳的相机要经常清洁机身，切不可让油渍和污渍渗入漆面，另外不能用任何有机溶剂去擦拭机身，否则将对外壳造成严重损伤。

3. 镜头的保养

作为整个相机中最精密的部件之一，日常镜头的保养和输出高画质的照片之间有直接的联系，尤其是镜头。下面学习一下镜头的保养。

镜头纸是最传统的镜头清洁工具之一，它的优点在于纤维非常细，而且纸质柔软、成本低，早期大部分摄影爱好者都在使用。现在镜头纸的使用越来越少，一方面价格便宜，纸的质量也越来越差，另一方面，纸的柔软性不能和布去比较。不过，在遇到顽渍的时候，可以使用一次性镜头纸，将其折成三角形，用其中一角蘸少许蒸馏水擦拭镜头表面。现在3M魔布应用较为广泛，它采用进口超细纤维原料制成，去污率强，而且不伤表面，由于工艺特殊，所以卷尘和藏尘比其他镜头布高4～5倍！

使用镜头笔的多半是高端用户，也是无人机载荷设备使用较多的。镜头笔的工作原理是利用碳粉的研磨效果进行清洁，由于碳粉的硬度远远低于镜头镀膜，所以不会对镜头造成伤害，是目前最好用的镜头清洁工具。它的另外一头是毛刷。

清洁镜头最重要的工具还有气吹，它也是清洁镜头的第一道工序，是使用频率最高的工具。对于一款气吹质量好坏的判断，主要是从储气量、材质以及空气流动原理这三方面加以考量。在购买气吹时建议购买单向进气口和出气口，防止循环污染。

镜头水、镜头类精密仪器不到万不得已不建议使用。在购买使用时，要购买知名品牌的进口镜头水，劣质镜头水对镜头损伤极大。

日常镜头的保养，并不等于要天天擦镜头，镜头表面极小面积的灰尘、水渍，对于成像其实并无太大影响，用气吹吹掉镜头表面的灰尘就可以，如果遇到吹不掉的大面积污渍，可以用镜头布轻轻擦拭(先吹后擦，顺序不能错)。如果是有镜头笔，用镜头笔擦拭的效果更好，通常由镜头中间向外围，以螺旋绕圈的方式擦拭，镜头笔是专门为光学镜头而设计的，不能用于湿的表面，尤其不能蘸水。

4. 任务载荷的保存

镜头在存放时，为避免镜头污损，可以给镜头加个镜头盖。云台在存放时，一定要带上云台卡扣，以免损坏云台。

长期不使用的任务载荷记得封装保存。北方风沙大，南方过于潮湿，如果长时间放在无人机上，或者裸露地放在桌子上，久而久之对于设备的性能都会有影响。

5. 云台维护

(1)使用一段时间后，建议检查排线是否正常连接；

(2)检查金属接触点是否氧化或者无损(可用橡皮擦清洁)，云台快拆部分是否松动，风扇噪声是否正常；

(3)注意不要用手直接触摸相机镜片,被污损后可用镜头清洁剂清洗;

(4)系统通电之后,检查云台和电机运转是否正常,如图 9-4 所示。

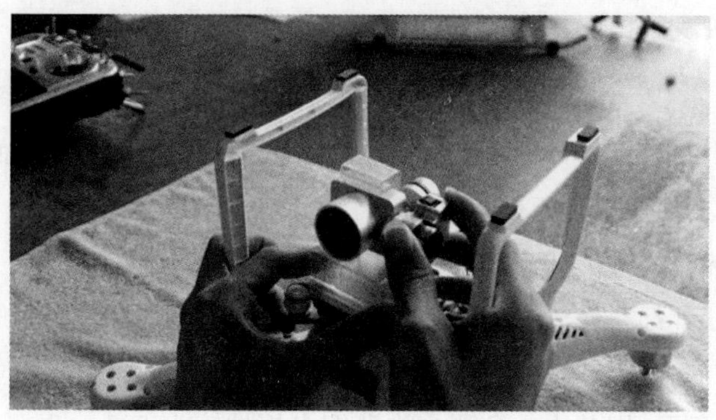

图 9-4　云台检查

(5)云台减震球也要注意检查。经常在恶劣环境下使用会加速减震球的老化。如发现镜头有抖动、拍摄不清晰,以及拍视频时有类似果冻的效果,就是减震球处理的问题,要及时更换减震球。

6.相机的维护

(1)相机清洁操作步骤。

1)用软毛刷清除落在相机表面的灰尘。

2)用气吹吹去相机表面凸凹处的灰尘,对于内藏闪光灯的相机要先把闪光灯弹起后再用气吹吹去灰尘。

3)用软毛刷刷去存储卡仓内外的灰尘,并用气吹吹去存储卡仓内角落处的细小灰尘。

4)用气吹吹去取景眼罩表面的灰尘。

5)在清洁时,先用镜头布擦拭相机外部整体,然后再使用清洁液清洁相机上的按钮和转盘边缘。

(2)相机电池的保养。

1)新买的电池要进行 3~5 次完全充放电。

2)充电时尽量慢充充电,时间不要超过 1 d。

3)要使用专用充电器,并按照说明进行充电,以免损坏电池,甚至发生危险。

4)不要将电池暴露在高温或严寒下,充电时尽量在室温下进行。

【任务实施】

综合技能训练任务:检修航拍无人机任务载荷

1.实训目的

通过航拍无人机任务载荷检修练习,掌握航拍无人机任务载荷的结构组成、常见故障现象、故障产生原因和故障排除方法,能够独立地选择和使用航拍无人机任务载荷检修工具和材料,以及完成航拍无人机任务载荷检修,培养航拍无人机任务载荷的检修技能。

2.实训任务工单(见表9-1)

表9-1　检修航拍无人机任务载荷实训任务工单

任务名称	检修航拍无人机任务载荷		
工具/设备/材料			
类别	名称	单位	数量
设备	多旋翼无人机	架	1
	遥控器	台	1
	万用表	台	1
	航拍模块	套	1
工具	电烙铁	把	1
	螺丝刀	把	1
	镊子	把	1
	扳手	把	1
材料	焊锡丝	组	1
	同轴线	根	1
	软排线	根	1
1.工作任务			
检修航拍无人机任务载荷			
2.工作准备			
(1)准备好设备和工具,检查设备和工具的有效性; (2)准备好材料,材料应符合标准			
3.工作步骤			
(1)航拍无人机任务载荷检查; (2)相机拍摄途中停止拍照故障维修; (3)云台抖动故障维修; (4)云台电机异常故障维修; (5)云台无力故障维修; (6)成像无图故障维修; (7)视觉无图故障维修; (8)无法起飞,App检查报错故障维修			
4.结束工作			
(1)清点工具和设备; (2)清扫现场			

3.实训任务评价(请登录工大书苑网页端 http://nwpup.iyuecloud.com/,搜索本书书名下载相关表格)

任务9.2 检修植保无人机任务载荷

【任务引入】

某植保无人机在喷洒农药时，突然出现喷洒系统失效。

【任务分析 】

目前应用无人机进行植保作业相当普遍，无人机在进行植保工作时，其任务载荷经常会发生故障，能够及时地对植保无人机任务载荷进行检查和排故是植保无人机从业人员一项最基本的技能。学习了解植保无人机任务载荷的结构组成、常见故障现象、故障产生原因和故障排除方法，并通过大量的排故练习，才能掌握植保无人机任务载荷的检修技能。

【相关知识】

9.2.1 植保无人机任务载荷

通常植保无人机下部安装有储药箱、农药喷杆、喷头、药管快拆连接头、水泵以及置于中心板上的水泵电源降压模块。喷洒系统零部件如图 9－5 所示。

水泵和喷洒云台都是喷洒系统里比较关键的部件，水泵如图 9－6 所示，喷洒云台如图 9－7所示。

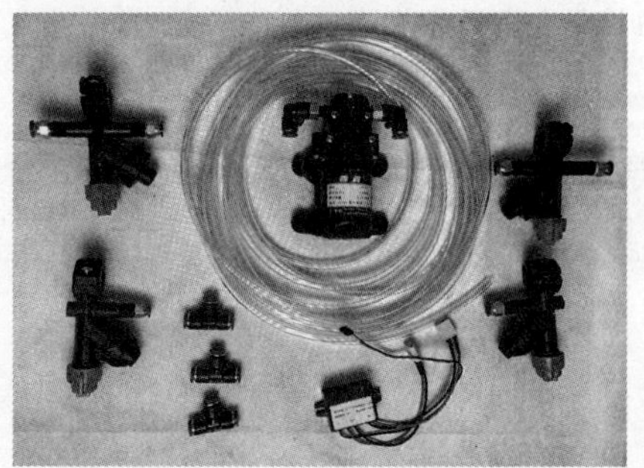

图 9－5 喷洒系统零部件

图 9－6 自吸水泵

药箱里面的药水可以通过喷头喷出，如图 9－8 所示。

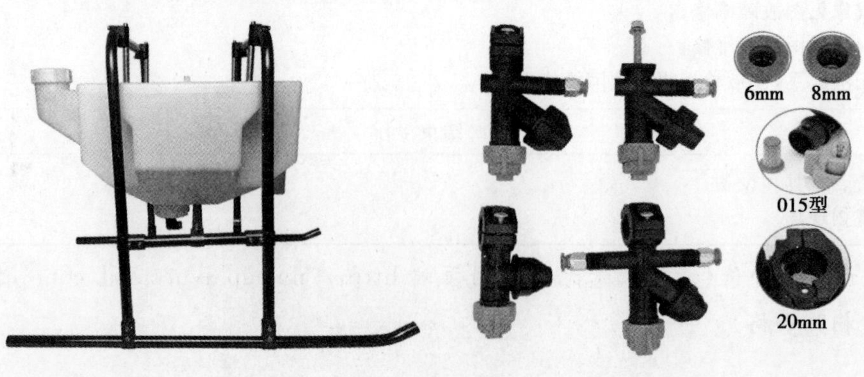

图 9－7 喷洒云台

图 9－8 喷头

9.2.2　植保无人机任务载荷检查

(1)检查喷洒系统水泵、喷头是否堵塞。

(2)检查喷洒系统线路是否氧化。

(3)检查喷洒系统旋转碟的固定情况。

9.2.3　植保无人机任务载荷常见故障及维修方法

1. 喷洒系统故障及排除方法

故障现象:喷洒系统失效。

排除方法:在飞行器的药箱中装上一定量的水,检测喷洒系统是否正常工作,如有喷洒不均匀和喷头无法工作的现象,检查水泵、喷头是否堵塞,线路是否氧化,以及旋转碟的固定情况,如有上述情况则应更换喷头和隔膜泵。

2. 水泵故障及排除方法

故障现象:水泵不出水。

排除方法:如果遇到水泵在转但是不出水的情况,一般是泵头内有空气未排出,将泵头出水口的水管拔掉,打开水泵将空气排出,等正常出水之后再将水管插上即可。检查水泵进水口是否与药箱连接,出水口是否与三通道连接,如果是反接则应进行调换。如果拨动遥控器水泵不工作也无响动,则应检查水泵供电是否正常,插头有无松动,遥控器通道设置是否与拨杆一致,接收机接线是否正确、有无虚焊,如图9-9所示。

图9-9　检查水泵

3. 喷头故障及排除方法

故障现象:喷洒出药量变少。

排除方法:如图9-10所示,在喷洒过程中如果遇到喷洒效果变差时,可能是喷嘴里面有异物阻塞影响出药量,这时可以取出喷嘴清除异物,也有可能是喷嘴自身损坏,可以更换新的喷嘴试试,如果电池没电了也会出现这种情况,可以更换充满电的电池。如果喷头出现漏水情况,应检查各喷头之间的药管连接是否插到相应位置,检查喷头止滴阀是否松动、有无泄压,如果有紧固即可,检查喷头内部和喷头上方的橡胶垫片是否存在。

图9-10　植保机喷嘴

4. 飞行作业故障

故障现象：植保无人机作业时旋转。

故障原因：

(1)未按时保养，变速箱润滑剂过少，齿轮过热，传动不灵活；

(2)未按要求对植保机进行保养，齿轮磨损；

(3)齿轮箱变形；

(4)齿轮箱-尾翼同步带磨损；

(5)齿轮箱-尾翼同步轮磨损；

(6)尾旋翼舵机失效。

排除方法：

(1)添加润滑剂；

(2)更换齿轮；

(3)更换齿轮箱总成；

(4)更换同步带；

(5)更换同步轮；

(6)更换尾舵机。

9.2.4 植保无人机载荷设备维护

1. 日常维护

(1)在作业完成后将内部残留药液倒出，使用肥皂水将药箱清洗干净，如果内部有杂物，应及时将其取出，防止堵塞管路、水泵、喷头等，并用湿毛巾擦拭机身上的药物残留，防止下次作业时与其他药物产生化学反应从而产生药害，如图 9－11 所示。此外如果不及时清洗干净还会导致内部腐蚀，损坏内部部件。

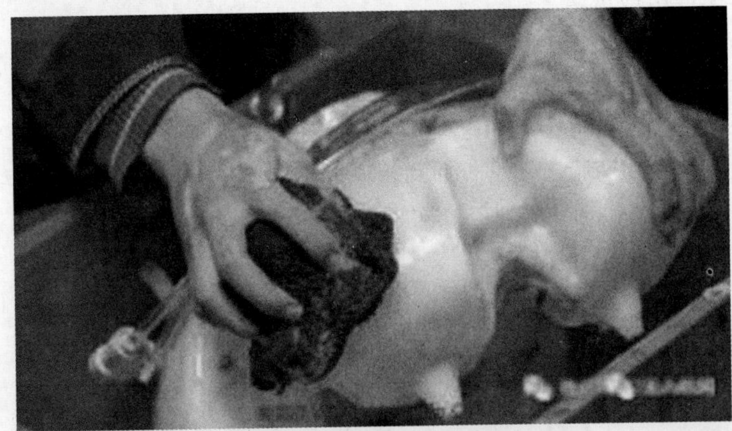

图 9－11 机身药箱的清理

(2)在每次作业完毕后，水泵内部会有残留农药，需要用清水将其内部农药冲刷干净，如果作业时水泵运转不顺畅，则其内部有可能进入杂质，可将水泵上的螺钉拧开，将其内部波轮处的杂质取出。

(3)在每次作业完毕后，需检查药箱及管路整体是否漏液，检查完成后清洗药箱，并用湿毛巾擦拭药箱、管路和机架外部。

(4)在喷洒作业时如果出现雾化效果不佳、喷不出药液等情况，首先要排查的部分就是喷头。首先将喷头帽拧开，检查内部的喷嘴、喷头滤网和橡胶垫等部件上是否有杂质，如果有则使用清水将其清洗干净；接着检查喷嘴内部管路与软管的连接处是否堵塞，保持管路畅通；最后将喷头上的所有部件拆解下来，清洗干净后再安装回去，防止残余药液凝固，影响下次作业的喷洒效果。

(5)由于软管是长时间与农药接触的部件，所以容易老化、损坏。为了延长软管的使用寿命，防止残余农药进一步腐蚀，作业后要及时清洗。如果出现管路老化、漏液等现象，则应及时更换软管。

(6)电机需要用金属防锈剂 WD－40 擦拭表面，切不可用尖锐物品接触电机内部铜线。

(7)在每次使用完毕后请用清水将药箱、水泵和喷头冲洗至少 2 遍。

(8)在每次使用完毕后请用湿抹布将飞机上的桨叶擦拭干净(切记勿将水洒到飞控、电调、插头及其他电子元件上)。

(9)在每次使用后请仔细检查飞机上使用的桨是否有裂纹、变形和断折迹象，以及所使用的电池边角位置是否有受磕碰或被尖锐东西刺穿的现象，若是使用过程中不注意，可能会导致植保飞行的事故。

(10)在维护保养结束后，应将飞机放在不易受到碰撞的地方(阴凉、干燥)储存。

2. 定期维护

(1)在每天第一个架次之前应仔细检查各个部件以及配件是否完好，尤其是检查飞机上使用的桨是否有裂纹、折断和松紧不一致的迹象，以及所使用的电池表面有无鼓包和被尖锐的东西刺穿的现象。

(2)在每天第一个架次之前应仔细检查遥控器是否完好并能正常使用，仔细检查飞控上的接线有无松动和损坏，以及 GPS 指南针模块和摇杆是否松动。

(3)在每天第一个架次之前仔细检查飞机机体是否松动，连接部分是否牢固，螺丝是否紧固，尤其是电机是否转动顺畅。

9.2.5　植保无人机使用注意事项

1. 飞行前注意事项

(1)严禁在下雨时飞行，水和水汽会从天线、摇杆等缝隙进入发射机并可能引发失控。

(2)严禁在有闪电和大风的天气飞行，这是非常危险的。

(3)严禁酒后操作飞行器。

(4) 起飞前飞行器要避开周围的障碍物，驱散四周的围观人群，设定安全警戒线，工作人员要用插旗的方法标记出需要喷洒飞行的范围。

(5)启动前操控手应该进行试舵，并且确定陀螺锁尾，同时确保电量充足。

(6) 启动中应该注意紧握螺旋桨，启动人员不管是在加注农药还是启动飞行器前，都要在得到操控手的确认后才能进行，握桨人员应在得到操控手的确认后才能迅速撤离。

2. 飞行时注意事项

(1)操控手应保证飞行安全，保持飞行器飞行姿态的平稳，同时高度一致、直线飞行、速度均匀；机械师在飞行过程中应随时注意飞机的性能，若出现故障，应及时清场降落。

(2)组长要做好现场的指挥工作，监督并了解每个工作人员的实际情况，随时合理调整喷洒计划，确保在规定时间内按最优质完成任务。

3. 飞行后注意事项

(1)清理现场，清点工具，检查设备物品的返回情况，清洗飞行器，装车返回，保证人员及设备的安全。

(2)结束任务返回基地，将飞行器放回指定仓库，清点设备器材的使用情况，及时处理损坏的部件，以便下次任务的使用。

9.2.6 保养程序和检查周期

1. 保养程序

图 9-12 所示为遥控植保机(直升机)结构示意图，图 9-13 所示为该遥控植保机(直升机)的喷洒系统结构示意图。

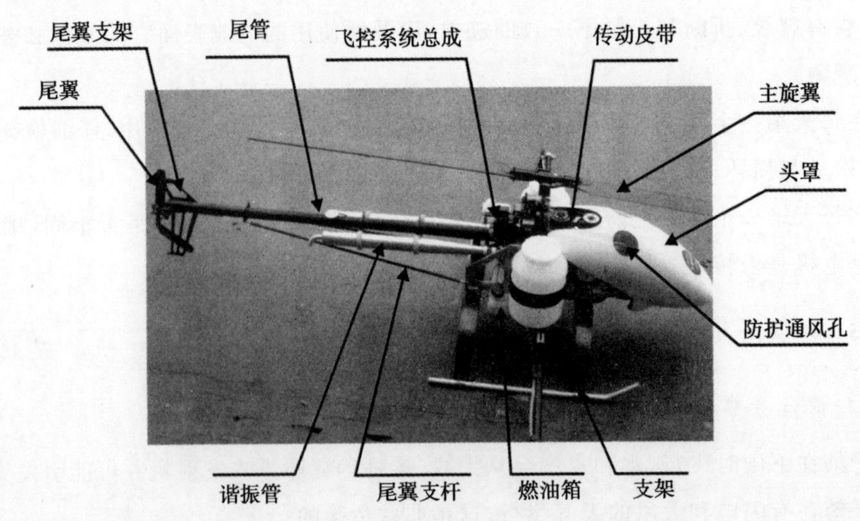

图 9-12 遥控植保机(直升机)结构示意图

图9-13　遥控植保机(直升机)喷洒系统结构示意图

该遥控植保机(直升机)的保养程序如下:

(1)清洗植保机的泥沙及残留农药等;

(2)检查各紧固件是否松动,以及传送带的及时张紧;

(3)检查植保机脚架及各焊接处是否有裂缝、脱焊;

(4)检查主旋翼是否变形;

(5)手动拨动变速箱,检查变速箱传动是否平稳;

(6)检查电路板总成中的电源是否需要充电;

(7)检查喷洒系统是否堵塞;

(8)检查离合器弹簧是否损坏;

(9)卸下主旋翼,启动发动机,合上工作离合器,低速检查各部件传动情况是否正常,有无卡滞、异常声响等现象,带好随机工具及润滑油、清洗剂准备出发。

2.检查周期

存放室要用防雨布盖好,在天气潮湿时要进行检查,遵守良好的操作守则,以确保作业的安全和设备的寿命。该遥控植保机(直升机)关键零部件的检查周期见表9-2。

表9-2　关键零部件的检查周期

零部件名称	检查周期
主轴	每50 h检查一次
空滤器	每15 h清洗一次/每50 h更换一次
十字盘舵机	每50 h检查一次/200 h后更换
点火系统	每50 h检查一次/200 h后更换
电池电机	每50 h检查一次/200 h后更换
主旋翼	每50 h清洗一次/每50 h更换一次
尾翼	每50 h清洗一次/每50 h更换一次

【任务实施】

综合技能训练任务:检修植保无人机任务载荷

1.实训目的

通过植保无人机任务载荷检修练习,掌握植保无人机任务载荷的结构组成、常见故障现象、故障产生原因和故障排除方法,能够独立地选择和使用植保无人机任务载荷检修工具和材料,以及完成植保无人机任务载荷检修,培养植保无人机任务载荷的检修技能。

2.实训任务工单(见表9-3)

表9-3 检修植保无人机任务载荷实训任务工单

任务名称	检修植保无人机任务载荷		
工具/设备/材料			
类 别	名 称	单 位	数 量
设备	多旋翼无人机	架	1
	遥控器	台	1
	万用表	台	1
	喷洒模块	套	1
工具	电烙铁	把	1
	螺丝刀	把	1
	镊子	把	1
	扳手	把	1
材料	橡胶垫片	片	1
	焊锡丝	卷	1
	润滑剂	瓶	1
1.工作任务			
检修植保无人机任务载荷			
2.工作准备			
(1)准备好设备和工具,检查设备和工具的有效性; (2)准备好材料,材料应符合标准			
3.工作步骤			
(1)植保无人机任务载荷检查; (2)喷洒系统常见故障维修; (3)水泵常见故障维修; (4)喷头常见故障维修; (5)飞行作业常见故障维修			
4.结束工作			
(1)清点工具和设备; (2)清扫现场			

3. 实训任务评价(请登录工大书苑网页端 http://nwpup.iyuecloud.com/,搜索本书书名下载相关表格)

【课程思政】

阅读以下教学案例,结合本项目所学习的专业知识和技能,从敬畏生命、敬畏规章和敬畏职责等方面,按照"三全育人"的要求,分析案例中所蕴含的安全责任意识、规范操作意识和细则严谨意识等思政元素。

维修差错导致的事故

1994 年,我国一架飞机在执行航班任务时,因地面机务维修人员在更换安装时,将倾斜阻尼插头与航向阻尼插头相互插错,最终导致飞机操纵性异常,之后解体坠毁。

习　题

1. 云台系统由哪几部分组成?
2. 如何检查航拍无人机任务载荷?
3. 简述云台的作用。
4. 如何维护云台?
5. 简述相机的清洁步骤。
6. 如何保养相机电池?
7. 如何检查植保无人机任务载荷?
8. 简述植保无人机喷洒系统的组成。
9. 如何对航拍相机进行日常维护?

参考文献

[1] 于坤林,王怀超,司维钊.无人机概论[M].北京:机械工业出版社,2019.

[2] 任仁良.维修基本技能[M].北京:清华大学出版社,2010.

[3] 于坤林,陈文贵. 无人机结构与系统[M]. 西安:西北工业大学出版社,2016.

[4] 虞浩清.飞机复合材料结构修理[M].北京:中国民航出版社,2010.

[5] 任仁良,张铁纯. 涡轮发动机飞机结构与系统 (ME-TA)(下册) [M]. 北京:兵器工业出版社,2014.

[6] 许春生.燃气涡轮发动机(ME-TA、TH)[M].北京:兵器工业出版社,2006.

[7] 鲁储生. 无人机组装与调试[M]. 北京:清华大学出版社,2019.

[8] 车敏.无人机操作基础与实战[M]. 西安:西安电子科技大学出版社,2019.

[9] 李发致,钟仲钢.无人机组装与维护[M].北京:高等教育出版社,2019.

[10] 谢志明.无人机电机与电调技术[M].西安:西北工业大学出版社,2020.